ロバート・M・サポルスキー

サルなりに思い出す事など

神経科学者がヒヒと暮らした奇天烈な日々

大沢章子訳

みすず書房

A PRIMATE'S MEMOIR

A Neuroscientist's Unconventional Life Among the Baboons

by

Robert M. Sapolsky

First published by Scribner, Inc., 2001

サルなりに思い出す事など　目次

第Ⅲ部　頼りない大人の時代

第Ⅳ部　大人の時代

編集部注

本書はRobert M. Sapolsky, *A Primate's Memoir: A Neuroscientist's Unconventional Life Among the Baboons*（Touchstone, 2002）を底本とし、原著の全二十九編のうち、Ch. 5, 11, 19, 20, 24, 26を割愛して構成した抄訳版である。

謝辞

本書は、東アフリカの国立公園で二十年以上にわたり断続的に調査をおこなっていた頃の思い出である。ここに出てくる話は本当のことだが、事実を物語風に語ろうとする場合によくあるように、少しばかり事実の脚色に類する問題がありそうな箇所があるので、ここで説明しておきたい。ウィルソン＝キプコイの物語は細かい部分にいたるまでほぼ真実だ。けれども、匿名性を守るために名前やその他のいくつかの点を変えている。最終章については、残念ながら、その破滅的な出来事はすべて事実だ。しかしここでも、名前や人物の特性のいくつかを脚色している。章によっては、年代順に並んだ出来事のある部分をふくらませ、別の部分をはしょっている。わずかだが、物語の順序が実際とは逆になっている箇所もある。しかしヒヒの日常に起こった出来事の順序に関しては、事実のとおりで手を加えていない。最後に、登場人物のうちの数名、そしてヒヒの何頭かは、それぞれの種の複数のメンバーを寄せ集めて作り上げたものである。これは、物語の登場人物が多くなりすぎるのを防ぐためで、たとえば人間に関して言えば、動物保護区のある監視員や、イギリス人のツアーオペレーター、ツーリストロッジのウェイターは何人かの特徴をあわせて作り出した架空の人物だ。おもなヒヒたちはみな実在する別個のヒヒで、おもな人間の登場人物についても同じである——リチャード、ハドソン、ハイエナのローレンス、（いまは亡き）ローダ、サムウェリー、ソイロワ、ジム・エリス、ムバラク・スルマン、ロス・タララ、そしてもちろんリサも実在する。わたしも、間違いなく寄せ集めの人間ではない。

　たくさんの人々が、内容チェックのために本書の一部、あるいは全部を読んでくれ、またこの本を読むことができないソイロワの場合は、書かれている内容を声にだして説明してもらい、彼らが覚えている事実と相違ないか確かめた。その点について、ジム・エリス、ローレンス・フランク、リチャード・コーンズ、ハドソン・オヤロ、そしてソイロワに感謝する。資料室での正式な内容チェックをしてくれたコリン・ワーナーに、また原稿の校正を手伝ってくれたジョン・マクラフリン、アン・マイヤー、ミランダ・イプ、マニ・ロイにも感謝する。最終稿の間違いを指摘してくれたロバート・シャナフェルトにも感謝の意を表する。ダン・グリーンウッドとキャロル・セーレムは東アフリカを旅したときの様々な話を聞かせてくれ、そのことにもありがとうと伝えたい。ジョナサン・コブ、リズ・ジームスカ、そしてパトリシア・ギャズビーは、何年も前にこの本を最初に書き上げたときに原稿を読み、編集に関する貴重な助言をくれた。感謝している。

　この研究を続けられたのは、エクスプローラーズ・クラブ、ハリー・フランク・グッゲンハイム基金、マッカーサー基金、そしてテンプルトン財団基金のおかげである。彼らの寛大さと、野外調査の特別切迫した資金事情を理解してくれる類いまれな柔軟性に感謝する——水に濡れてふやけた、（文字どおり）虫食いの帳簿に張りつけられたレシートと予算一覧を受け取ってくれただけでも本当にありがたい。ケニア国立博物館の霊長類研究所には、一緒に仕事ができたことに、ケニア共和国大統領府には、長年にわたり研究を続ける許可をいただいたことに感謝する。ふたりの同僚たち——カリフォルニア大学サンディエゴ校のシャーリー・シュトラムとプリンストン大学のジーン・アルトマンは、共同研究の一環として彼女たちの調査現場を見せてくれた。そのことにも感謝する。また、アフリカでの調査をはじめたばかりの頃に、野外調査に関するあれこれを教えてくれ、データ収集を手伝ってくれたたくさんの人たちに感謝している――デーヴィー・ブルックス、デニス・コスティッチ、フランシス・オンチリ、リード・サザーランドのみなさんだ。

本書の刊行を実現するために、多大な支援と専門的助言をくれたわたしの代理人、カティンカ・マトソンに、そして担当編集者のジリアン・ブレイクとその助手のレイチェル・サスマンにも感謝する――あなた方は、驚くほど率直に、本書の原稿のなかの、科学者以外の人間なら『創造的な文章を書くための一〇一のコツ』で当然マスターしているはずの問題点を指摘してくれた。一緒に仕事ができて楽しかった。

最後にわたしの妻、リサに感謝する。彼女はわたしにとって最愛の人であり、ケニアでの数多くの出来事をわたしは彼女とともに体験した。

そして最後に一言。アフリカで植民地主義による侵略と略奪がおこなわれていたのは過去の話だ。けれども、西側諸国はもっとわかりにくいやり方で、いまでも時々アフリカを搾取している。ときにはまったくの善意からしたことが結果としてそうなっていることさえある。すでにわたしは、人生の半分以上をアフリカとかかわって生きており、アフリカの地とそこに住む友人たちへの、深い愛情と尊敬と感謝の気持ちを抱いている。この本を書くことが、どのような形であれうっかり彼らから搾取することにつながらないことを、心から願っている。それは、わたしがもっとも望んでいないことだからだ。

第Ⅰ部　青年期——ヒヒの群れと暮らしはじめた頃

1　ヒヒの群れ――イスラエルの民

ヒヒの群れと暮らしはじめたのは二十一歳のときのことだ。子どもの頃はサバンナのヒヒになるつもりはまったくなかった。大きくなったらマウンテンゴリラになる、とずっと思っていた。ニューヨークに住んでいた子どもの頃は、しょっちゅう母親にねだり、何かと理由をつけてアメリカ自然史博物館に連れていってもらったものだ。博物館ではアフリカのジオラマの前で何時間も過ごし、そのどれかひとつのなかで暮らすことを夢見ていた。シマウマになって軽やかに大草原を駆け回るのもたしかに楽しそうだった。幼児期からの肥満体型を克服した自分を想像し、キリンの暮らしに憧れたこともある。また一時期は、共産主義の親戚のおじさんたちの集産主義的大言壮語に感化され、大人になったら社会性昆虫になると決めていた。もちろん働きアリのことだ。その計画を、大きくなったら何になりたいかと題する小学校の宿題の作文にうっかり書いてしまったときには、担任教師が心配して母親あてに手紙を書いてきた。

博物館のアフリカコーナーを散策後、必ず戻るのはマウンテンゴリラのジオラマだった。はじめてこのジオラマの前に立ったときに、ピンとくるものがあったのだ。父方、母方の祖父は、どちらもわたしが生まれるずっと前に亡くなっていた。だから話に聞くだけの遠い存在で、家族写真を見てもどれが祖父かわからなかった。祖父がいない寂しさを抱えたわたしは、ガラスケースのなかに現に存在する、大きくて頼もしいシルバーバックのオスゴリラを格好の代役と決めたのだ。こうして、ゴリラの群れが棲むアフリカの山岳地帯の熱帯多雨林が、最高に素晴らしい避難場所に見えてきた。

十二歳になる前に、霊長類学者にファンレターを書いた。十四歳のときの愛読書は霊長類についての専門書だった。高校の三年間は、医大の霊長類研究室にもぐりこんで雑用をやらせてもらっていたが、ついに憧れの地に逗留するチャンスをつかんだ。博物館の霊長類棟でのボランティアに採用されたのだ。高校の外国語科主任に、アフリカで野外調査をする予定なので、スワヒリ語の個別学習コースを受けられないかと掛け合ったこともある。そして大学では、とうとう霊長類学の権威と言われる教授の下で学ぶことになった。すべてが順調に思えた。

ところが、大学で学ぶうちにわたし自身の学問的関心が変化し、新たな科学的疑問は、ゴリラでは解き明かせないことがわかった。広々とした大草原で暮らし、ゴリラとは異なる種類の社会組織をもつ、絶滅の危機にさらされていない動物を研究対象とする必要があった。こうして、サバンナに棲むヒヒという、これまで特になんの思い入れもなかった種が、研究すべき対象となった。しかし人生に妥協はつきものだ。すべての子どもが、大統領や野球選手、もしくはマウンテンゴリラになれるわけではない。そこでわたしも、ヒヒの群れと暮らしてみることにした。

わたしが群れに加わったのは、ソロモンによる支配の最後の年だ。当時のその他の群れの中心メンバーは、リア、デボラ、アロン、イサク、ナオミ、そしてラケルだった。最初からヒヒに旧約聖書に出てくる名前をつけようと決めていたわけではない。単なるなりゆきだ。あるとき、一頭の大人のオスのヒヒが、生まれ育った群れを出てわたしたちの群れにやってきた。彼が群れでずっと暮らすかどうかを決めるまでの数週間、わたしのほうも彼に名前をつけるかどうか迷っていた。そこで、フィールドノートには、新参の（new）大人（adult）、転入（transfer）、つまりNATとだけ記録していた。それがいつしかNatとなり、彼が永住を決めるころにはナサニエル（Nathaniel）となったというわけだ。アダムは最初ATM、つまり大人の（adult）、転入（transfer）、オス（male）と呼ばれていた。SML kidという略称で呼んでいた子どものヒヒは、後にサムエルとなった。この頃わたしは心を決め、あとは予言者や女家長、裁き人の名を、片っ端からヒヒにつけはじめたのだ。それでも、時々は純粋に説明的な名前をつけたくなることもあった——たとえばガムス（Gums　歯茎）やリンプ（Limp　びっこ）がそうだ。ただし、駆け出しの研究者だったわたしは、研究論文には聖書の名前を使わなかった——論文のなかでは、ヒヒたちを識別番号で呼んでいる。しかしそれ以外のときには、旧約聖書の名前をつけるのを楽しんだ。

昔から、旧約聖書に出てくる名前が気に入っていた。しかし自分の子どもにオバデヤとかエゼキエルという名を背負わせるのにはためらいがあった。そこで、六十頭のヒヒたちに好き勝手に聖書の名前をつけたのだ。もうひとつはっきりしているのは、タイムライフ社発行の進化に関する本をかかえてユダヤ系の教師たちに見せにいくたびに、神への冒瀆だと顔をしかめられ、そんな本はさっさとどこかへ持っていけと言われつづけた歳月を、わたしがまだ恨みに思っていたということだ。アフリカの大草原で暮らすヒヒたちに予言者の名前をつけるのは、当時の教師たちへの小気味のいい復讐だったのだ。そして、世の多くの霊長類学者たちの仕事の原動力なのでは、とわたしが密かに疑っている、このひねくれた性格が、フィールドノートに「ネブカドネザルとナオミが交尾のため茂みに消える」と記録する日を、わたしに待ちこがれさせた。

　わたしが研究したかったのは、ストレスに起因する疾病と患者の行動との関係だった。六十年前にセリエという科学者が、人の情緒の変化が健康に影響を与えうることを発見した。しかし大半の医者は、これを馬鹿げた説だと考えた——当時は、病気を引き起こすのはウイルスや細菌、あるいは発がん性物質などで、感情が原因になることなどありえない、と誰もが考えていたからだ。セリエは、あらゆる種類の純粋に心理的な動揺をラットに与えると、ラットが病気を発症することを発見した。ラットには潰瘍ができ、免疫システムが低下し、生殖能力が格段に落ち、高血圧になった。いまとなれば、このとき何が起きていたかは明らかだ——これこそストレス性疾患の発見だったのだ。セリエは、ストレスとは、情動的、または身体的動揺によって身体のバランスが崩れた状態である、ということを明らかにした。そして、ストレスに長くさらされすぎると、人は病気になる。

　この最後の一節が、これでもかと言うほど繰り返し取りあげられた。ストレスは、人間の身体にあらゆる悪影響を及ぼすと考えられるようになり、セリエの説が発表されて以降、ストレスによって悪化しうる病気が大量に報告されるようになった。成人発症型糖尿病、筋萎縮症、高血圧とアテローム性動脈硬化症、成長停止、性不能症、無月経、うつ病、骨粗しょう症、なんでもありだ。そしてわたしが研究していたのは、ストレスがある種の脳細胞をどのように破壊するか、ということだった。

　ストレスがこれほど多くの病気を引き起こすなら、奇跡でも起こらないかぎり誰も生き延びられないはずだ。しかしちゃんと生き延びている。そこでわたしは、実験室でおこなっていたニューロンに関する研究のほかに、この問題の楽観的側面についても探ってみたいと考えた。つまり、他の人よりもストレスに強い人がいるのはなぜか？　ということだ。身体的、精神的にストレスに強い人が存在する理由は？　それはその人の社会的階級と関わりがあるのか？　親戚が多い人、友人とよく出かける人はストレスに強いのか？　子どもとよく遊ぶ人は？　腹を立てたときにむっつりと押し黙ってしまう人と、誰かに八つ当たりする人とでは、どちらがストレスに強いのか？　それを野生のヒヒで調べてみることにしたのだ。

ヒヒは、うってつけの研究対象だった。ヒヒは大規模で複雑な社会集団を形成する種で、しかもわたしが選んだ群れは王族のように恵まれた暮らしをしていた。セレンゲティ平原という素晴らしい生態系。草原も森も動物も永遠に存在しつづける、まさにマーリン・パーキンスの『野生の王国』の世界だ。群れのヒヒが食糧を確保するための狩りに費やす時間は、一日四時間程度。そして彼らが誰かの餌になる心配はほとんどない。つまり、ヒヒは通常日中のおよそ六時間を、おたがいを精神的に煩わせることだけに使っている。まるで人間の社会と同じだ――人間社会にも、身体的なストレスから高血圧になる者はほとんどおらず、飢饉やイナゴの襲来、あるいは五時に駐車場でと指定されたボスとのまさかり対決への不安におののく者もいない。われわれ人間はあまりにも幸福すぎるが故に、贅沢にも純粋に人間関係の問題や精神的ストレスだけで病気になってしまう。まさにヒヒたちと同じだ。

そういうわけで、わたしはヒヒの群れの調査に出かけ、誰が誰と何をしたか――けんか、逢い引き、友だちづきあい、協力、恋愛――を記録した。その後、ヒヒに吹き矢で麻酔をうち、彼らの身体の状態――血圧、コレステロールレベル、怪我の治癒率、ストレスホルモンの程度――を調べた。それぞれの行動様式や心理的傾向の違いと、その身体的状態にはどのような関係があるのだろう？　と考えた。また最終的に、調査の対象はオスだけとした。妊娠中のメスや乳飲み子を抱えたメスに麻酔をかけることははばかられ、たいていのメスはほとんどいつも妊娠していたり子育て中だったりするからだ。そこでわたしは、調査対象をオスだけにしぼり、彼らを詳しく観察することにした。

あれは一九七八年のことだ。ジョン・トラボルタがこの世に存在する最重要人物とされ、お洒落を自認する人々は、全員白いスーツを身につけていた時代で、ソロモン政権の最後の年にあたっていた。ソロモンは偉大で賢く公明正大な王だった。実際そんなはずはないが、当時のわたしは群れに加わったばかりの、感激屋の若造だったのだ。とはいえ、ソロモンは相当堂々としたオスではあった。その数年前から、人類学の研究書は、サバンナのヒヒとその群れの最上位のオス、つまり最優位（アルファ）のオスに夢中になっていた。そうした研究書には、ヒヒは広大な草原に棲む、複雑な社会組織をもつ霊長類であり、組織的に狩りをし、序列的階級システムをもつと書かれていた。そして群れの中心にいるのが最優位のオスだとされた。最優位のオスは、群れを餌場に導き、狩りを先導し、捕食者に立ち向かって群れを守り、メスたちをうまく取りまとめる。電球を交換し、車を修理し、その他のありとあらゆることをする。われわれ人類の祖先と同じように、と研究書は言いたがっているように見え、実際そう断言しているものもあった。そして予想どおり、その大部分が間違っていたことがその後明らかになった。まず、狩りは無秩序に勝手気ままにおこなわれていた。さらに、最優位のオスはいざというときに群れを餌場に導くことができない。どこに行けばいいかわからないからだ。群れを形成するヒヒのオスは、大人になってから他の群れから移ってきたものたちだが、メスは一生を同じ群れで暮らす。だから、四つ目の丘の向こうにオリーブの木立ちがあるのを覚えているのは、年老いたメスのヒヒたちなのだ。捕食者に襲われると、たしかに最優位のオスは先陣を切って戦い、子どものヒヒを守ろうとする。ただしそれは、誰かのディナーになろうとしているその子どもが、自分の子だと確信できるときに限る。それ以外の場合は、最優位のオスはもっとも高く、もっとも安全な木の枝の上に陣取り、高見の見物を決めこんでいる。ロバート・アードレイも一九六〇年代の人類学もまあそんなものだ。

とはいえ、オスのヒヒが暮らす偏狭で利己的、浅はかでケチな世界では、最優位のオスであることにはやはり大きな意味があった。たとえ本当の意味での群れのリーダーではなくても、群れでおこなわれる交尾のチャンスのおよそ半分をものにでき、暑ければ日陰で休んでいられ、他の誰かの弁当箱を裂き開けるという最小限の努力で、最高の食事にありつくことができる。そしてソロモンは、それらのすべてに長けていた。彼は、この群れで三年間最優位のオスの地位を守ったが、最優位のオスの在位期間としては桁外れに長い。わたしの前任として群れを観察してきた大学院生の話では、先代を倒した当時のソロモンは、獰猛で抜け目のない戦士だったらしいが、わたしが着任したときは（そしてひそかにソロモンと名づけたときには――論文用のくだらない識別番号は絶対に使いたくない）、すでに老年にさしかかり、過去の成功に安んじ、周囲への心理的威嚇だけでその地位を守っている状態だった。そしてそれを恐ろしくうまくやってのけた。一年を通して、ソロモンは一度も大きな争いをしていなかった。ただ相手を睨みつけるだけで、王座から立ち上がってのし歩くだけで、せいぜい一発お見舞いする程度のことで、その場を収めることができた。誰もがソロモンを恐れていた。わたしも、一撃をくらって岩の上からたたき落とされたことがある。アフリカ行きのお祝いにもらった双眼鏡が粉みじんになり、それと同時にソロモンへの恐怖心が植えつけられた。たとえ当時のわたしにソロモンに取って変わろうという野心があったとしても、そんなものは一瞬で消し飛んだ。

ソロモンの一日はたいていこんなふうだ。自分の子だと確信できる子どもたち（母ヒヒの発情期に、彼女に近づいた者が他にいなかったという理由で）と遊び、だれかが掘り起こした芋や根菜を横取りし、毛繕いのサービスを受け、はじめての発情期を迎えたメスと交尾する。当時、群れで一番人気の娘はデボラだった。デボラの母親であるリアは、おそらく群れの最高齢、最高位のメスで、信じられないほど気丈なばあさんだった。オスのヒヒの地位は刻々と変化する。誰かが栄華を極めれば、他の誰かが権力を失い失脚する。一方メスのヒヒは母親の地位を受け継いでいく。姉が母親に継ぐ地位を獲得し、妹はその次の地位につき、と続きやがて娘たちはそれぞれの地位で新たな家族を作り上げる。だから、リアは少なくとも四半世紀の間トップの座に居座りつづけてきたことになる。リアは、自分と同年代だがずっと地位の低い一族の女家長であるナオミに嫌がらせをしていた。ナオミばあちゃんが、すずしい木陰で昼寝をしていると、ちょっかいをかけて追い出した。ナオミは怒りもせず、別の場所へと退散する。ナオミが反撃できないのをいいことに、リアは何度も同じことを繰り返した。リアのいじめは驚くほど昔から続いていた。何年か昔、ジミー・カーターがホワイトハウスでジョギングし、ペットロックが大人気で、誰もがファラ・フォーセット・メジャース風を目指していたころ、中年にさしかかったリアはナオミの悩みの種だった。そのもっと以前、ソンミ村大虐殺事件が起こり、誰もがクランベリー色のベルボトムジーンズをはいてウォーターベッドの上で踊っていたころ、女盛りのリアはナオミに毛繕いをさせていた。さらにその昔、リンドン・ジョンソンが胆のうの手術跡を見せびらかしていたころ、思春期を迎えたリアは、ナオミがお昼寝の眠りに落ちるのを待ちかまえて嫌がらせをした。そしてもっと昔、ローゼンバーグ夫妻の処刑に抗議の声が上がり、老人ホームで暮らす祖母とその膝に抱かれたわたしの姿がブローニーカメラで撮影されたころ、よちよち歩きのナオミは、遊んでいた小枝をリアに差し出さなくてはならなかった。そしていま、そろってよぼよぼの年寄りとなっても、ふたりはアフリカのサバンナで椅子取りゲームを繰り広げている。

リアは、体格のいい立派な息子たちを次々と産み落とした。群れをなして暮らす種の多くでは、子どもたちが思春期を迎えると、オスかメスのどちらかが荷物をまとめ、別の群れへと移動するが、これは近親相姦を防ぐ仕組みのひとつである。ヒヒの場合、このもやもやとした漂泊の思いに駆られるのは男たちで、リアの息子たちは、セレンゲティ平原北東部のあちこちでよその群れを荒らし回ることになった。リアにとってデボラは、ようやく生まれた最初でおそらくは最後の娘だった。そして、思春期を迎えたばかりのデボラに首ったけだったのがソロモンだ。そもそもデボラは、どのオスにとっても理想の女性だった。栄養状態がよく健康で、つまりは妊娠・出産を難なくこなす可能性に満ち満ちていたからだ。生まれた子どもはリアの孫だからちょっかいを出すものもいないはずだ。うまく生き延びられるだろう。進化論の観点からすると、自分の遺伝子のコピーを脈々と遺す、とかなんとかいう意味では、デボラほど理想的な娘はいなかった。わたし自身はデボラをイカすと思ったことは一度もないが（バテシバとは大違いだった。わたしは彼女にぞっこんだったが、やがて悪党ネブカドネザルの牙にかかって非業の死を遂げることになる）、度胸のよさは認めよう。ふつう、仲のいいオスのヒヒどうしが道ばたで出会うと、挨拶がわりに互いのペニスを引っぱりあう。これは「ぼくらは仲良しだよね。いまだって君を信用しているからこそ、ぼくのものを引っぱらせてあげるんだ」という意味だ。犬が腹を見せてたがいの股をなめ合うのと同じ。オスのヒヒの間では、この行為は信頼を表している。オスのヒヒはみな、友人関係にある他のヒヒにこの行為をする。ところがリアとデボラも、オスに対してペニスを握る挨拶をしていた。このふたり以外にそんなことをするメスは見たことがなかった。わたしは、ネブカドネザルがはじめて群れにやってきた日に、デボラがこの挨拶をやってのけるのを目撃した。その朝群れにやってきてひと騒動起こし、いい気分で歩いていたネブカドネザルは、向かい側から歩いてきた小さなおばあちゃんとその若い娘とすれ違いざまに、誰だこいつはと思いながらオスのヒヒが軽く会釈する際のしぐさを——眉をちょっと上げるしぐさを——して見せた。するとこの若い娘はやおら手を伸ばし、そう彼の金玉を、それもしっかりとつかみ、年老いた母と一緒にさっさと歩き去ったのだ。ネブカドネザルは、遠ざかるデボラの尻をもっとよく見ようとして、なんとその場にしゃがみこんだ。本当は男だったって、まさかな、という疑問を晴らそうとしたのだろう。

かくして、デボラは思春期を心配事ひとつなく、その時期特有の不安定さなど微塵も感じさせないまま乗り切った。そしてソロモンは、彼女がセクシーな匂いを漂わせはじめるのを、発情の度合いがより高まるのを待って、その時が来たら追い回すつもりだった。ところが同じ時期に思春期を迎えたルツは、可哀想にそうした運命のもとに生まれついていなかった。彼女にはもっとありふれた青春が待ち受けていた。ルツは地位の低い無名の一族の出で、過去にさんざん痛めつけられてきた者特有の、つねに周囲をうかがうような落ち着きのなさがあった。時が過ぎて中年にさしかかっても、そのアドレナリン過多の不安げな様子は変わらず、彼女が産み落とした数えきれないほど多く子どもたちにも、母親と同様のピリピリしたところがあった。しかし、この年の彼女にとっての最大の問題は、エストロゲンの仕業で徐々に頭がおかしくなってきていることだった。思春期が訪れて発情期に入り、ステロイドが彼女の脳に悪さをしたおかげで、頭のなかはオスのヒヒのことでいっぱいだった——ところが彼女に興味を示すオスはひとりもいなかったのだ。というのも、メスのヒヒに生理がはじまり、発情期に入っても、最初の六か月ほどはおそらくまだ排卵はしていない。生殖機能が働く準備段階に入っただけだからである。そしてほぼ間違いなく、その段階のメスはオスのヒヒたちから見るとまだセクシーな匂いを放っておらず、したがって彼女のお尻がアフリカの夕闇に抗しがたい魅力をもって浮かび上がることはまずないということなのだ。

そういうわけで、哀れなルツはひとりホルモン地獄に苦しみ、ついに頭がイカレてしまった。大人の男とみれば言い寄ったが、ひとりとして振り向きさえしない。森の茂みから出てきたソロモンが草原に腰を下ろすと、ルツはどこで何をしていても大慌てで駆け寄り、その顔に自分の牙を突き立てた。これは、発情期を迎えたメスのヒヒが習慣的におこなう行動で、相手が匂いを嗅ぐ以上のことをしてくれるのを望んでいるという意味だ。しかしうまくいかなかった。またあるときは、イチジクの木まで歩くというごく簡単な仕事をやり遂げようとしている別のオスヒヒ、アロンにまとわりつき、二歩先まで走っては止まってお尻を見せるという行動を繰り返した。アロンが無視して行きすぎると、すばやく走ってまた別の角度から誘惑する。ルツについて一番思い出に残っているのは、一九七八年の夏の姿だ。立ちはだかり、身繕いし、お尻を見せ、いろいろな形に背中を丸め、肩越しに振り返って効果のほどを確かめようとし、誘惑のポーズを完璧に決めようとし、そばにいるだけで嬉しさに喘いでいるルツの隣で、悪党ソロモンは興味なさげに鼻をほじり、彼女を無視していた。

結局のところ、ルツはヨシュアで手を打たざるをえなかった。ヨシュアというのは一年前に群れに加わったひょろひょろの若造だ。問題を起こしたりしない物静かな青年で、落ち着いた雰囲気を漂わせていたが、しょっちゅう茂みでマスターベーションをしていた。一九七八年の十月にはヨシュアはルツに首ったけとなっていたが、ルツはあまり喜んではいなかった。二か月の間、ヨシュアは熱心にルツを追いかけ回した。ヨシュアが大股で追ってくると、ルツのアドレナリンが一気に噴出して逃げ出した。ヨシュアが隣に来ると、ルツはすぐ立ち上がった。ヨシュアが一生懸命毛繕いしてやっていても、ちょっと手を止めるとたちまちルツは走り去り、セクシーなオスのまわりをうろついた。めかしこみ、アロンにモーションをかける様子を座って見ていたヨシュアのほうが勃起してしまったこともある。

ときには、男のこんな献身ぶりが、誰よりも頭のおかしい思春期の女性の心を動かすこともある。そんなわけで、十二月になると発情期を迎えたルツにずっと寄り添うヨシュアの姿が見られるようになった。ふたりはその方面のことに格別熟達しているわけではなかったし、その後数年たっても見られた、どんな男からでも実際に誘われたときにルツが見せる信じられないほどの臆病さが、彼女の妊娠の成功を少なからず邪魔しているだろうと思われた。それでも、ルツは五月にオバデヤを出産した。

このオバデヤというのがどうにも珍妙な姿をしていた。頭がひょろ長く、背中に生えているよれよれの長い毛が翼のように見える。まるで一九世紀末の神経を病んだ退廃的な放蕩息子のようだった。ルツは神経過敏なタイプの母親で、息子が自分から二歩離れただけで連れ戻し、別のメスが近づいてくると必ず息子を連れて逃げ出した。一方ヨシュアは、オスのヒヒとしてはきわめて珍しい、献身的で最高に素晴らしい父親となった。実際に同じ心配を抱えている人ならよくわかると思うが、ごく平均的なメスヒヒ――ルツより上だがデボラほどではないメス――は発情期を迎えた一週間におそらく五、六頭のオスと関係をもつ。初日は地位の低いオスで、この日は排卵している可能性がもっとも低い。そのオスは翌日にはより地位の高いオスに追い払われ、同じことが次々と繰り返されて、もっとも上位のオス（おそらく最優位のオス）が排卵日の可能性が一番高い日を彼女と一緒に過ごすことになる。だから、五か月後に子どもがこの世に生まれ出たとき、彼女に関わった男たちにできるのは、計算機を取り出し自分が父親である可能性が三八パーセントだと確認することだけだ。この場合、女性がこの男性に子育てを手伝ってもらえる可能性はゼロだ。ところがヨシュアの場合、ルツが若く恥じらいに満ちた発情期を迎えた数か月間の、唯一の求婚者であったため、生まれてきたのは百パーセント自分の子だという確信をもてた。味気のない社会生物学用語で言えば、彼の父親としての子どもへの投資には、進化的な意味で利益があるということになる。

ヨシュアは時々、疲れたルツに代わって子守りをした。木登りするオバデヤに手を貸してやり、近くにライオンたちの姿が見えるときには心配そうに息子に寄り添った。たしかに少々過保護すぎる面はあったかもしれない。ヨシュアは明らかに子どもの遊びがどんなものか理解していなかった。オバデヤが遊び友だちとレスリングを楽しんでいると、突然ヨシュアが間に割り込み、危険な遊び仲間から息子を守り、子どもたちを突き飛ばし、はっしはっしと投げ飛ばした。そんなときオバデヤは表情を曇らせていたが、おそらく、両親が愚かさを露呈したときに人間の子どもたちが感じる、耐え難い気恥ずかしさと同じようなものに耐えていたのだろう。やられた子どもたちは泣きわめきながらそれぞれの母親のもとへ走って帰りすると母親たちはヨシュアに散々文句を言い、ときにはヨシュアを追いかけ回すこともあった。しかし、ヨシュアはいっこうに懲りなかった。数年後に最優位のオスに昇格したときも、若者となったオバデヤと友人たちのレスリングに割って入っていた。

ヨシュアが群れに加わったのと同じ頃にベニヤミンが現れた。ふたりはいわば同期生だが、ヨシュアが東の山岳地帯の群れ出身であるのに対して、ベニヤミンはタンザニアとケニアの国境付近の群れの出だった。当時、青年期の悩ましい不安定さから抜け出したばかりだったわたしは、ベニヤミンと彼がもつ欠点の数々に自分自身を重ね合わせないようにするのに苦労した。ベニヤミンの毛並みときたら手がつけようがなかった。もじゃもじゃで、頭には何本もの剛毛が突き出し、肩まわりを飾っているはずのライバルを威嚇するための雄々しい模様の代わりに、奇妙な毛玉ができていた。しょっちゅう足がもつれて転びそうになり、座れば必ず軍隊アリを尻で踏みつけた。あごに少し問題があって、あくびをするたびに、それもしょっちゅうなのだが、上下の唇と左右の頬骨が犬歯の上に収まるように自分の手で整えなくてはならなかった。女性にはとんと縁がなく、どこかに喧嘩に負けて機嫌の悪い者がいれば、必ず最悪のタイミングでその場に遭遇するのがベニヤミンだった。ヒヒの群れと暮らしはじめて一年目のある日、わたしはベニヤミンの行動観察をしていた。動物の行動データを取るときには、個体をランダムに選び（特別おもしろい行動をしているものだけを選んで観察することによるデータの偏向を防ぐためだ）、その行動を一時間観察して、すべてを記録する。ちょうど昼のさなかで、観察を開始して二分でベニヤミンは木陰で昼寝をはじめてしまった。一時間がたち、この退屈なサンプル調査が終了したときには、群れの他のヒヒたちはみな姿を消してしまっていた。ところが目を覚ました彼には群れがどこにいるのかまるで見当がつかず、それはわたしも同じだった。ふたりして迷子になってしまったのだ。わたしはジープの上に立ち、双眼鏡で辺りをくまなく見渡した。それからふたりで顔を見合わせた。しかしついに見つけた。丘をいくつか越えた先に小さな黒い点々が動いていた。そちらに向かってジープをゆっくり走らせると、ベニヤミンはその後ろを走ってついてきた。ハッピーエンドだ。この出来事のあと、わたしが徒歩で行動観察をしているとベニヤミンが隣に座りに来るようになり、車を降りて仕事をしているときには、ジープのボンネットの上に座っているようになった。ちょうどこの頃、わたしは彼をお気に入りのヒヒにしようと決め、大好きな名前で呼ぶことにした。そして、その後のベニヤミンのやることなすことにますます惹かれていった。あれから何年も過ぎ、彼がいなくなってからずいぶんたったいまも、ベニヤミンの写真を肌身離さず持ち歩いている。

ヨシュアやベニヤミンよりさらに若いところではダビデとダニエルがいた。彼らはよその群れからやってきたばかりで、最初に移った群れでのひどい体験の後遺症でいまだにピリピリしているように見えた。友人や家族と別れて加わった新しい群れで何か月ものけ者にされ、嫌がらせばかりされ、つねに群れの端っこにいるため捕食者にも狙われつづけたのだ。ふたりはもともとの生まれは同じ群れではなかったが、たまたまちょうど同じ時期にわたしたちの群れに加わり、さらに幸運なことに、牽制し合うこともなくとても気があっていつも一緒にいるようになった。子ども時代を少し過ぎた彼らは大の親友となって、一緒に遊んだり取っ組み合いをしたりして過ごすようになった。ある午後、わたしはこのふたりが草原のはずれの森の近くでキリンの赤ちゃんの群れを威嚇し、追われたキリンの群れがサバンナを右往左往しているのを目撃した。キリンの体重はダニエルやダビデの五十倍はあるはずで、彼らをぶちのめすのは簡単だったはずだ。それなのに、キリンは足下で奇声をあげるこの小さくて毛むくじゃらの悪魔たちにすっかり面食らい、逃げ出したのだ。

間違いなく群れで生まれたはずで、しかし一度も群れから出たことのない大人のヒヒもいた。その後に出会った何百頭ものヒヒのなかでも、ヨブは最高に不幸な運命を背負っていた。サバンナのヒヒは見栄えのいい動物だ。筋肉質で毛並みのいいクマのような姿をしている。ところがヨブは痩せぎすで、身体のわりに頭ばかり大きかった。震え、痙攣発作、中風、卒中の症状があった。身体の毛が周期的に抜け、雨期になると身体中の穴にカビが繁殖する。手足がひょろ長く、しっぽは疥癬にやられていた。わたしの知るかぎり、彼に思春期はなかった。停留睾丸で、第二次性徴の兆しである、犬歯が大きくなる、肩に模様が現れる、声変わり、筋肉質になるといった変化も見られなかった。しかしなかなかどうして抜け目がなく、恐怖にさらされつづけた体験によって培われた、慎重で油断のない警戒心を働かせながら生きていた。彼が抱える問題点について、わたしは内分泌異常に関するあらゆる可能性を考えた。甲状腺機能低下症、先端巨大症、バセドウ病、そして正真正銘の半陰陽。一番に疑ったのはクラインフェルター症候群だが、確証は得られなかった。確定的な診断が下されない彼は、病名を与えられる者よりもはるかに惨めで哀れだった。

予想どおり、ヨブは感情のはけ口を求める群れのすべてのオスによって（そしてリアとデボラによっても一度ならず）、痛めつけられ、追い回され、嫌がらせをされ、殴られ、袋だたきにあい、傷つけられ、威嚇された。新入りのいくじのない若者も、新しい群れに少なくとも一頭は自分よりも下位のヒヒがいるのを知って驚き、喜んだ。彼を見てきた数年間で、ヨブが他のヒヒより優位に立ったのを見たことは一度もない。ヨブの唯一の心の拠り所はナオミ一家――ナオミばあちゃん、その娘ラケル、そして孫娘のサラ――だった。ナオミの家族は、耳慣れない特殊な言葉で言えばメンシュで、たちまちわたしのお気に入りの一家となった。彼女らが血のつながった一族であることは見間違いようがなかった。みなO脚で、胴体は丸々して小さく、その上にあの狂気じみた毛むくじゃらの顔がついていて、まるでメンフクロウの一家のように見えた。階級的には中位に属し、交遊関係が広く、互いに助けあって暮らしていた。そしてヨブにも助けの手を差し伸べていた。確証はないものの、ヨブはナオミの息子に違いないと感じていた。ナオミにとってヨブは出来の悪い病弱な息子で、別の群れに移動しても生き残れる見込みはなかったし、男性ホルモンに促された冒険心を、つまり青年期の男が抱く、荷物をまとめ、よその群れという新天地で運試しをしたいという思いを抱いたこともなかった。ナオミはヨブのことでしょっちゅう気を揉み、ラケルは、ヨブに嫌がらせをしてくる少年たちに歯をむいて立ち向かい、サラはヨブの毛繕いをしてやっていた。ある朝のこと、群れの端っこで休んでいたヨブの心の平安は、草を食むメスのインパラに囲まれていることに気づいたことで破られた。バンビのような姿をしたインパラは、これ以上はないほど無害で、むしろヒヒの獲物となる動物だ。ところがヨブはその姿に怖じ気づき、危険を知らせる吠え声をあげはじめた。ナオミとラケルはインパラの間を縫うようにしてヨブのそばまで行き、インパラの群れがいなくなってヨブが落ち着きを取り戻すまで隣に座っていた。

群れには、ナオミのような年老いた女家長だけでなく、威厳に満ちた長老たちもいた。たとえばアロンがそうで、間違いなく全盛期を過ぎているにもかかわらず、一目置かれる存在だった。品がよく物静かなアロンは、多くの女性たちと好意的な交遊関係をもち、また相手が誰であれ、執拗に痛めつけるようなことはしなかった。運命を決めた過去の大きな出来事が原因でいまも足を引きずっていた。この数年前、群れナンバースリーの座に上ってきたのがソロモンという若者だった。アロンはそのときナンバーツーで、絶好調で首位に迫る勢いがあり、当時の最優位のオスの地位を脅かす存在だった。一方そのときの最優位のオスは、保管用ファイルにオス２０３と記録されているだけの存在だった。忘れもしないその朝、アロンとオス２０３は決着をつけるための戦いに挑んだ。見事な戦いぶりで、優劣つけがたい戦いが何時間も続いた。すると、ここぞというときに、ソロモンがその先何年間も彼を助けることになる戦略的才覚を発揮し、疲れ果てて目の前の相手しか見えなくなっているふたりに巧みに戦いをしかけたのだ。結果は？２０３が死に、アロンは重傷を負った。そしてソロモンが王座についた。

一九七九年当時の群れのメンバーは六十三名だったが、この数字は中心的な出来事にかかわっていたヒヒの数だ。そしてもちろん、それ以外にもたくさんのヒヒがいた。イサクは、青春期を過ぎたばかりの大人になりたてのオスで、ナオミの一家と親しくつきあう生活スタイルをすでに確立していた。みすぼらしくてどことなく哀れを誘うミリアムは、次から次へと子どもを産みつづけ、それがみな腹痛もちときていた。妙齢の姉妹、ブープシーとアフガンは、セクシーさとお色気の度が過ぎていて、左足をオスの目の前に突き出して男を誘うそのポーズがあまりにも淫らで、聖書から取った女性の名をつける気がしなかった。

わたしがヒヒの群れと暮らしはじめたその年は、ソロモンにとって時代の流れを感じざるをえない年であり、避けようのない死の影はついにウリヤという形を取って現れた。ウリヤは若いヒヒで、身体は納屋のように大きく、その年の春に群れに加わった新参者であるにもかかわらず、先輩たちや過去の歴史への配慮は一切なく、威嚇的な勢力をものともせずに、打倒ソロモンを目指した。わたしはずっと、頭のよくないウリヤは、戦略家であるソロモンの怖さがわかっていないのではないか、ソロモンが、神経を遣う地位の入れ替えを取り仕切り、食糧や交配、毛繕いの順番を決める際に用いている、ほとんど東洋的なミニ

読者カード

みすず書房の本をご愛読いただき，まことにありがとうございます．

お求めいただいた書籍タイトル

ご購入書店は

・新刊をご案内する「パブリッシャーズ・レビュー　みすず書房の本棚」（年4回 3月・6月・9月・12月刊，無料）をご希望の方にお送りいたします．

（希望する／希望しない）

★ご希望の方は下の「ご住所」欄も必ず記入してください．

・「みすず書房図書目録」最新版をご希望の方にお送りいたします．

（希望する／希望しない）

★ご希望の方は下の「ご住所」欄も必ず記入してください．

・新刊・イベントなどをご案内する「みすず書房ニュースレター」（Eメール配信・月2回）をご希望の方にお送りいたします．

（配信を希望する／希望しない）

★ご希望の方は下の「Eメール」欄も必ず記入してください．

・よろしければご関心のジャンルをお知らせください．
（哲学・思想／宗教／心理／社会科学／社会ノンフィクション／
教育／歴史／文学／芸術／自然科学／医学）

（ふりがな） お名前　　　　　　　　　様	〒
ご住所　　　都・道・府・県　　　市・区・郡	
電話　　　（　　　　　）	
Eメール	

ご記入いただいた個人情報は正当な目的のためにのみ使用いたします．

ありがとうございました．みすず書房ウェブサイト http://www.msz.co.jp では刊行書の詳細な書誌とともに，新刊，近刊，復刊，イベントなどさまざまなご案内を掲載しています．ご注文・問い合わせにもぜひご利用ください．

郵便はがき

料金受取人払郵便

本郷局承認

5942

差出有効期間
平成26年11月
1日まで

113-8790

東京都文京区
本郷5丁目32番21号

みすず書房営業部
行

505

通信欄

(ご意見・ご感想などお寄せください．小社ウェブサイトでご紹介させていただく場合がございます．あらかじめご了承ください．)

マリズムが、理解できないのではないかと考えていた。ウリヤはヨシュアとベニヤミンを投げ倒し、アロンやイサク、その他の大柄なオスたちをさっさとやっつけていった。そしてある朝、厚顔無恥なウリヤは、発情期を迎えたデボラがソロモンと交尾している現場に割り込み、デボラを横取りしようとしたのだ。ソロモンはその数年間ではじめて他のヒヒに戦いを挑んだ。ウリヤをたたきのめし、肩に深く長いかみ傷を負わせ、上唇を引き裂いた。ウリヤは恐怖に顔を引きつらせ、しっぽを立てたまま（足の間にしっぽを巻き込むヒヒの動作と同じ意味を表す）走り去った。しかし翌日になると、ウリヤはふたたび、ソロモンに挑みかかった。

そんなことが繰り返しおこなわれ、それは春じゅう続いた。ウリヤは何度もぶちのめされたが、どうやら経験から学ぶ能力がないようで、やられても、やられても戻ってきた。ソロモンの目の前で威嚇のあくびをし、動物の死骸をソロモンから奪い取ろうとし、メスヒヒたちがソロモンの毛繕いをしていると脅して追い払い、そのたびに激しくやり返された。そんなふうにしてじわじわとソロモンを疲弊させていった。ソロモンはしだいに体重が落ち、争いのたびにますます全力で戦うようになっているように見えた。オスのヒヒどうしが戦うときは、大人のライオンの牙よりも長い、ナイフのように尖った犬歯をむき出しにして、たがいに威嚇し合う。そしてある朝、二頭がそんな戦いを繰り広げていたとき、ソロモンがはじめて後ずさりした。ほんの一瞬とはいえ、これまでソロモンが後退することはなかった。最終的には勝利したものの、ソロモンは顔に裂傷を負った。その後もウリヤは戦いを挑みつづけ、ソロモンのほうは戦々恐々として過ごす時間が増えていった。年寄りにとって、ウリヤのような若者は恐ろしい存在だ――若さゆえに疲れを知らないから。ある午後のこと、ウリヤとの戦いの合間に、ソロモンは別の高位のオスからも戦いを挑まれた。二か月前には、ソロモンに一瞥を投げかけられただけで縮み上がっていたオスだ。ソロモンは勝ったが、オスからの追撃や戦いはその後も続き、何度かソロモンが劣勢に転ずることもあった。ソロモンの足下が少しずつ崩れはじめていた。

その翌朝、ソロモンはデボラと並んで座っていた。その週デボラは発情期ではなく、性的な関係を求めていなかった。オバデヤはようやく二、三歩歩けるようになったところだった。ラケルはヨブの近くに座り、妊娠二か月のミリアムはかんしゃくを起こした一番下の子どもに毛繕いをしてやっている。小さな町の静かな朝だった。そのときウリヤが現れ、十メートルほど先に立ちはだかってソロモンを睨みつけた。この小さな町にボスはふたりもいらないぜ、と。するとソロモンは、まるで筋書きが決められていたかのように脇目もふらずまっすぐウリヤの前まで歩いていき、振り返ってひれ伏し、腹を草むらにうずめ、尻を高く突き上げた。オスが服従を示すときのポーズである。こうして政権交替が完了した。

その日一日、ウリヤはどっしり構えて、リアやナオミ、その他のメスたちと毛繕いをして過ごした。ソロモンは、なんの前触れもなくベニヤミンに攻撃をしかけた。ヨブを何度も打ちのめし、遊んでいるダニエルとダビデを蹴散らし、怯えて逃げるルツとオバデヤを追い回した。これはまさに、問題に直面したオスが他の誰かにそのつけを支払わせようとするときの典型的行動だ、とわたしは気づいた。しかしその日、ソロモンは他にもあることをした。同じ行動をするヒヒを目にしたのはその後一度きりで、やはり最優位のオスが首長の地位を失った日のことだった。動物行動学者の間では、動物の行動を説明するときに人間社会においてなんらかの感情をこめて使われる言葉を用いることの是非についての議論が盛んにおこなわれている。アリには「階級」があって「奴隷」アリがいるのかどうか？　チンパンジーは本当に「戦争」をするのか？　といった表現のことだ。ある学者グループは、これらの言葉はより長い学術的表現を短縮するための便宜的表現にすぎないと言っている。一方で、そうした動物の行動は、人間がそれをするときと同じ意味をもつ、とするグループもある。また別のグループは、同じ言葉で表現しても動物の行動と人間の行動はまるで違うもので、たとえば、「すべての種に『奴隷』階級がある」というとき、それは動物に広く見られる自然な事象だという意味にすぎない、としている。わたしの考えはこの最後のグループに近い。それでも、ソロモンがこの日にやったことについては、人間の病理を説明するときに通常使われる、ある種の感情のこもった言葉を使うのがふさわしいとわたしは思う。ソロモンはデボラを追い回し、アカシアの木のそばでつかまえるとその場でレイプした。レイプという言葉を使ったのは、デボラはソロモンを誘っておらず、この時期彼女は行動学的にも受容的ではなく、生理学的にも繁殖力がなかったから、気が狂ったように逃げ惑い、必死でソロモンを撃退しようとし、彼のものが中に入ったときに苦痛の叫びをあげたからだ。そして血が流れた。こうしてソロモンの時代は終わりを告げた。

2 シマウマカバブと犯罪に手を染めたこと

ナイロビの空港に夜明けに到着したわたしは、団体旅行客目当てのタクシーを断り、市バスに乗って町へ向かうことにした。バスは満員で、荷物を詰めこみすぎたバックパックと雑のうから手を放さないように気をつけながら、バスの窓から外を見つめ、流れていく景色のひとつひとつを胸に刻みつけようとしていた。遥か彼方には火山群が見え、広々とした草原にアカシアの木が点々と並んでいる。男たちはすでに草原に出ており、女たちは食べ物を満載したかごを頭の上に載せて、バランスを取りながら歩いていた。信じられないことに——誰もが黒い肌をしていた。ここはアフリカ。これは現実なのだ。景色に見とれていたせいで、バスのなかで実際に起きていることに気づくのに少し手間取った。すぐそばに座っていた中年の男が、バスが路面の穴ぼこに乗り上げて揺れるたびによろめくわたしに、荷物を持ってやろうと話しかけていたのだ。というよりも、男は力づくでわたしの荷物を奪い取ろうとしていた。そして「俺の腕は強い、白人のお兄さん。俺の腕は強い」と英語で何度も繰り返すのだが、妙に強引なところが気にかかった。おそるおそる男に荷物を任せたものの、ありがたいような、疑わしいような気分だった。しかしその男は、いよいよバスを降りるときがくるとわたしに荷物を返し、ここから先は持ってあげられないと謝りさえした。それから両腕でバスのシートを強く押して胴体を持ち上げ、両手と両膝でバスの床に降り立った。そのままカニ歩きでバスのステップを降り、ナイロビの通りに出た男は、一度だけ振り返り、「俺の腕は強い」と大声で叫ぶとクスクスと嬉しそうに笑った。アフリカに来てからはじめて見た物乞いで、ポリオが原因で足が不自由になっていたのだ。

ナイロビでは、それから一週間かけて動物保護区への入場許可証と移動手段の手配をすることになっていた。ところがすぐに、自分のスワヒリ語に問題があることがわかった。わたしのスワヒリ語は、同じ大学のタンザニア出身の法学部の学生に習ったものだった。当時タンザニアは、社会主義の実験的政策の一環として部族主義を徐々に根絶していく方針を取っており、誰もが正統的で難しく、品のいいザンジバル方言のスワヒリ語を母国語として学んでいた。ところが隣接するケニアでは混沌とした部族主義がまかり通っており、誰もが自分の部族の言葉で育てられ、それ以外に知っているのは近隣の仲のよい部族の言葉と近隣の敵対する部族の言葉だけで、したがってスワヒリ語を学ぶとしてもずっと後になってからなのだ。たいていの人は少しばかりスワヒリ語を話せたが、それがほぼ例外なくひどいスワヒリ語で、特にナイロビでは、都市部特有の、俗語だらけのブロークンスワヒリだった。つまり、ブロンクスに行ってクイーンズ・イングリッシュを話していたようなものだった。わたしの話は一言たりとも誰にも理解されなかったし、わたしもすべてがチンプンカンプンだった。

コミュニケーションの問題をものともせずに、わたしはアフリカ初日の体験をなんとか楽しもうと努力した。すると、案内されたホテルのフロント係に偽の税金をだまし取られ、最初に入った食料品店では店主にぼられ、ウガンダ出身の大学生に金を巻き上げられるという体験を矢継ぎ早にすることになった。その大学生は、家族をイディ・アミンに虐殺されて避難してきた、なんとか金を稼いで祖国に戻り革命に参加したいと言うのだった。わたしと大学生は、ナイロビ国立博物館の庭の木陰でその問題についてじっくり話しあい、彼は母国に西洋式の民主主義を持ちこみたいという熱い思いを切々と語った。わたしは、途方もない大金をその大学生に手渡した。その後何年にもわたり、同じ国立博物館の構内で、西洋社会の関心をひく政治的混乱が起きたばかりのアフリカのどこかの国からの難民を装い、旅行者から金をだまし取ろうとする彼の姿をたびたび見かけたものだ。

しかしその日、アフリカでの初日を振り返って、わたしはすべてうまくいったと満足していた。宿泊する場合には特別な税金がかかることを知った。食料品店では、値札に書かれた金額にもっと気をつけるべきだとわかった。値札を読み違えて実際より安いと勘違いしたために、気の毒にも店主はお金が不足していますよ、と言いにくいことを言わなければならなかったのだ。そして一番の功績は、ウガンダに二大政党制の民主主義を導入する手伝いができたことだ。

ナイロビでの最初の一週間はこんなふうに過ぎていった。この騒然とした第三世界の都市で、ひとりの知り合いもなく、食べる物、出会う人、しぐさのひとつひとつがまるでなじみのない、過去に出会ったどんなものよりも異質な世界でやっていくことは、めまいがするほど大変だったはずだ。けれども、ある簡単な理由のために、わたしにとってこの期間は一種の空白の時間となっていた。右も左もわからない状況のなか、わたしはずっと、あるひとつのことだけを思いつづけていたからだ——この先のどこかに、そびえ立つ真新しいビル群の彼方に、貧民街の向こうに、しみひとつないイギリスの植民地風の住宅街の先に、そうした風景のすべてが消え去り、低木のやぶが広がりはじめる場所があるのだと。わたしはただ、生まれてこのかたずっと夢見ていたその場所にたどり着ける日を、息を殺して待っていればよかった。

そしてついにその日がやってきた。わたしは、ナイロビにある野生生物保護団体の事務所に出かけた。

そこに「渡りをつけて」あった。というのはかなり大げさで――実際には、合衆国政府から事務所の秘書宛てに、これこれこういう名前の青年が尋ねていくから、少し手助けをしてやってほしいという連絡が入っていただけだ。しかしわたしにとってはわくわくする体験だった。事務所に自分の名前が書かれた紙が置かれているだけで、たとえ綴りがめちゃくちゃで、名字と名前が逆転していても、ぞくぞくするほど嬉しく、海外特派員にでもなった気分だった。事務所では、動物保護区へ向かう軽飛行機の乗り方と、パイロットの名前を教わった――アフリカでの連絡先がふたつできた！　動物保護区ではふたりの大学院生と一緒に研究することになっており、わたしがコツを覚えるまでの数か月間は彼らも滞在を続ける、ということだった。秘書は、ふたりに無線で連絡しておく、空港まで迎えにいくよう手はずを整えておくと、やけに力強い口調で約束した。

こうして乗りこんだ小型飛行機は、暴雨風にさらされてガタガタ揺れながらアフリカ大地溝帯(グレートリフトバレー)を横切ったが、雲が低くたれこめていたために、眼下にゆっくりと広がりゆくはずの新世界を見ることはできなかった。なにしろ、飛行機は着陸のための降下を開始する三十秒前まで雲のなかを突き進んでいたのだ。と、ふいに視界が一気に開け、低木の大平原が現れた。シマウマや野生動物たちが飛行機から逃れようと滑走路を疾走する姿が見える。いよいよジオラマの世界に到着だ。

アフリカの未開の地でのあの最初の数週間を、わたしは二度とふたたび体験することができない。そう思うたびにわたしは胸のうずきを感じつづけることだろう――ヒヒの群れとのはじめての対面、近くに住む村人と最初に出会った午後、あらゆる茂みや木立の向こうに動物がいるとはじめて知ったときのこと。毎晩テントに戻ると、新しい経験の連続による体力の消耗と、あらゆることを、とことん見、聞き、その匂いを確かめたことによる疲れで、その場に倒れこんだものだ。

まず思い知らされたのは、当然のことながら、アフリカの暮らしは考えていたようなものではなかったということだ。何年も前から、アフリカの未開の地で直面するはずの危険を予測し、受け入れる覚悟を決めてきた。無事に帰れないことも想定して、愛する家族にも別れの挨拶をすませてきた。捕食者やバッファロー、そして毒蛇への対策も万全だった。ところがそれよりずっと大きな悩みの種となったのは、食べ物に必ず甲虫が紛れこむことだった。

地元の部族民の恐ろしさも思い知った——好戦的なマサイは、略奪や襲撃をすることで知られており、威嚇的で恐ろしい隣人だ。しかしマサイによる最大の被害が、午後になると決まってテントのまわりに座りこみ、わたしのやることなすことについて、にやにや笑いながら噂し、大笑いしている子持ちの女たちによるものだとは予想もしていなかった。女たちにはプライバシーとか個人空間といった観念はなく、好奇心のままにキャンプに群がり、わたしの持ち物を際限なく欲しがった。

熱帯特有の恐ろしい疫病にかかる危険も覚悟していた。マラリアでも、ビルハルツ住血吸虫症でもかかってこい、という気持ちだった。ところがすぐに起こった体調不良は、軽度の下痢が一年間ずっと続くという症状となって現れた。そのうえ、ウドンコ病菌が繁殖した足の指の間が気が狂うほど痒くて、何時間も眠れずに過ごす夜が続いた。

しかしわたしが何よりも心配していたのは、知り合いひとりいないアフリカの奥地での、仕事も生活もほとんどひとりでこなし、数週間に一度の郵便物の配達以外は外界との連絡も取れない孤独な暮らしのなかで直面するだろう精神の危機のことだった。平和部隊にボランティアとして参加した人々の多くが、渡航してから十か月ほど過ぎて、友人たちが手紙を書くのにうんざりしはじめ、雨期がピークを迎え、寂しさと疎外感が耐えられないほど高まったときに抑うつ状態に陥る現象をしばしば見聞きしていた。そしてその覚悟をしていた。しかし、まさかひと月目に、寂しさのあまり頭がおかしくなったのではと不安になるとは思わなかった。

問題の種はゾウだった。メスのゾウには乳房があるのをご存知だろうか？　といっても何列も並んだ乳首のことではない。横になっている母親ゾウの乳首に何十頭もの子豚のような子ゾウたちが群がり、じっと目を閉じたまま乳を飲む、そういうのではない。本物の乳房が、大きくて官能的なふたつのふくらみがあり、おまけに胸の谷間まであるのだ。まさか？　と思うだろう。わたしもそうだった――パブリックスクールでもゾウの乳房が話題になることはめったにないのだ。アフリカで暮らしはじめた最初のひと月間、わたしは双眼鏡とストップウォッチとレポート用紙を携えてやぶへ出かけ、あちらこちらで交配するヒヒたちの様子を毎日のように事細かに観察していた。そんなとき、ふいに厚皮動物がやってきたと思ったらそれはゾウで、そのゾウにはつまりその、乳房があったのだ。最初に感じた率直な感想はこうだった。なんてこった、僕ってなんてすけべで好色な、哀れな青年なんだろう。たったの一か月ジャングルで孤独に暮らしただけでもう心が壊れ、フォルクスワーゲン並みにどでかい乳房をもったゾウの幻覚を見ることになるとは。ああ恐ろしい。こんなに早々と精神に変調をきたし、それも『ナショナルジオグラフィック』の裸の写真に見とれるよりももっと程度の低い幼稚な性的妄想を抱いてしまうとは。のちに、ゾウには本当に乳房があり、「野生の王国」的性夢を見たわけではないとわかったときには、心底ほっとしたものだ。

ゾウに関する根源的発見からさほどたたないうちに、わたしはもっと重大な発見をすることになった。すでに大学院生たちは帰国し、わたしはヒヒが棲む平原を見下ろす美しい丘の上にある原野でひとり暮らしていた。午後も遅くなり、くつろいだ、とても満足な気分だった――というのも、ヒヒの一頭一頭を、ある程度正確に区別できるようになってきていたからだ。その朝は、わたしにとってすでに嫌いなヒヒとなっていた攻撃的なネブカドネザルが、年老いたアロンと若いヨシュアの二頭を相手に戦いを繰り広げていた。錯綜した戦いが延々と続き、優劣がくるくると入れ替わる。三頭が引きつったうなり声をあげながらたがいに突進し、やぶの中や草原で猛スピードの追いかけっこが繰り広げられた。戦いは数分間続き、ヨシュアとアロンがかろうじて勝ちを収めた。そしてわたしは、その一部始終をなんとかノートに記録することに成功した。ヒヒの行動観察のコツをつかみかけていた。

テントの前でぶらぶらしながらすぐそばの森に棲むインパラのハーレムをながめていると、動物保護区のゲートに駐在する監視員たちのランドローバーがガタガタ揺れながら山を越え、土ぼこりをあげてキャンプに入ってきた。わたしは毎朝彼らのゲートを通っており、そのたびに車を停めて彼らと雑談するのが日課になっていた。彼らはわたしにとってアフリカでのはじめてのコミュニティであり、ちょっとした挨拶を交わすだけのために十五分もかける、いかにもアフリカ的な体験をすることができた。友よ、今日はどうだい？　昨夜はよく眠れた？　仕事はどう？　今晩の天気はどうだろうね？　お姉さんの旦那の両親の家の牛に変わったことはない？　といった調子だ。

車はわたしの目の前で停止した。前の座席に三人の監視員がぎゅうぎゅう詰めに座っており、後部座席には何やら大きくて黒いものが見えた。男たちが後部ドアを開けると、そこに乗っていたのは死んだシマウマだった。

年長の監視員がいつもの挨拶をしながら近づいてくる後ろで、若い監視員のひとりが鉈を手にシマウマのほうへ向かった。そいつは死んだシマウマじゃないですか。両親は元気かと尋ねる年長の監視員の言葉を遮って、わたしは叫んだ。もちろんそうさ、と男。いったいどうしたんです？　俺たちが仕留めたんだ。仕留めた？　ケニアでは狩猟は法律違反で、一切禁じられていた。そのことは、観光客たちに隣国ではなくケニアの動物保護区を自信をもって勧められる理由であり、動物保護区の管理とそれをエデンの園のような状態に保つことに国が本腰を入れていることの証しであった。それなのに、なぜ彼らは動物を撃ったのだろう？

話しているところに、さきほどの若い監視員が鉈をふるった成果品を携えてやってきた。わたしに向かって放り投げられたそれは、筋ばった巨大なすねの骨で、ひずめにはまだ草のきれっぱしがついていた。そのシマウマは病気だったんですか？　病気で苦しむ姿が見ていられなくて殺したんだ、という答えを期待しながら尋ねた。しかし、監視員のほうはわたしの言葉が暗に意味していたことを取り違えたようで――「いいや、もちろん病気なんかじゃなかった。病気の動物の肉などやるもんか。たくましくて強いオスだったよ」と少し気を悪くしたように答えた。

彼らはふたたび車に乗りこんだが、わたしが彼らの贈り物をあまり喜ばなかったことに、どうやらむっとしているようだった。男たちが車のエンジンをかけると、わたしは勇気を出して、シマウマを撃つのは法律違反ではないのですか？　と言ってみた。すると年長の監視員は冷たい目でこちらを見返し、保護区の管理者からの給料の支払いが何週間も滞っている。やつに金をせしめられて、俺たちには肉を買う金がないんだ、と答えた。

わたしは、シマウマの足を抱えたまま、しばらくそこに座りこんでいた。心に押し寄せるさまざまな思いのせいでぐったりした気分だった。十三歳のとき、自分の自制心を試すことと、両親を苛立たせることを目的とする少々いかれた意思表示のために、わたしはベジタリアンとなった。目的はどちらも上手く達成できたが、月日とともにわたしは何ごとについても理屈をふりかざすようになり、自分の菜食主義にももっともらしい理由をつけ加えた——動物虐待の防止、環境保護、そして健康への配慮だ。しかしアフリカには、食べなければならないものは何でも食べるという決意で来ており、それも冒険の一部だと考えていた。それでも、アフリカに来てまだ数か月の当時は、本物の肉はまだ食べていなかった。だからシマウマの肉には、肉食再開の意味があった、

もうひとつは、現実的な問題だった。いったいこれをどう料理すればいいのだろう？　最後に肉を食べたのは、中学のカフェテリアで食べたパストラミサンドウィッチか、母親が作ったロールキャベツだったはずだ。大学ではずっと寄宿舎暮らしだったため、菜食主義者の機嫌を取るために出されていたあの忌まわしい、パープル味のヨーグルトでなんとか食いつなぎ、大学の休暇中に寄宿舎に残るときには、慣れない料理をしてみようと地元の食料品店に出かけたが、結局買ってきたのはパープル味のヨーグルトだった。動物保護区のキャンプで食べていたのは米と豆とキャベツで、ときにはその適切な調理法を考えようとしたこともある。しかしシマウマの足をどう料理すればいいかは皆目わからなかった。

そして何よりも大きな葛藤をもたらしたのが道徳的問題だった。あの監視員たちはシマウマを殺した。ただその肉を食べたいという理由で。つまり彼らは密猟者であり、わたしは彼らの獲物の一部を手にしている。動物保護区の監督官に彼らのことを報告するべきだろうか？　しかし監督官も監視員たちの給料を盗んだのだ。そのことはどこに報告すればいいのだろう？　彼ら全員と話しあい、道理を説き、間違いを正すべきだろうか？　しかしそもそも自分に彼らを裁く資格があるのだろうか？　この若さで。それにあの監視員たちはわたしに贈り物をしようとしたのだ。しかし彼らはシマウマを殺した。それにしても、牛の屠殺は許されているのに、なぜシマウマだけが大切にされているのだろう？　シマウマの足を食べてし

まうのは不道徳な気がする。といって捨てるのも、やぶに投げこんでしまうのももっと不道徳なのではないか。

わたしはぼんやりする頭でその場に座りこんでいた。道徳的な迷いはしだいに学期末レポートのようになっていったが、ふと気がつくとむき出しになったシマウマの足の筋肉に蠅がたかっていた。何がどうなって決断に至ったのか自分でもわからないまま、わたしは持っていたスイス製のアーミーナイフでシマウマの足の皮をはぎはじめた。そのあと筋肉をいく本か切断してから、小さな四角い塊に切りわけた。わたしの腕前はひどいもので、シマウマの肉片や血がそこらじゅうに飛び散った。その夜は、ハイエナがテントのそばまでやってきて、肉の切れ端をむさぼっていたほどだ。わたしは肉の塊の料理にとりかかった。肉の形がなくなるまで何時間も火であぶり、罪を消し去った。その日の朝までは地響きをたててサバンナを疾走していたシマウマの一部であったとはとても思えない、なんの味もしないしなびた皮へと変容させた。

出来上がった塊を「食べる」、もっと即物的な言葉で言えば「嚙む」ことは不可能だった。わたしはひどく冷静な気分で、乾燥した革のように固い物体を片づけはじめた。このとても食べられたものではない塊を霊長類に与えられた門歯で嚙み切り、奥歯で何度もすりつぶしながら、教科書にある「咀嚼」とはこういうことなのかと考えていた。

数日間は食べつづけることになるだろう肉塊の最初の数個を座りこんで咀嚼していたとき、つまり不法に入手された肉を食べていたときに、突然どこからともなくひらめいた真実がわたしを圧倒した。わたしは嚙むことも忘れてぽかんと口を開いていたが、それは霊長類の能力である咀嚼に疲れたのが半分、後の半分は、ふいに理解した真実があまりに重大だったせいだ。わたしは愕然としていた。あのウガンダの学生は……先週博物館で出会ったあの学生は……大金を渡したあの学生は……ウガンダの学生なんかじゃない。まるで一気に視界が開けたかのようだった。食料品店のあの店主にも何度もだまされていた。それなのに毎日のこのこ出かけていた。ホテルのフロント係にもありもしない税金をだまし取られていた。ふいに理解したそれらの真実に、わたしはすっかり打ちのめされていた。がっかりするような現実、いったいどうなってるのだ、ここは！　詐欺師ばかりなのか！　という思い。善悪の知恵の実ではないにせよ、監視員たちがくれた密猟されたシマウマの足のカバブは、少なくとも気づきの木から取ったものであるに違いなかった。

その夜は、道徳的な判断を迫られていたうえに、黒こげになったシマウマが発する酸性ガスのせいで頭がくらくらしてきて、眠れない辛い夜となった。そして翌日、それは起こった……エデンの園で、わたしははじめて嘘をついたのだ。その日、わたしはほとんど毎日そうしているように、動物保護区の管理棟の前を車で通りかかった。管理棟ではある監視員をひろい、回り道をして目的地まで送り届けるのがなぜか日課になっていた。動物保護区の一番端にある村で監視員を降ろし、しばらくするとめちゃくちゃに怒鳴る声が聞こえてくる。それがしばらく続き、その後彼が無言で戻ってくる。わたしはその男を車に乗せ、管理棟まで送り届けることになっていた。監視員のわたしへの態度はぞんざいで攻撃的だったが、この奇妙な送り迎えの習慣が続いていた数週間の間、わたしはもっと彼を理解してやらなくては、未開の地で暮らしているからあんなに粗雑になるのだ、自分と異なる文化をもつ者とのつきあいに慣れていないだけなのだと自分に言い聞かせていた。しかしこの夜、眠れない頭にたびたび浮かんできたのは、あの男はわたしを利用しているとんでもないやつで、あの村の住人をゆすっていて、わたしはまんまとその片棒を担がされているのだという考えだった。その朝、監視員はいつものようにライフルを高く掲げてわたしに停車を命じた。そしてすぐに村まで送ってくれと言ったが、わたしは深呼吸をひとつしてから嘘をついた。夜遅くまで何度も練習した、たったいま思いついた感じの申し訳なさそうな言い方で、先に済ませなくてはならない用事があるから、それが終わったらすぐ戻ると答えたのだ。そしてそのままもと来た道を猛スピードで車を走らせ、山の上のキャンプに戻り、勝利の余韻に浸りながら歯に挟まったシマウマの肉をせせり出していた。

もうもとの自分には戻れなかった。といっても、翌日には偽名を使って銀行強盗をやってのけた、という話ではない。変わったのはわたし自身の行動ではなかった。ここでのものごとが、これまでわたしが経験してきたのとはまるで違う形で動いていることに気づきはじめたのだ。そしてそれが原因で、さまざまな思い違いをしてきたことにも。一般的に、アフリカの人々は母国の人々よりもずっと親しみやすかった。ほとんど何も持っていないのに、そのなけなしの所有物について、胸を打たれるほど気前がよかった。しかしここには、誰かがつねに何かを企んでいる大きな社会的枠組みが存在していたのだ。制服や武器を身につけている人々は、それらを持たない人々を食い物にしていた。勘定書の計算ができる店の経営者は、文字が読めず計算ができない客からつねに金をだまし取っていた。仕事はある決まった種族の人々に集中していたが、それは彼らが親方に給料の一部を支払うことに同意しているからだ。予防接種の費用を盗む保健所の役人たち。食糧を買う資金をくすねる難民救済官。数えきれないほどの建築物や道路が工事の途中で放置されているのは、建設業者か誰かが建築資金を持ち逃げしたからだ。やがてわたしは、白人も同じようなことをやっているのを知ることになる。ナイロビに買い出しに行くときは、前のホテルをやめてポーランドからの移民で年配のミセスRが経営する下宿屋に宿泊することにした。そこは、白人のヒッチハイカーや放浪者たちが大勢生活する場所で、国境の出入国審査所で賄賂を渡して密輸に成功したという自慢話や、不正に持ちこんだ現金を闇市でどう売りさばくか、どこに行けばビザに偽のスタンプを押してもらえるかといった情報が飛び交っていた。警察によるゆすりの現場もはじめて目撃した。乗っていた市バスが、身分証明書の検査のために停車させられたのだ。一列に並んだ警察官たちが乗客をかき分けて車内の通路を進み、人々から金を巻き上げていったが、後部座席でそれをぽかんと見ているわたしに気づいた彼らは、突然バスを発車させることを許した。その数日後には、アフリカやインドの都市で日常的に起きていたことを目の当たりにすることにもなった——盗人を捕らえた群衆が、奇妙な興奮と悦びのうちに盗人を袋だたきにして昏睡状態に陥らせたのだ。

非常に礼儀正しい人々が暮らす地に、数えきれないほどの詐欺や策略、ごまかし、だましが横行している現実は、説明のつかないことではなかった。絶望的な貧しさへの絶望がそうさせていた。「われわれのもの」と「彼らのもの」を、わたしにはまだわからないやり方で区別する、部族間の激しい敵意のせいだった。金銭ずくの腐敗。開拓時代の精神構造。小都市の倦怠。見せかけの規則や制限さえもない、抑えのきかない利己的民主主義。しかし、わたしが生きてきた世界もおそらく同じように動いていたのだ。もしもわたしが、象牙の塔を一歩でも出て外の世界を体験しようとしていたならわかったはずだ。いや象牙の塔さえも同じ原理で動いていた。もう少し気づく力があればわかったはずだ。とはいえ、これは驚愕の発見だった。動物たちは相変わらず草を食んでいて、わたしは博物館のジオラマそのものの世界で暮らしはじめたつもりでいたのだから。そしてこれは、数か月後に起こるわたしのちょっとした転落へとつながるひとつの準備段階でもあった。

そもそもの事の起こりは、わたしをアフリカに派遣した教授がわたしの存在を忘れてしまったことだった。あれは一年目の観察シーズンがはじまってから四、五か月目のことだ。わたしはナイロビまで出て、高い金を払ってアメリカにいる教授に電話をし、入金予定日が過ぎていることを丁寧に伝えた。ああ、そうだった。すまない。忘れていたよ。今週中には動物保護区宛てに送金するから、と教授は答えた。わたしはヒッチハイクで保護区に戻り、仕事を再開したが、結局送金がないまま数週間が過ぎた。ふたたびナイロビに出かけて、前回よりせっぱつまった電話をかける。しまった、悪かった。すっかり忘れていたよ。お金は二、三日中に送金するから。こうしてわたしは、完全に無一文となってナイロビに取り残された。教授にもう一度電話する金の余裕はもうなかったし、当時はアフリカからコレクトコールで電話をかけるという仕組みもなかった。また両親に助けを求める気はさらさらなかった——わたしにとって、親からの自立は最大級の意味をもっていたからで、先細る一方の生活資金の一部を、留守宅に毎週送る楽しげな手紙の郵送料に充てていたぐらいだ。ナイロビのアメリカ大使館も、裕福なビジネスマン以外のナイロビ在住のアメリカ人にとってはなんの役にも立たないものだとわかった。ケニアには金持ちの知り合いはひとりもいなかった。というより、そもそもケニアに知り合いはひとりもいなかった。絶望にかられたわたしは犯罪に手を染める決意をし、それは見事に成功した。

最初に考え出した計略は驚くほど簡単なものだった。過去にイギリスの植民地だった歴史をもち、旅行や休暇で白人が大勢やってくるケニアでは、白人の男が食べ物やひと切れのパン、あるいは二十シリングをだまし取ることはまずないと思われている。これは、白人は窃盗などしない、という意味ではない。白人はもっと大きなもの（たとえば先祖伝来の土地や国家）を盗むことに関心があると、過去に自ら証明しているというだけのことだ。

とにもかくにも、金を増やす必要があった。わたしはたまたま、十ドル札で五十ドル分を無申告でナイロビに持ちこんでいた。トラベラーズチェックとは別にナップサックに五十ドルを入れていたのを、税関で申告し忘れたのだ。ずっとあとになってからは、緊急時の闇取り引き用に、いくらかの現金を申告せずに持ちこむようになっていた。しかしこの最初のアフリカ行きについては、単に現金の申告を忘れていただけのことだ。自分が犯した間違いに気づいたわたしは、わざわざ政府銀行に出向いてそれを申告し、必要な書類を提出しようとさえしたぐらいだ。銀行の行員はわたしの生真面目さにほとほと困りはてた様子だった――最初は、あわよくばこいつの金を盗んでやろうというぐらいの気持ちで、ありもしない保管庫に預かろうと持ちかけたが、わたしが外貨の持ちこみに関する事後報告のための実在しない書類が欲しいと言い張ると、とうとう愛想を尽かして失せろと告げた。

そんなわけで、無申告の金をいくらか所持していたわたしは、それを闇で売ることにした。それも少しずつ。下宿屋の放浪者たちに聞いて徐々にわかってきたことによると、通常この闇取り引きは、商店街で電気店を営む、顔色のすこぶる悪い、用心深くてびくびくした無口なインド人の商人たちがおこなっていた。東アフリカに住む中流階級のインド人たちだ。銀行での現行の交換レートが七シリングであるにもかかわらず、一ドルにつき、おそらく十シリングはくれる信用できる商人たちがいるという話だった。けれどもわたしは、バックパックを背負ってナイロビのメインストリートを歩きながら、着いたばかりの人間であるかのように辺りを物珍しそうに眺めつづけた。するとすぐに流しの詐欺師が近づいてきて、ものすごくいいレートで両替できるよと持ちかけた――両替どう？　両替しない？　一ドル、二十五シリングだよ。わたしが学んだところによると、もちろん、彼らは強盗だった。このあと彼らはわたしを路地へ連れこみ、運がよければ、「警察」の手入れだと彼らが慌てふためいて叫びはじめ、みなが散り散りに逃げ去り、どさくさにまぎれて金がなくなるだけで済む。彼らがそれほど論理的な人間ではなかった場合は、路地でわたしの頭を殴りつけ金を奪って終わりだ。

しかしこのときは、このプロの詐欺師たちにうせろ！と告げたりはしなかった。その代わりにこう言った。そいつあすごい。両替してくれるところを探してたんですよ。二十五シリングだって。素晴らしいレートじゃないですか。会えてよかった。さらにこうつけ加えた。手元にあるアメリカドルは十ドルだが、宿泊しているホテル（高級ホテルの名前を挙げた）には五百ドルあって、それも両替してほしい。いま十ドルだけ両替して、あとでもう一度会って五百ドルを両替してもらう、というのは可能ですか？

ゴクリ、と強盗ののどが鳴った。強盗のなかにもまともに考えられる人間がいるもので、男は頭のなかですばやく計算した――いま十ドルを二五〇シリングに両替してやれば、この間抜けな小僧は五百ドルもってまたやってくる。そのときに頭をぶん殴ってやればいい。こうして両替はおこなわれ、友情の誓いが交わされ、次の約束の時間が決められた。それ以降、わたしはその通りを避けるようにし、次の十ドルを手に別の通りを歩いた。

この方法で手持ちの金を増やして食いつないだ。しかし状況はさらに悪化し、増やした金も底をついた。そこで今度はカメラとフィルムをうんざりするような安値で売り払った。でんぷん質の食品だけで食いつなぐ生活が何日も続くと、目がまわり、頭が働かなくなっていく。わたしは下宿屋を出てナイロビ市内の公園で寝泊まりするようになり、市街地のホテルからトイレットペーパーを盗んだ。この四年前、大学一年生のときに、ほとんど知らない間柄のある女性を、一日の終わりにはキスさせてくれるはずだと思いこんではるばる訪ねていったことがあった。そしていまは、食べ物を分け与えてくれるだろうと思われる、ほとんど面識のない研究者を、ヒッチハイクで二日間かけて、前触れもなく訪ねるようになっていた。

そうこうしているうちに次の計略を思いついた。街の市場に出かけてみると、そこにはたくさんの野菜の売店が迷路のように続いていた。売り子たちがキャベツはいらんかねと声をかけている。店に近づいていくと、いいカモになりそうだと思われた客はキャベツの他に壺を勧められる。金を捲き上げたり、警察に通報してあとでゆするのが彼らの手口だが、なかには本当に壺を売っている者もいるという話だった。

まず金を持たずに野菜の売店の前に並ぶ。すると口のうまい商人が壺はいらないかと声をかけてくる。もちろん欲しいよ、いくらだい？　すると男はとんでもない額を口にする。その値段で買うよ、と承諾し、さらになんて安いんだ、とわざとらしくつけ加える。あとで金を持ってくると約束すると、店の男は、友よ、キャベツをおまけしとくよ、と言う。もちろん、その後はこの店に近づかないようにする。このとき重要なのは、市場の一番端の店からはじめることで、毎日一軒ずつ前へ進んでいく。そうすれば、落胆した友に再会する心配もない。いまごろ彼らは、わたしののどを掻き切りたいと思っているはずだから。

とうとう、一日じゅう何も食べない日が何日も続くようになり、わたしはついに純粋な盗みを決行することにした。方法はごく簡単。中流ホテルの玄関から堂々と入ってダイニングルームのテーブルにつき、植民地時代風の自信に満ちた態度で食事をし、尋ねられたら嘘の部屋番号を伝えて、勘定は部屋につけてくれと言う。それをとがめ立てしようとするケニア人のウェイターはいないだろう、とわたしは予測した。YMCAを狙うことにし、すでに部屋代を支払った若いクリスチャンの男に成りすますことにした。そして、いざ計画を実行しようというその日に、送金が到着した。教授がようやくわたしの存在を思い出してくれたのだ。どういうわけか、食うや食わずでくらくらする状態だったわたしには、ようやく訪れた救済にYMCAが一役買ってくれたように思えた。そしてそのことを決して忘れなかった。その翌年、ウガンダは打倒イディ・アミンを掲げた内戦のさなかだった。ウガンダの小さな町にある、爆撃で屋根を吹き飛ばされたYMCAに宿泊していたわたしは、屋根の修繕費として、経営者も驚くほどの大金を渡した。犯罪に手を染めたあの日々の罪滅ぼしのつもりだった。

3
自由主義者たちの報復

吹き矢のことを話そう。前にも言ったように、ヒヒの群れと暮らしはじめたときにわたしがもっとも知りたかったのは、個々のヒヒの社会行動とその社会的階級、そして心理状態が、それぞれが罹患する疾病、それも特にストレス関連の疾病とどう関連するかということだった。ある種の身体的、精神的特徴をもつ者が、ほかの者よりストレス性の疾患にかかりやすいのはなぜなのか？　それを知りたくて、ヒヒの群れの観察に没頭し、昼の連続ドラマさながらのヒヒたちの日常をこと細かく記録した。その後吹き矢を使ってヒヒに麻酔をかけ、身体の状態を調べた。理論上は簡単なことだ。普段の行動観察と同じようにそうっとヒヒに近づく。ただしこのときは、杖と見せかけていたものがじつは吹き矢で、ピュッと一吹き。矢はヒヒの身体に命中する。唯一難しい点は、どのヒヒについても、一日のある決まった時間に吹き矢の麻酔を打ちこまねばならないことだ。血中のホルモン量の日内変動を統制するためだ。また、病気にかかっていたり、けんかをした後やけがをしている場合、あるいは交尾後のヒヒには麻酔を打てない。それらが血中ホルモンの値を正常でなくするからだ。最後に、そしてこれが何より難しいところだが、吹き矢を射る際に相手に気づかれてはならない。日常の、ストレスのない安静時のストレスホルモンの値を測定するためには、なんの不安も感じずに大人しくしている状態のヒヒを捕獲する必要がある。だからこっそり忍びよる。見られてはならない。そういうわけで、わたしは研究のために背後からヒヒを狙う。そしてできるだけすばやく最初の血液標本を採る。矢を射られたストレスで血中ホルモンの値が変化してしまわないうちに。

わたしがとった最終手段は、ヒヒの前ではできるだけ無関心を装うことだった。するとヒヒたちはわたしの存在を忘れてそっぽを向く。しかしこれが想像以上に難しく、大学で受けた教育もさして役に立たなかった。

早朝五時に起床。張りつめた緊張感のなか、暗がりで持ち物を準備する。麻酔薬、吹き矢、吹き矢筒、スポイト、採血器具、遠心分離機、液体窒素のタンク、注射針、ガラス瓶、ヒヒの身体を覆う麻布、檻、重量計、事故が起きたときのための薬剤、ジープのバッテリーに生じるあらゆる問題を解決するバッテリー充電器、ピペット、顕微鏡のスライドガラス、試験管、その他のがらくたの数々。朝の六時半までに、寝床にしていた岩場や木の上から降りてきたヒヒたちを見つける。そのうちの一頭に狙いを定め、追跡開始。あとは相手の動きを予測しながら進む——吹き矢が命中したらどちらへ逃げるだろう？木に上るか？それとも岩場へ向かうか？その場合、ヒヒが意識を失って木や岩から落ちる前にどうやって降ろすかを考える。やつが他の誰かを襲ったらどうするか？あるいは襲われたら？——このところやつに苛つき、もうろうとした状態でフラフラ歩いているやつののどを掻き切りたがっているのは誰だろう？わたしが逆に襲われたら？風はどちらから吹いているか？この一発を失敗したらいくらの損失だったっけ？くそっだめだ。告げ口しそうな子ヒヒがまっすぐこちらを見ている。方向を変えよう。よし、やつはこちらを見ていない。誰も見ていない。すごい、すごい！完璧だ。発射準備。緊張で胃がむかむかする。過呼吸になり、吹き矢をうまく吹けないことに気づく――このままでは間違って矢を吸い込んでしまうか、息が足りずに矢が六十センチしか飛ばないかのどちらかだ。くそ、くそ。やつがまた動き出した。こちらも移動し、息を整える。やつがまっすぐこちらを見ている。知らんふりをしろ。しかし、目の前にヒヒがいるというのに、いったいどうして知らんふりができるだろう？よし、やつはいま完璧な位置にいる。しかし横を向いてしまった。これではいくら視野が広くても無理だ。身を潜めて、じっと待つ。身体に力が入る、筋肉一つ動かしてはならない。いまにもこむら返りを起こしそうだ。ふくらはぎに嚙みついている不届きな虫がいるが、いまは動けない。ひたすらじっとしていると、大声で叫んで狂ったように走り出し、やつを突き飛ばしたい衝動に駆られる。と、いいぞ。どこかでけんかがはじまった。やつは野次馬根性を刺激され、後ろを振り返る。どこかではじまった騒動を見ようと首を伸ばす。そのとき肉づきのいい美しい尻が丸見えになる。

ヒュー！　尻に矢が刺さり、やつは立ち上がった。

パニック、荒い息、高まる鼓動。わたしだ、やつではない。やつはフラフラ歩いている。蜂に刺されただけだと思っている。後を追う。追い立てず、しかし森のなかで見失わないように気をつけながら。あと数分、数分だ。あと三分で、やつの身体はぐらぐらしてよろめきはじめ、腰を下ろして休もうと考える。薬の効き目が現れ、アカシアの木々が紫のオーラに包まれてくるくる回りはじめ、シマウマの群れが一頭残らずライオンキングのダンスナンバーを踊りはじめるからだ。やつの頭はますますぼんやりしてきて、すべてはわたしの思うまま、完璧だ。とそのとき、やつと張り合うオスヒヒが、幻覚を見ているライバルを痛めつけようと近づいてきた。シッ！　とそのオスヒヒを追い払う。ぎりぎりセーフ。というのも、ドタンとやつが意識を失って倒れたからだ。急いで駆け寄ってその身体を麻布で覆い、こっそり、しかし手早く血液を採取する。アドレナリン上昇、男性ホルモン噴出の勝利。吹き矢による野生のヒヒの捕獲に成功したのだ——森に棲むヒヒを追跡し、つかまえた。失いかけていた男らしさへの自信が高まり、何よりも素晴らしいのは、動物を狩るようなひどいことは一切していないということだ。すべては、科学と自然保護の名のもとにおこなわれた。喜びに満ちあふれた罪のないヒヒたちをひどい目に遭わせ、それでもまだ自由主義者を名乗っていられるのだ。ああ、嬉しくてたまらない。

しかしいつまでも喜んではいられない。やつをここから運び出さねばならない。ジープは五百メートルほど先の山の上に停めてあり、群れの誰にも見られないようにやつをそこまで運び去る必要がある。見られれば、ヒヒたちはパニックを起こし、わたしを八つ裂きにするだろう。麻布で覆われた三十キロのヒヒを抱えて、ヒヒの群れの真ん中をつま先立ちで進んでいく。ずきずきする腕の痛みに耐え、極度の疲労のせいで駆けだしたり、へらへら笑いだしたり、倒れたりしないように気をつけながら。やつがいびきを掻きはじめたので、わたしは黙らせようとする。山の上まで上り、ジープがすぐそこに見えてくる。疲れ果てていまにも死にそうな気分だが、ゴールはすぐそこだ。わたしは、この日のそれからの予定を考えた——残りの血液標本は何時ごろに採取するか？　他にはどんな検査をするか？　何時頃になれば、麻酔から十分にさめたやつを群れに戻せるか？　明日はどの七頭を生け捕りにするか？　やつの身体が、わたしの肩の上でジャガイモ袋のようにはねている。とふいに、やつがゲップした。わたしはそんなやつに、言葉では言い表せないほどの愛おしさを感じ、少しばかり警戒を解いた。その十秒後、やつの口からドロドロの溶岩流のようなものが流れ出し、わたしの背中を伝って落ちた。

吹き矢による麻酔を使った捕獲はざっとこんなふうにおこなわれる。この世にこれほど楽しいことはない。わたしは、マンハッタンの寄宿舎の部屋で、ヒヒを吹き矢で射る練習を積んだ。ヒヒの群れと暮らしはじめたあと、最初の休暇でアメリカに戻ったときのことだ。当時は研究計画のことで頭を悩ませていた。

最大の問題は、吹き矢でヒヒを狙っているときや、普段の仕事で徒歩移動しているときに、バッファローに殺されずにすむにはどうすればいいかということだった。

同じ頃、わたしのキャンプがあった山の隣の山で、バークリー出身のローレンスという男がハイエナの研究をしていた。〝ハイエナの〟ローレンスは、幼少期をカリフォルニアの砂漠地帯でトカゲやヘビに囲まれて過ごした。アリューシャン列島で数年間ひとりで狐の研究をつづけ、その後いったんは何とかいう種類の鳥を追ってスコットランド北部の荒野を駆け巡り、それからケニアにやってきてハイエナのローレンスとなった。ヒヒの野外調査をはじめた一年目は、ローレンスには近づかないようにしていた。彼に恐れをなしていたからだ。ローレンスは巨体を揺らす大男で、何かというとひとりでずっとテントにこもり、スコットランドに伝わる陰気で単調な葬送曲を低い声で口ずさんでいた。それ以上に恐ろしかったのは、動揺したり苛々したりすると、黒々とした濃い髭の生えたあごを気に入らない男たちのほうに無意識に突き出す癖を持っていることで、その突き出し方は、どんな霊長類学者が見ても、正真正銘の優位を示す誇示行為だとひと目でわかるものだった。

そして野外調査の一年目、ローレンスはわたしに向かって頻繁にあごを突き出してきた。翌年は、ふたりとも山から平原にキャンプを移したこともあり、ゆっくりとお互いを知りあうようになっていった。本当の意味の転換点は、ローレンスがある重大な発見をした日だったのではないかと思う。あれは群れがサウルの支配下にあったときで、ヌーの大移動がおこなわれている最中の蒸し暑い日のことだった。わたしは、やかましく鼻を鳴らしつづける無数のヌーに囲まれてキャンプでじっと座り、足先を見つめながら顔に寄ってくるハエを手で追っていた。ヌーの群れは鼻をフンフン鳴らし、ところ構わず糞をする。そんな鼻を鳴らし、フンフン言い、あちこちに糞をするヌーに囲まれる暮らしがはじまってからたしか千日目のことだったと思う。ローレンスのランドローバーが、予告もなしに猛スピードでキャンプに飛びこんできたのだ。ローレンスは車から降りてくると、何か言いたそうにずかずかと近づいてきた。「おい」とローレンスは言った。「『シマウマウマシ』が回文だって知ってたか？」。実際知らなかった。そしてこれがふたりの雪解けだった。あれから二十年、ローレンスはわたしにスコットランドの民謡のうなり方を教え、車のエンジンについてのわたしの無知を何とかしてやろうという無駄な努力をし、わたしがマラリアに罹ったときも、調査に失敗したときも、ホームシックに罹ったときもそばについていてくれた。ローレンスはわたしにとってまさに兄のような存在で、とても上手にその役割を果たしてくれた。

　このハイエナのローレンスは、赤外線を用いた光増幅式暗視ゴーグルの中古品を陸軍から譲り受けており、そのおかげで、真っ暗闇でもジープを運転してハイエナを追跡することができた。ただしその間ずっと、九キロもある珍妙な装置を頭に巻きつけていなければならなかったのだが。それとよく似たハイテクな解決法が自分にも必要だ、とわたしは考えた。陸軍に頼んで、フラッシュ・ゴードン（米国のSFマンガの主人公）が装備していたジェットパック（ジェット推進装置つき救命具）を借りよう。それが現実に存在することを知っていたわたしは、その装置をつけてセレンゲティ平原をどしどし歩き回ろうと考えた。そうすれば安全だ。バッファローが向かってきた、と思ったときにはわたしはもうそこにはいない。空の彼方だ。マサイの原住民からは神と崇められるだろう。わたしはペンタゴンに電話をかけた。電話は、何十もの研究開発グループをたらい回しにされ、ようやくわたしの計画に興味をもったある大佐のところで止まった。大佐は、ジェットパックは実在すると言い、調べてみようと約束し、親切にもまた電話で連絡すると言ってくれた。そして一週間後、彼から悪い知らせが届いた――ジェットパックを借りるには、残念ながらアメリカ陸軍よりもさらに大きな組織に掛け合う必要があるというのだ――ディズニーの関係者が、この地球上にたった一台きりの、実際に作動するモデルを所有しているという。そこでディズニーに電話すると、大佐よりずっと不親切な誰かから、ジェットパックは重さが九キロあり、エンジンが暖まるまでに数分かかり、アスベストパンツの着用が必要で、どこの誰とも知れない動物学者に貸し出すことはできないとの答えが返ってきた。わたしの思いつきは頓挫した。ジェットパックの代わりに必要になったのは、バッファローには気をつけ、森のなかでは常識を働かせてどこまで行くか決める、という心がけだけだった。

もうひとつの問題は、吹き矢の発射装置をどうするかということだった。遠くからでも狙えるガス式の麻酔銃も検討したが、どれもびっくりするほど高価で、回転式の部品が草原での使用に耐えられそうになく、ガスシリンダーの交換が必要で、しかも使用時の音が大きすぎるものがほとんどだった。テーザーも考えた。テーザーとは、先端に電極をつけた長い電線を目標物に打ちこむ銃だ。相手に電気ショックを与える銃で、ボタンを押すと気違いじみた電圧の電流がその身体に流れ、ほうれん草のクリーム煮入りのレトルトパックのように倒れてしまう。すぐれものだが、明らかに心停止を起こさせかねない威力をもち、それは多くの警察官が間違いなく気づいているとおりだ。ヒヒに麻酔薬入りの肉を与えることも考えた。ほかにも、麻酔薬入りの罠や、ヒヒの群れ全体に麻酔ガスをかけることも考えた。そしてついに、犬の訓練施設に麻酔用吹き矢筒を卸している南部の小さな会社を見つけた。その会社のパンフレットで紹介されている役員たちは、ひとり残らず陽気そうで、みな嚙みタバコを口に含み、ジョン・ディアのキャップをかぶっていた。彼らが売っているのは触発爆発物つきの一㎖の注射筒とそれを発射する安物の吹き矢筒で、その発射音がすばらしい。商品の包みを受け取ったわたしは、小学校二年生のときに、「お話クラブ」から新品の匂いのする本が何箱も届いたときと同じくらい興奮した。吹き矢筒は強化プラスチック製の細い管で、小さな吹き矢用注射筒がいくつもついており、注射筒のひとつひとつには恐ろしげな注射針とわたしには理解できない種類の爆発物がついていた。部屋の隅にアームアンドハンマーの洗剤の箱を置き、吹き矢を装塡、発射してみたところ、石鹼の粉を本棚中にまき散らすはめになった。

わたしは、寄宿舎の部屋で吹き矢の練習をひたすら続けた。斜め方向から、下向きに、上向きに、すばやく走りながら、肩越しに、風のなかで（扇風機をつけた）。大学院の友人で無愛想なアランは、カンサス州フレドニアの高校のフットボールチームでラインマンとして大活躍した経歴と、低い重心の持ち主で、君を麻酔を打たれたヒヒに見立てて組み打ちの練習をしたい、と頼むと快く引き受けてくれた。練習は、寄宿舎の地下にある遺伝子クローン化クラブの部室の隣でおこなった。

時は過ぎ、わたしの腕は上がった。いまや部屋のどこにヒヒがいても、そしてグルーチョ・マルクスのパジャマを着ていてもいなくても、仕留められるようになっていた。わたしは当時、吹き矢についてのふたつの妄想に取り憑かれていた。まず、フリッツ・リップマンを撃ちたかった。リップマンは何十年も前にノーベル賞を受賞したとても有名な生化学者で、八十代の老人となっても威厳に満ちていた。ランニングシューズを履いてキャンパス内をよろよろと散歩するのがその頃の彼の習慣で、寄宿舎の一階にあるわたしの部屋の窓の外を行き来する姿をしょっちゅう目にしていたのだ。わたしはよく、生化学の教科書（半分は彼について書かれている）ごしに吹き矢の照準器で彼の姿をとらえ、尻と肩の間に狙いを定め、体重の見当をつけて、適切な投薬量を割り出そうとした。しかし結局矢を射るのはやめておいた。もうひとつの妄想は、セントラルパークに忍びこみ、だれかれ構わず吹き矢で襲う、というものだ。人々が気を失っているすきに、マジックマーカーで腹部にすばやくマヤ族の象形文字を書き、不思議の国のアリスの彫像の下に放置して、目覚めた彼らを驚かす。おそらくこれが三件連続で続いたら、新聞が騒ぎはじめ、テレビに出てくる批評家がマヤ族の生け贄の儀式について解説をはじめ、ジミー・ブレスリン（米国のジャーナリスト・作家）

はわたしに自首を勧め、就職先のない考古学博士たちが、マヤの吹き矢事件の犯人ではないことを示す説得力のないアリバイを申し立てるために訪れた警察署を、激昂した群衆が取り囲むことになるだろう。

何か月かが過ぎて、野外調査に戻る日がやってきた。はじめて吹き矢を使う日の前夜は、一晩中眠れずに寝返りばかりうち、いよいよ気分まで悪くなってきた。明け方には胃がキリキリ痛み、いまにも気を失いそうだったが、すべてはその仕事から逃れたいがための言い訳だ。それでもとうとう出発した。その数分後には、かわいいイサクのそばに近づいていた。キリンが前を横切るのを眺めているイサクに向かって、逃げろと叫びたい気持ちを抑えて矢を放った。イサクは気を失った。他のヒヒには見られていない。わたしは感激のあまりイサクの額にキスをしたが、そのあとは、イサクがうめき、寝返りをうち、放屁するたびに、心筋梗塞？　アレルギー反応？　矢を射られたことに起因する腹部膨満感？　と罪の意識からくる不安感に終日苛まれつづけるはめになった。わたしもイサクも、その後吹き矢の後遺症から無事回復したが。

それからのわたしは次から次へとヒヒを吹き矢で射止め、ヒヒのように考え、ヒヒのそばで暮らした。するとすぐに、ヒヒの血液標本や糞便標本、歯形その他のあらゆる種類のすばらしいものに埋もれて生活することになった。ところがそれを過ぎると、予想していたこととはいえ、標本集めがどんどん難しくなっていった。吹き矢を射ること自体に問題はなかった。吹き矢筒でヒヒの尻を狙い、そこへ矢を飛ばす。吹き矢のコツはつかんでいた。問題は、ヒヒたちがどんどん知恵をつけていくことだった。ただ単に狙った相手に近づいて矢を射る、というやり方は通用しなくなった。日を追うにつれて、ヒヒの目を盗んで吹き矢を吹かねばならなくなった。撃たれると気づいて身構えることによるストレス反応を起こさせないためだ。やがてヒヒたちは、吹き矢筒と杖を見分けられるようになった。わたしが息を吸いこんだのを見て、それが矢を吹くためか、くしゃみの前触れかがわかるようになり、前者の場合は地面に身を伏せた。そこでわたしは、木の蔭から矢を放たなければならなくなった。ヒヒはわたしに気づくと身を翻して逃げるようになり、逃げるヒヒを追って木のまわりを追いかけっこすることもあった。ヒヒたちは、わたしの吹き矢がどのあたりまで届くか知っており、風があるときはその距離がより短くなることもわかっていた。おそらく、咳かぜのせいで息が浅くなっていることを見破ることもできたろう。そら恐ろしかった。

事態はますます難しくなっていった。わたしはとうとう車から矢を射ることにした。しかし車を覚えられてしまうと、今度は別の車に変えなければならなかった。やがて、友人にジープを運転してもらい、自分は後部座席に隠れて矢を射るようになった。おとりを使い、別の車に乗り換えた。南部の保安官のようなサングラスをかけて、どこを見ているかわからないようにし、こっそり横目を使ってみたこともある。スキーのマスクも試した。プラスチック製のハロウィーンの仮面をかぶると、吹き矢を使うのはほぼ不可能だった。手のこんだ策を練り、観光客の車の背後に隠れて、日暮れまでにヒヒが通りかかってくれることを祈りながら何時間も待ち伏せをしたこともあった。いまでも憶えているのは、小高い丘の上にあるやぶの中にいたヨシュアを狙ったときのことだ。わたしがやぶの入口までジープを転がしていくと、ヨシュアは反対側の出口のほうに移動した。そこでジープを出口のほうに移動すると、ヨシュアは入口のほうに出てくる。そんなことがしばらく続いたとき、ふと良い考えがうかんだ——ジープを出口側に移動すると、ヨシュアは入口側に出てくる。そこでジープのギアをニュートラルにし、ヨシュアから見えないほうのドアからこっそり降りて車の後ろに回り、そして押したのだ。ジープは丘を下ってやぶの入口のほうへ向かっていき、出口側に移動してきたヨシュアをまんまと捕まえることができた。ヒヒ一頭とひきかえに、立ち木に突っ込んだ一台のジープのボンネットがへこんだ。

こんな暮らしを続けているとおかしなことが起こるものだ。そこそこの教育を受け、幅広い興味を持った人間であるはずのわたしが、気がつけば、どんなふうにヒヒたちの裏をかいてやろうか、ヒヒのように考え、ヒヒを出し抜けるようになるにはどうすればいいのだろう、とそればかり朝から晩まで考えるようになっていた。そしてたいていうまくいかなかった。心に浮かぶのはありえない策略ばかり。ハングライダーや熱気球、マネキンを使う作戦。乳母車に身を潜めて森のなかを運んでもらう、等々。苦労はしたが、危険を伴うこの仕事のプロとしてもっとも重要だと考える点については、わたしは自信をもっていた。それは、罪のない傍観者を殺めたことはない――つまり間違って別のヒヒに矢を射たことはないということだ。わたしを殺し屋として雇えば、ぜったいに損はしないはずだ。

ところがなぜか、わたしは吹き矢を吹くためだけに雇われるようになった。調査の現場に行き、協力者としてヒヒに吹き矢を射る。それまでとはまるで違う忙しさを経験することになった――流れ作業的な捕獲だ。まるまる一シーズンをヒヒとともに過ごし、行動観察をしながら吹き矢で捕獲するのとは違って、はじめて訪れた現場で、そこに棲むヒヒのことも地形のことも知らないまま、一週間に何ダースものヒヒを捕獲しなくてはならないのだ。わたしの知らない調査現場からやってきたいくつもの研究チーム合同の、大がかりな調査ばかりだった。ある現場では、寝床にしている崖から毎日食糧を探しに草原まで降りてくるヒヒの群れの追跡調査をした――わたしの手ほどきで吹き矢を使えるようになった研究者らとともに草原を行くヒヒたちを追跡し、崖の上には見張り役の人々がいて、吹き矢を撃たれたヒヒが森のなかをどちらの方向に向かったかを旗を振って知らせてくれる。ウォーキートーキーに手旗信号。最高に楽しかった。

こんなふうに、わたしは一生の仕事に磨きをかけていた。そしてちょうどこの頃、この上なく悲惨な吹き矢体験をすることになる。

ウリヤへの吹き矢は完璧にうまくいった。あれはウリヤがソロモンを倒す少し前のことだ。そのときウリヤはわたしに背を向けて森でうたた寝していた。離れた場所からのナイスショット。ウリヤが振り返るより一瞬早く麻酔の吹き矢を発射した。ウリヤは飛び上がり、十歩ほど走ってふたたび座りこんだ。何もかもうまくいきそうだ。と、そのとき、ウリヤの六メートルほど右手でヨシュアがインパラに襲いかかった。森の草を食べていた子どものインパラだ。インパラは身体が大きいため、首をひと噛みしただけで仕留めるのは難しい。だからヒヒがよくやるのは、ただ引き倒し、押さえつけて生きたまま食べるやり方だ。他のヒヒたちがみな分け前を求めて群がってくるため、インパラにとどめを刺す暇があったら、仲間を警戒すべきなのだ。どのみちインパラはもう逃げられないのだから。ヨシュアがインパラを倒すと、ウリヤは麻酔を撃たれた身体で立ち上がり、ヨシュアに挑みかかってインパラを自分のものにした。くそっ、なんてこった。ウリヤはそのまま森へ駆け込み、四頭の身体の大きなオスたちがその後を追う。取っ組み合いがはじまり、わたしはウリヤが獲物を手放すよう祈った。そうすれば攻撃はやみ、おとなしく麻酔の酔いに身を任せられるはずだ。ところが、ウリヤはインパラを抱きしめて放そうとしない――わたしは慌てた。麻酔が効きはじめて力を失えば、ウリヤは八つ裂きにされるだろう。オスのヒヒは、獲物をめぐる争いとなると信じられないほど攻撃的になるのだ。ウリヤは他のヒヒを蹴散らし、獲物を抱えて逃走した。そして猛スピードで川のほとりの小さな隠れ家に、うっそうとしたいばらのやぶへと向かった。都合よく、そのやぶは狭い洞窟状になっており、ひとつしかない入口は生い茂る木の枝で覆われていて、地上から三十センチばかりのわずかな隙間が開いているだけだった。ウリヤはその洞窟に潜りこんだ。中からインパラがあげる悲痛な叫び声が聞こえてきたが、オスの誰かが入口に近づこうとすると、ウリヤが身を躍らせてぶつかってきた。洞窟に入るには腹這いになって入口の隙間から身体を押しこまねばならなかったが、それは外にいるオスたちにとってものすごく不利だった。洞窟に入っても、立ち上がる前にウリヤに攻撃されてしまうからだ。

ここでひとつ問題があった。ウリヤをこの小さないばらの洞窟からすぐにも連れ出す必要があった。追っ手のヒヒたちに捕まり、もしもそのときウリヤの意識がほとんどなければ八つ裂きにされてしまうからだ。けれども、わたしが洞窟に助けに入ったときに、ウリヤの意識が朦朧とするところまでいっていなければ、そのときはわたしがウリヤに八つ裂きにされる。ウリヤ自身も興奮して凶暴になっているからだ。洞窟の入口を取り囲むオスたちはみな殺気立ち、わたしが入口に近づこうとすると威嚇してきた。インパラの叫び声はまだ続いていた。こんなにしっかりした声が出せるということは、ウリヤはインパラにとどめを刺す前に眠ってしまったに違いない、とわたしはようやく結論を下した。そしてその場でジャンプを繰り返し、雄叫びをあげ、威嚇する動作をしてオスたちを後ずさりさせるのに成功した。注射器と血液サンプルを採るためのカテーテルを握りしめ、気合いを入れ、仰向けのままゆっくりといばらの洞窟に潜りこんでいく。いつ攻撃されるかとヒヤヒヤしながら。中へ入るとそこは天井の高さが一メートルほどの狭い空間で、すやすや眠っているウリヤの姿が見えた。完全に意識があるインパラの上にうつぶせに倒れこんでいたが、インパラの腹は引き裂かれていた。

ウリヤが眠っていたおかげで無事洞窟に入れたわたしはほっとしていたが、ひとつしかない出口の外でディナーを待つヒヒたちの前にインパラを差し出さないかぎり、わたしもウリヤも無事にここから出ることはできないのだということに気がついた。そして、この劇的状況の中心的役割を自分が担うことの道義的な意味について、しばらく考えこんでいたとき、洞窟の外のオスたちがふたたび騒がしくなった。外から差しこんでいた光が遮られ――誰かが中へ入ろうとしているのがわかった。わたしはフアーッと大声を出し、すると影は消えた。しかしこのやり方がいつまでも効くとは思えない。別の手だてを考えなくては。ところがこのせっぱつまった状況のなかで、わたしは突然ウリヤについてのくだらない実験をしておくべきだという気になった。つまり、データが使いものにならなくなる前に血液標本を採っておこうと思ったのだ。わたしは落ち着きのある手慣れた動作で、血液標本を採るためにウリヤを仰向けに転がした。しかしそのとき、重要なことをすっかり忘れていた――インパラだ。インパラはひと蹴りで身体を起こし、宙を蹴り、鋭く尖った蹄を振り回した。わたしは額を蹴られて仰向きに倒れ、深い傷を負った。自分でも信じられなかった――まさかインパラの存在を忘れるとは。興奮し攻撃的になったオスのヒヒたちの蛮行から逃れる方法を思案しているその場所で、バンビのようなインパラに殺されかけたのだ。インパラがうなり声をあげ、するとヒヒたちが入口のすぐ外で気が狂ったように叫びはじめた。わたしも落ち着きを保つ努力を放棄してわめきたてた。インパラは、いばらの洞窟の入口とは逆側に体当たりして脱出しようとしたがうまくいかず、ふたたびわたしの顔面を蹴りつけた。ついにわたしはパニックになり、このままでは殺されると確信した。狭い洞窟のなかでは十分あり得ることだ。わたしはインパラに馬乗りになり、本気で絞め殺そうとした。半狂乱になってインパラの身体を振り回し、その頭を地面に打ちつけた。そのあとはひどく気の滅入る時間が待っていた。インパラを洞窟の外に押し出さなくてはならない。いまやずっしりと重く、動かなくなったその身体を押して地面の上を移動させ、生い茂る木の枝と地面の間の隙間を通そうとした。ずっしりと重い手応えと抵抗を感じながら、でこぼこの地面を押していく。と、そのとき、わたしがゆっくり、ゆっくり押していたにもかかわらず、それよりも早いスピードでインパラの重い身体が動きだしたのがわかった――ヒヒがインパラの肩口に手をかけて引いていたのだ。屍は飛ぶように目の前から消え失せた。外では殺気立った叫び声と争う物音がしたが、四頭のオスヒヒが屍に群がり、スチールザベーコン遊び（中央に置いたボールなどを、相手チームにつかまらないように自分の陣地に持ち帰る鬼ごっこ）をしているのだ。誰かが奪った獲物を持って洞窟内に逃げこんでくるのではないかとヒヤヒヤするが、なかの様子がおかしいことはみなわかっていたようで、興奮さめやらぬままにただ辺りをうろついている。わたしは恐ろしさに縮こまりながらも油断なく気を配り、ウリヤの血液を採取した。それから三十分ばかりの間、洞窟の外はヒヒのうなり声や叫び声で騒がしかったが、やがてヒヒの影が見えなくなった。わたしは、満足そうにいびきをかいているウリヤの隣でしゃがんで、インパラの死骸が食べ尽くされてヒヒたちがどこかへ行ってしまうまでじっとしていた。そのあと、わたしとウリヤはジープに戻り、車のなかで昼寝をした。

吹き矢にまつわる最悪の体験はこんなふうに終わった。もっとましなことに人生の貴重な時間を費やすべきだと思うかもしれない。しかし、あれから二十年近くたってあのときのことを書いているいまも、吹き矢の勘は衰えていない。この間の夜、映画館の通路をこちらに向かってゆっくり歩いてきてそのまま行きすぎた年配のご夫人を見かけたが、その時最初に心に浮かんだのは、「八十五キロから九十キロ。麻酔薬九㎖。臀部を狙う。肉付きよし。彼女が倒れたらおそらく夫が守ろうとするが、夫の犬歯は小さい」だった。吹き矢で食べていけるなら喜んでそうしたい、といまでも思っている。

4 マサイの原理主義者と、わたしのソーシャルワーカー体験

もちろん、ヒヒたちとのつきあいはとても楽しかったが、一年目に飛び込んだその他の目新しい世界もまた刺激的で、なかでも驚きに満ちていたのは、マサイとの近所づきあいから学んだことだった。実際のケニアは、ほとんどの場所がナショナルジオグラフィック特別増刊号の世界とはかけ離れており、わずかに残るそんな場所も、猛スピードで消え去ろうとしていた。ケニアには、四十かそこらの部族が暮らしているが、おそらくそのうちの三十の部族は農耕民族であり、そのほとんどが民族的にはバンツー族に属する——人口密度の高い山の斜面に棚田を作って農業で細々と暮らしを立て、現金経済に精通しているのは一族のうちのひとりかふたりであり、生まれてはじめて買う自転車や時計、ジーンズのために、あるいは昔ながらの草葺き屋根をブリキにふき替えるためにお金を欲しがっている。彼らは、この世には外の世界が存在することを十分すぎるほど知っており、お金を手にすることにどんな意味があるかを垣間見る機会がしばしばあるために、自分自身や子どもたちのためにお金が欲しいと強く思うようになったのだ。

しかし、ケニアの奥地には変化を求めていない部族がいくつか存在していた。自分たちのありようにいまだ疑問を感じていない人々だ。インド洋沿岸地域に住むスワヒリ——ムスリム部族が、古代の風習や文

化を守り、そのことに誇りをもっている姿をみると、あらゆる西洋的なものがちっぽけに見えてくる。またわずかに残る、樹木が密生する熱帯多雨林地域に追いやられているのは、現存する最後の狩猟採集民族で、民族的にはアフリカの他の地域に住むピグミーやブッシュマンと縁戚関係にあたる――もの静かで小柄な、奥ゆかしい人々で、先祖伝来の彼らの生活様式は、農業がはじまる以前、つまり現在のアフリカに暮らす民族の主流をなすバンツー族が入ってくる前のものであった。

そして、果てしなく続く未開の荒野としばしば形容される地域に暮らすのが遊牧民たちだ。放浪者であり、狩猟を蔑み、農耕を蔑む彼ら、北部の遊牧民たちはラクダやヤギの血を主食とする。わたしのヒヒの群れが暮らす、より未開の南部の草原地帯では、遊牧民の主食は牛の血だった。遊牧民族が農耕民族の土地を奪うことは、アフリカのどの地域でも繰り返されてきたことで――ルワンダのツチ族、スーダンのディンカ族、そして東アフリカを舞台にした映画『愛と哀しみの果て』の写真集の表紙をいかにも飾りそうなのが、わたしのすぐ近所に住むマサイ族だ。遊牧をおこなうこれらの部族は、民族的にも言語的にも近い関係にある。長身でやせ型の、クシ語族かナイル――ハム語族に分類される。超然として威厳をたたえ、排他的でひどく好戦的。太古の昔から、彼らは通りがかった地域の農耕民族への襲撃と略奪を繰り返してきた。わたしが気に入っているのはここ数年に浮上してきたある説で、いまから数千年前、牛を飼うこれらの民族の祖先はみな、衰退するローマ帝国の南端の植民地を守るスーダンの兵士だったというのである――実際、これらすべての部族の軍の記章のデザインやその軍事組織のなかに、この説を裏づけるいくつかの証拠も見いだせる。兵士たちがたまたまナイル川にそって南下してみたところ、農耕民族なら簡単に襲撃できることを知ってさらに南下を続け、その結果彼らはアフリカ大陸中に散らばることになった、というわけだ。

そして、マサイ族はまさにそうだった。彼らは十九世紀のある時期にケニアに現れ、北部の砂漠地帯から南下しながら道中に出会うあらゆる人々を襲撃しつづけた。そして二十世紀を迎える頃には、もともとの住民である農耕民族のキクユ族の大部分を農業の中心地であるケニア中部の肥沃な高地から追い出した。それから一世紀が過ぎたいまでも、その地域の山や川はマサイの名で呼ばれている。

厄介なことに、マサイ族がキクユ族の土地を奪い取ったのと同じ時期に、イギリスも植民地政策強化のために同様のことに着手した。要するに、キクユ族はマサイ族よりも土地を奪い取るのに適した相手に見えたのだ。タイミングよく発生した流行病がイギリスのパクスブリタニカ推進の後押しをしたため事なきを得たが、そうでなければちょっとした騒ぎは避けられないところだった。一八九八年のこと、牛疫と呼ばれる家畜の伝染病が脅威的に蔓延し、飼われていた牛の八十パーセントが死滅し、その結果非常に多くのマサイの命が失われた。おかげで名高いマサイの戦士たちは戦闘意欲を喪失し、イギリスにとって御しやすい交渉相手となった。こうして一九〇六年にイギリスはマサイとの間に協定を結んだ。マサイが中部の肥沃な高地を手放すのと引き換えに、なんとふたつもの約束の地が与えられた。ひとつは、北部の乾燥した帯状の草原。もうひとつはわたしのヒヒたちが棲む南部の草原で、さらにそのふたつの土地の間を牛を追って行き来するための通路も与えられる。申し分のない契約。マサイは高地を引き払った。ところが数年のちに、イギリスは北部の草原と、もはや使い道のなくなる通路をマサイから取り上げ、マサイの戦士たちは南部の草原に押しこめられる結果となった。しかもその地には家畜の惰眠性脳炎が非常に多く見られることがわかったのだ。マサイはいまもなお近隣の住民に対する残忍な略奪をおこなっているが、イギリス人がクリケット場を作った土地に侵略してくるおそれはもはやないだろう。

そういうわけで、マサイはそれからずっと幸せに暮らしてきた。ケニアに住む彼ら以外の人々のほとんどが急激な変化の中に飛びこんで暴飲暴食をはじめ、コークを一気飲みしている傍らで、頑なに二十世紀の訪れを拒絶してきた。もちろん、マサイが住む地域にもあちこちで小さな変化は見られた。たとえば、わたしが暮らす保護区から八十キロほど離れた郡庁所在地に行くと、そこに集まって談笑するマサイの若者たちの半数はビジネススーツにブリーフケース、あとの半数はマントに槍という出で立ちだった。けれども、わたしが移り住んだ比較的人里離れた地域には大きな変化は何ひとつ起きていなかった。一番近い学校に行くのに五十キロの道のりを歩かねばならず、スワヒリ語を話せる者はおそらく村にひとりいるだけ。槍でライオンを殺すことが戦士として認められる条件で、結婚はいまでも一夫多妻制だった。そして結婚式には、大きな蓋つきの壺に入った牛の血を固めて作ったデザートが必ずふるまわれる。新しい考え方を進んで受け入れようとする社会にはまだなっていなかった。

ヒヒの群れと暮らしはじめた最初の年のある朝、わたしはそれを冷や汗ものの体験によって思いしらされた。その朝、若干公正さに欠ける面はあったものの、わたしは吹き矢で素晴らしい成功を収めたばかりだった。当時ソロモンは、最優位のメスであるリアの娘のデボラとの交際をスタートさせたばかりだった。ふたりはやぶのなかで、木の上で、見晴らしのいい草原で交尾を繰り返した。デボラの会陰の周囲の皮膚は激しく紅潮し、おそらく排卵していたのだろう、夢のような香りがするに違いなく、われらがソロモンは彼女から片時も離れられなかった。いやまさか。読者が想像しているようなことはしていない。交尾中のソロモンに背後から忍び寄り、吹き矢で眠らせるなんてことは。わたしにだってプロの誇りというものがある。眠らせたのはダニエルのほうだ。小柄で落ち着きのないダニエル青年は、朝から晩までふたりをつけまわし、その様子を覗き見していた――その朝もふたりが気になってしょうがないらしく、こっそりと、とはとても言えない距離でずっとつけ回し、ふたりの行為を見ようと首を長く伸ばし、一部始終を見物していた。ソロモンからメスヒヒの扱い方を学ぼうとしているに違いなかった。

　そんなわけで、覗きに夢中になっていたダニエルはわたしの存在を忘れ、警戒を怠った。その尻へ矢を打ちこんだのだ。ダニエルはすぐに気を失った。おもしろいほど簡単に仕留められて、わたしは小躍りして喜んだ。ジープまで一キロほど歩かねばならないが、ダニエルはさほど重くない。ダニエルを腕に抱き、幸福の絶頂にあったわたしは、ジープまでスキップして帰りかねないほどだった。最高の朝だ。

　おねむの坊やを抱き、丘を越え谷を下って歩いていたとき、ふたりのマサイの戦士に出会った。派手な赤いマントを羽織っている以外は何も身につけていない。彼らは、わたしが何人かの住人と友だちづきあいをはじめた村のもうひとつ先にある村からやってきていた。ふたりは、わたしが抱いているヒヒにとても興味を持ったようだった。わたしは休憩のためにダニエルの身体を地面に下ろし、ふたりに見せびらかそうとした。見てくれ。俺のヒヒだぜ。

「死んでいるのか？」。そのあたりにしては珍しく、片方の戦士はマサイの言葉であるマー語以外にスワヒリ語も話せた。わたしのマー語は話せないといったほうが正しい程度のものだったが、スワヒリ語なら多少は通じた。

「いいや、ただ眠っているだけだ」

「なぜ眠っているのか？」

「眠らせるための特別な薬を使ったからだ」

「その薬を人間に飲ませれば、人間でも眠るのか？」

「もちろん」とわたしは答えた。そして、言うまでもないと思いながらこうつけ加えた。「ヒヒの身体と人間の身体はとてもよく似ているからね」

ところが、マサイの戦士たちはそれを聞いて面食らったようだった。

「いいや、そんなはずはない」。もうひとりのマサイがさっきのマサイに通訳させて反論した。「人間は人間。ヒヒは野生の動物だ」

「そのとおり。でも人間とヒヒはとても近いんだ。親戚のようなものだ」

「いいや、親戚ではない」とそのマサイは打ち消し、少し腹を立てているように見えた。

しかしわたしも引き下がらなかった。「昔、人間がヒヒのようだったときには人間にもしっぽがあった。人間とヒヒはとても近い親戚なんだよ」

「ありえない」

「いや、そうなんだ。北のほうの砂漠では、本物の人間とは違う種類の人間の骨が見つかっている。そいつの身体は半分は人間だが、頭はヒヒなんだ」

「まさか」

「いや、本当さ。ぼくの国では、医者が人間の心臓を取り出して、代わりにヒヒの心臓を取りつけることもある。それでも大丈夫。そのまま年寄りになるまで生きつづけられる（そう、医学の進歩についてちょっと大げさに言ったのは確かだ）。このぼくも、君の心臓を取り出してヒヒの心臓を取りつけてあげることができる。それでも君は戦士でいつづけられるんだぜ」

「できない。ぜったいできない」。戦士は苛々しはじめた。もうひとりのマサイは、さきほどからしゃがんでダニエルの身体を調べていた。かきわけた毛の間から、驚くほど白い皮膚がのぞいている。

「ほら」とわたしはその白い肌を指差しながら言った。「ぼくの肌とそっくりだ」

「違う。おまえはレッドマン（ネイティブアメリカンをさす差別語）だ」。そう言われてわたしはとても嬉しかった。もちろん、わたしがクレージー・ホースに生き写しだと言っているのではなく、日焼けしてメラノーマになりかけの白人のように見えるという意味だとはわかっていたが。

「いや、ぼくは正真正銘の白人だ」と言いながら、わたしは半ズボンの裾をめくり上げて日に焼けていない足の裏側を見せた。「ほら見て、白いだろう。ヒヒと同じだ」

そのときふいに、この男たちをちょっと驚かせてやれ、という馬鹿げた欲望がわいてきた。そしてこう続けた。「ヒヒは、ぼくたち人間と親戚関係にある。じつはこのヒヒはぼくの従兄弟なんだ」。そう言いながら、わたしはダニエルのほうに身体をかがめ、その可愛らしい鼻にキスをした。

ところが戦士たちの反応はわたしの予想をはるかに超えていた。マサイの男たちはパニックに陥り、手にした槍をわたしのすぐ目の前に振りかざした。本気だとわかった。片方がこう叫んだ。「やつはお前の従兄弟じゃない！　従兄弟じゃない！　ヒヒにはウガリを作ることもできないじゃないか」。（ウガリとは、ここでは誰もが食べている、うんざりするようなトウモロコシ料理のことだ。ぼくだってそんな料理の作り方は知らないともう少しで言い返しそうになったが、やはりここは慎重に対応しておくほうがよさそうだ。）「やつはお前の従兄弟なんかじゃない！」

マサイの戦士は、わたしの目の前に槍を突き出した。わたしはゆっくりと、できるかぎり穏やかにこう答えた。「わかった、わかったよ。君の言うとおりだ。じつを言うと、彼はぼくの従兄弟じゃない。親戚なんかでもない。会ったこともないやつなんだ。ぼくは仕事でここに来ていて……等々。あれやこれやと説明を繰り返した結果、マサイの男たちはようやく納得して槍を下ろし、片言の下手なケニア英語で俺たちはお前の友だちと言った。

一件落着後、わたしたちは永遠の兄弟の契りを誓いあいながら、それぞれ別々の方向に別れた。パンツをはいていない原理主義者に槍で刺されそうになるとは思ってもいなかった。

それからしばらくして、マサイが未知の概念にどう対処するかを知る別の機会がやってきた。当時わたしは、自分のキャンプのすぐそばの村の住人たちと近所づきあいをするようになっており、知り合いも少しずつ増えはじめ、マサイの世界について教えてもらうのにぴったりの人物に運よくめぐりあっていた。最初に友だちになったのはローダという名の女性で、キクユとマサイの血が半々に混じり合う彼女は、村に外の世界の情報をもたらす使者の役割を果たしていた。ローダの母親が、マサイの戦士によってキクユの村から略奪されてきた女性であるのはほぼ間違いなく、無理矢理結婚させられてマサイの村で暮らすことになったのだろう。そのときある程度の年齢に達していたローダの母は、自分が生まれ育った種族の文化を身につけており、同時に、侵略してくる外の世界の文化を吸収することもできた。おかげでその娘のローダは、他のマサイの娘とはまったく異質な女性に成長した――マー語とキクユ語のほかに、スワヒリ語と少しばかりの英語を話し、文字も少し読めてお金を使うことにも慣れており、八十キロをヒッチハイクして郡庁所在地まで出かけ、村の家畜の何頭かを買ってもらう契約を結び、その対価として自分が希望する日用品を買えるように話をつけることができた。ローダは、たったひとりで村に西洋社会の片鱗を持ちこみ、村に中流階級を出現させることによって、この「アフリカ社会主義的」社会に階級の概念を生み出した。

時々、マサイ流の考え方を完璧に身につけているローダに、外の世界のことがどの程度理解できるのだろうと気になって仕方がないことがあった。そしてそれを実際に体験することになったのが、マー語で

「ライオン」をどう言うのかローダに尋ねたときのことだ。新しく買ったマー語の辞書にざっと目を通したところ、ライオンにはじつはふたつの名前があると知った。ひとつは、すでにローダに教わったとおりだったが、それはじつはライオンの偽名であるとわかった。それは人目のある場所で口にする名前でライオンの本名ではない。一方、本当の名前のほうは、日が暮れてから安全な自分の家のなかでだけ声に出して呼ばれる。辞書には、マサイの間では、ライオンの本当の名前を家の外で呼ぶと、ライオンがそれを聞きつけて食べにくると信じられていると解説されていた。

ねえローダ、これって本当なのかな？　ええ、本当よ。その名前は言ってはだめなの。わたしがその名を口にするたびに、ローダは傍目にもわかるほどそわそわしはじめるのだった。ねえ、何を言ってるの、ローダ。ライオンは来ないよ。いいえ、何度も見たの。ライオンがあなたを食べにくるわ。まさか、いい加減にしておくれよ。ううん、そうなるって聞いたことがあるんだもの。

わたしはしつこかった。ねえローダ、ライオンが自分の名前が呼ばれていることに気づくっていうのかい？　ライオンには人間の言葉はわからない、君も知っているはずだ。ライオンは来ないんだよ。

いいえ、ライオンは来るの。

ライオンにマサイ語がわかるっていうの？

とうとうローダは怒りだし、不機嫌そうな短い言葉で、ライオンについて知っているふたつの呼び名を彼女自身がどのように理解しているかを要約してみせた。

「ライオンは自分の名が呼ばれてもわかりません。ライオンに人間の言葉がわからないことぐらい、学校で勉強したことのある人なら誰でも知っています……でも、家の外でその名前を何度も呼びすぎると、ライオンが来て喰われてしまうんです」

これでこの話はおしまい、とローダは言いたげだった。

このあとわたしは、ローダがマサイの文化に片足をしっかり突っ込んだ状態で、外から入ってきた考え方をどこまで受け入れられるかを知ることになる。その朝のヒヒたちは、絵に描いたように穏やかな日常を送っていた。若くて穏やかなヨシュアが跳ねっ返りのルツの心を射止めて、交尾をする姿が見られた。不良の若者がヨシュアにちょっかいを出し、正義感の強いレイチェルに痛めつけられるはめになった。ベニヤミンは、わたしと並んで丸太に腰掛けている。これ以上何も起こりそうになかったので、仕事は一日休みにして村へ行き、ローダの家を訪ねることにした。ローダの外見はキクユそのものだった。痩せて手足の長いマサイの女たちのなかで、ローダはひとりぽっちゃり型の体型だった。感情が豊かで楽しげにクスクス笑い、優しそうで——その点も、他のマサイの女たちとは大きく違っていた。夫はたいてい不在で、というのも夫は動物保護区の監視員で、たいてい少し離れた詰め所で密猟者の取り締まりをしているからだ。彼は、わたしが知っているマサイの誰よりもひょろひょろと背が高く、意地悪そうで、恐ろしげに見えた。監視員の制服を着て、自動小銃を手にしているときはよけいにそう見えた。しかし実際にはきわめて優しい男で、自分が保護している赤ん坊のサイについて話すときや、洋梨型の体型をした小柄なローダの上に文字どおり二つ折れになってかがみこみ、猫可愛がりするときはとくにそうだった。ローダのことを夫は「ママ」と呼んでいた。ふたりは、そのあたりでも風変わりな夫婦であり、しかしもっとも愛しあっている夫婦でもあった。この核家族の穏やかな情景にいくらか波風を立てているのは、彼の第二、第三の夫人たちで、どちらもローダよりずっと年下で、ローダが優しく取り仕切っていた。ローダの夫は、仕事が終わるとすぐに制服を脱いでマサイのマントを羽織り、妻たちや子どもたちを連れて村のなかをあちこち歩き回る。しかしひとりだけついてこない子どもがいた。わたしが聞いて理解したところによると、出生後、はじめて迎えた雨期に高熱を出して脳炎になり、その結果水頭症を患い、新生児なみの反射能力しか持たない状態であるらしい。ローダと夫は、給料の何か月分もの金をはたいて、目もあてられないほど大仰な、一九四〇年頃製造のイギリス製の乳母車を買った。いまでは乳母車は泥と牛の糞で作った家のなかに鎮座しており、布にくるまれたとてつもなく大きな瞳の子どもがそこから顔を出し、悲しげな声をあげつづけているのだった。

なにはともあれ、ローダの家を訪ねていくと、ローダはちょうどよかったとばかりに車で出かけましょうと言った。まもなくわたしたちは交易所までの三キロの道をドライブに出かけた。わたしは、母親に無理矢理買い物に連れていかれたあらゆる男の子が感じるあの苛立ちを、懐かしく思い出していた。店のなかに入ってみると、ここも泥と牛の糞と木の枝でできており、ローダの友人で、この地域に住むもうひとりのキクユとマサイの混血である白髪まじりの老人が経営していた。ローダは店に並んだ二十あまりの商品を点検していった——二種類の毛布、石鹼、ソーダ、トウモロコシの加工食品、卵、砂糖、お茶、懐中電灯、バッテリー、電球、マラリアの薬、嗅ぎタバコ（マサイの好物だ）。次に、商品を吟味する段階へと進んだ。わたしに二種類の毛布を広げて見せるように言い、長さをくらべて子どもにかけてやるにはどちらの毛布がいいか評価しようとした。これは純粋に学問的興味から出た行動だった——この日はウィンドーショッピングだけで毛布を買う気はなかったし、それにこの店に置いてある毛布は、ずっと昔からこのふたつのタイプの毛布だけだったから。ローダは石鹼を点検し、懐中電灯の電球の重さをひとつひとつ調べ、ようやくこの日の買い物を決定した。卵ひとつとジャガイモふたつ。三十分間の買い物を終えたローダは上機嫌で、わたしたちは村に戻り、彼女の家でお茶をごちそうになることになった。

それが災難のはじまりだった。家に帰るとローダの夫の弟であるセレレが酒を飲んで酔っぱらっていた。

セレレはいい男だが、残念なことにマサイの長老世代（マサイの戦士は成人の儀式を経て大人と認められると長老となる）にしばしば見られる状況へとばく進中だった。つまり、一日の大半を酒を飲んで過ごしているのだ。

セレレは、わたしへの敬意の証しに（言っておくが、わたしはこの村にはしょっちゅう来ている）数頭しかいないヤギのうちの一頭を殺したがっていた。あれこれ理由をつけてなんとかその申し出を断わると、セレレは部屋の隅に退いたが少し不服そうだった。ローダとわたしはお茶を飲みはじめた。いつも思うのだが、マサイの家のなかで誰かが何かを見つける様子をそばで見ているのはとてもおもしろい。マサイの家は泥と牛の糞でできており、入口を入ると迷路のようになっているため中まで光が届かず、唯一家のなかを照らすのは屋根のあちこちに開けられた小さな穴から差し込む帯状の光だけだ。だから、家の中を歩いていくとふいに牛の皮でできたベッドが現れたり、ヤギがいたり、セレレとの酒盛りの酔いをさまそうと昼寝をしている白髪の老人に出くわしたりする。そしてどこかに、乳母車に乗せられたあの子どももいるはずだった。

わたしとローダはテーブルでお茶を楽しんでいた。ローダが、隠してあるお茶をもっと取りだそうとして秘密の物入れのほうへ向かうと、さあたいへん！　しまっておいたお金が誰かに盗まれているのを見つけたのだ。半分キクユ、半分マサイのローダは、この村でモダンだと考えられるものすべての最先端をいく人物であり、マサイの世界にはじめて現金をもたらしたひとりであり、彼女と彼女の夫（仕事といえるものをもっている唯一の男だった）の金を一セント残らず子どもたちの学校の月謝を支払うのに使っていた。その金がないのだ。犯人はわかっていた――セレレが金をくすねて、地元のツーリストキャンプの従業員食堂で酒を飲むのに使ったのだ。自家製の酒があるというのに。かつての誇り高く尊大なマサイの戦士でいまや長老となったセレレは、偉そうに、そして人を小馬鹿にしたように肩をすくめて罪を認めたが、それはまるで、女よ、これは俺の権利なのさ、とでも言っているようだった。ローダは泣きわめき、薪でセレレを真横から殴りつけた。

大騒動がはじまった。体勢を立て直したセレレを、ローダが大声で泣き叫びながら家じゅう追いかけ回した。一度、セレレが身震いしながらローダの前に立ちはだかったときには、本気でローダを殺そうとしているように見えたが、セレレの許しがたいおこないに怒り狂っているローダは、セレレをもう一度薪で殴り倒した。泣きわめく声はますます高まり、部屋は瞬く間に村人であふれかえった。みな興奮し、野次馬気分でいっぱいだった。白髪まじりの長老たちは部屋の隅に陣取り、若い母親たちはローダの後ろに立っている。みなが見物しにやってきたのだ。

その後は、禁酒法時代を描くドラマさながらのシーンが繰り広げられた。ローダとその女友だちらが不満を爆発させて泣きわめいた。この五年前には、政府がマサイの村を訪ね、一地区にひとりは子どもを学校に通わせるよう指導がおこなわれた。親たちは、その恐ろしげな場所から守ろうとして愛する子どもたちを隠したものだ。ところがいまでは、どの村にもローダのような女たちがいて、子どもたちを学校に通わせるべきだと熱心に主張している――しかしその学校とは、教科書もなければペンもない、紙もなく、へたをすると教師さえもいない、おそらく五十キロも離れた場所にある掘っ建て小屋で、うさんくさい教育と引き換えに月謝を支払うことになっているのだ。マサイの土地の先進的な住民たちは子どもに教育を受けさせたいと考えていて、ローダと夫も同じ考えだった。ローダとその支持者たちは、長老たちは子どもたちの学費を飲んでしまうのをやめるべきだ、子どもを学校に行かせるべきだと涙ながらに訴えた。先頭に立って訴えているのはローダだ――はっきり意見を述べられる女性であり、村のなかの急進派、ニューウェーブ、過激なブラ焼きフェミニストで、彼女の身体の半分を占めるキクユの血が受け継いだ伝統の力で、村にあらゆる種類のあやしげな概念を持ちこんでいたが、それが容認されていたのは、その才覚、外部とつながる能力、そして村に現金をもたらす術を心得ている点を認められていたからだ。でもそれもこれも、あなたたちみたいな汚らしい年寄りの飲み代に消えるばかりだなんて！　女たちの糾弾の矛先は、いまや床の上で昏睡状態に陥っているらしいセレレではなく、すべての長老たちに向けられていた。やりとりはすべて、わたしのためにマー語からスワヒリ語と英語に通訳され、話のところどころで、騒ぎを見守る多くの人々がわたしのほうを振り返り、期待の眼差しを向けてくる。調停者の役割を期待されていることに薄々気づいたわたしは、まずいことになったと思った。

ローダ派の女性たちは、数年後には自宅に戻って牛の番をすることになる子どもたちを、教科書も紙も鉛筆もない空っぽの学校に通わせるために自分たちの金を使うことを素晴らしい考えだと信じていた。「あんたたち長老が、子どもの月謝を全部飲んじゃうのをやめれば、子どもたちは制服を着て学校に行けるのよ」。それを聞いた長老たちは、学校なんて実際時間の無駄だ。下らんよ。俺たち長老は死ぬほど働いている。だからいつでも好きなときに、馬鹿みたいにぐでんぐでんに酔っぱらっていいのさ（彼らが言う長老は二十五歳以上のかつて戦士だった者すべてをさし、だから、つい最近十三歳の妻をもらったばかりの長老、というのもありうる）。長老たちの言い分とはうらはらに、村で一番仕事をしていないのが長老だった。労働の担い手として期待される順番は、女性、子ども、犬、ロバ、そして最後が男性だった。女たちがどんなにわめいても、長老たちは頑として後に引かなかった――「フン、学校だと。ばかばかしい。じゃあ聞くがいったい学校のどこがいいんだ？」としつこかった。

女たちはたじろぎ、少し慌てた。じつを言うと、学校がどんな所かよく知っているのは少しだけ学校に通った経験のあるローダだけだったからだ。女たちは部隊を立て直し、ひそひそ相談しあってからふたたびわめきはじめた。「とにかく、あんたたち長老は家のお金を全部飲み代にしちゃいけない。子どもに食べさせるお金がなくなるからよ」。まさか！　とひとりの長老が応酬した。食べ物ならたくさんある。牛もいる。そうだろう？　子どもには牛の血を飲ませればいい。ミルクだっていつでも飲める。いったい全体何が不満なんだよ、まったく。男たちはげらげら笑いながらローダと夫についてのからかいの言葉を浴びせたが、その種はすぐに尽きてしまった。そこで、だいいち子どもたちは元気そうじゃないか、と話を片づけた（実際は、タンパク質不足やマラリア、結核に侵され、さらにはこの世に存在するあらゆる寄生虫が子どもたちの身体のなかで暴れ回っていたのだが）。そのとき、驚いたことに、ローダが突然わたしに意見を求めてきた。わたしはしどろもどろになりながらも、なんとか妥協案をひねり出した。

「考えてみてください。いま子どもたちにしっかり食べさせ、学校へやっておけば、よく勉強していい仕事につき、たくさんのお金を家に持って帰ってくれるようになります。そうすればあなた方長老は、いつでも好きなときに本当に美味しい酒を、ツーリストキャンプで白人の客向けに売っている酒を飲んで酔っぱらえるんですよ」

この提案は一瞬拍手喝采で迎えられたが、長老たちが突如として叫びはじめたローダへの不満の声にかき消された——だいたいこのキクユの女は何なんだ？　ちびでデブときてる。とても信用できるとは思えん、等々。

残っていたローダの味方の女たちも少しずつ姿を消していき、頭にきたローダは攻撃的な熱弁をふるった。「この村のすべての女とロバートは、あんたたち長老が、酔っぱらって子どもたちの学費や食費を使ってしまうのをやめるべきだと思ってる。それにあんたたち不潔なマサイは、子どもたちの目を洗ってやるべきよ。そうすれば子どもが目の病気にならないですむ。そしてあんたたちみんな、これからはパンツをはいて、主イエス・キリストを信じることね」

やれやれ。ローダの半分を占めているキリストを信じるキクユの部分が報復に出たのだ。そしてケニアに住むすべての農耕民族がマサイについて不満に思っている二点についてまくしたてた――それは過剰な尻の露出と、キリストへの信仰の不十分さだった。そしてわたしも、「キリストのために尻を隠せ党」の党員候補にされてしまった。

長老たちが勝ち誇ったような高笑いとともにひとり、ふたり、と姿を消し、木陰に移動して酒を飲みはじめると、話しあいは混乱した騒々しさのうちになんとなく解散となった。セレレがようやくほこりまみれの床から立ち上がり、わたしのためにヤギを殺すと宣言したが、取りあう者はいなかった。わたしはそそくさとその場から逃げ出した。

5　老人に地図を教える

ヒヒたちがまた「ヒトには内緒の活動をする」ようになったので、午後はキャンプで過ごすことにした。どこまでも果てしなく続く大草原と、ヒヒたちが日々の食べ物を探しにしょっちゅう出かける木々に囲まれた川床。その中央にうずくまるように広がっているのが「踏みこめないやぶ」だ。それは、丘の上に何キロにもわたって続くうっそうとした低木の茂みとイバラのやぶで、あちこちにツチブタが棲む深い穴があり、尖った火山岩が転がっている。できれば出会いたくない動物たちでいっぱいの場所だった。前任の大学院生たちからは、ヒヒがあそこへ入ったら追跡するのは不可能だと聞かされていた。それでも一度徒歩で後を追おうとしたら、もう少しでサイにぺちゃんこにされそうになった。それならばとジープでの追跡も試みたが、あっという間にタイヤが二本パンクし、危うく駆動軸を折りそうになった。そしてすんでのところで、サイにぺちゃんこにされそうになった。それで諦めた。「ヒトには内緒の活動をする」という表現は、大学院生のひとりがやぶに消えたヒヒについて、あれはヒトには内緒の活動をしているに違いない、と言ったのがはじまりだ。そして、ある朝、ヒヒたちの非常に興味深い行動を観察していたわたしにもヒヒたちはそれをやった。当時ウリヤはソロモンに粘り勝ちするのを狙った冷酷な作戦の真っ最中だった。二頭は互角の激戦を繰り広げていた。ソロモンが優勢に見えたが、たまに劣勢に転じることがあり、それがしだいに重大な意味を持ちはじめていた。二頭はたがいに追いかけあい、追撃をかわし、そしていよいよ戦いが最終局面を迎えたとき……二頭はやぶの中に消えてその日は二度と姿を現さなかった。同じ頃、彼らより高齢で威厳のあるアロンは、発情期まっただなかのブープシーに過剰な関心を寄せているように見えた。ブープシーはアロンには似つかわしくない相手に思われ、おそらくソロモンとウリヤがイートン校の運動場争奪戦に夢中になっていることの影響だと思われた。しかし、アロンが思いを遂げるのを見届けないことには、それを事実として観察ノートに記録することはできない。それはいまにも実現しそうだったが……彼らもまたやぶのなかに消えてその日はもう姿を現さなかった。ミリアムが最近産まれたばかりの子どもを連れて現れた。子どもはおずおずと、貴重な最初の一歩を踏み出そうとして……そのままやぶのなかに消えた。その朝はずっとこんな調子だった。とうとう、目覚めたばかりのベニヤミンまでがどこかの茂みの下からよろめき出てきたかと思うと、やぶの片側に広がる草原に駈けてゆき、その後反対側の草原にも走っていって群れの仲間たちを探していたが、またもや内緒の活動をしに行ってしまった。

そんなわけでわたしは観察を諦めてキャンプに戻ってきた。表向きは本を読んだり、事務仕事の遅れを取り戻したりするためだったが、じつは、わたしが午後キャンプにいるときの習慣となりつつあったのが、アルヴァート・シュヴァイツアー博士のまねごとだった。そうせざるをえなかったのだ。あなたが『ドクター・ウェルビー』を一度でも見たことがあって、バンドエイドの箱を持っていれば、それだけであなたは誰よりも豊かな知識と立派な設備をもつ医者として何百キロの彼方まで名を馳せることになる。そして何よりも奇妙なのは、すべてのマサイがそれをすっかり信じこんでしまうことだ。

いまやキャンプは常設のクリニックのようだった。最初にやってきた子どもは足に深い傷があり、他にも足にいくつかの古傷があった。あらゆる傷を洗い、母親には毎日子どもをきれいな水で（どこにある?）洗ってやることの大切さを説いた歌とダンスを教え、傷口にバシトラシン軟膏を塗ってバンドエイドを貼る。母親は、捨ててあった使用済みのバンドエイドを拾い集めて持っていた小袋にしまった。わたしは、自分が浪費癖のある退廃的な西洋人であることを思い知らされた。次にやってきたのは下痢の症状がある子どもだった。こいつは要注意だ。下痢の症状を抑えるのはとても難しく、そのことで文句を言われやすいからだ。マラリアにかかった母親。彼女にはマラリアに効くクロロキンを。母親を連れてきた女性にも同様の症状がある。女性の胸の音を聴診器で聞いている最中に、彼女は激しく咳き込んだ。古びた公共施設の薄汚れた空調施設が空気を吐きだすときのような音がした。おそらく結核だ。ここでは誰もが結核菌を持っている。要注意だ。

山の上から年老いた老人がやってきた。おそらく六十歳くらい。いかにもそれらしいマサイの長老。絵に描いたような老人。私の住む恵まれた世界で見たことのあるどんなものにも似ていない。老人は頭に毛織物の帽子をかぶり、髪を剃るのはとうの昔にやめていた。小さな団子状にはえた白い髪。わずかに見える白い髭。肉のない骨ばった顔は、どこからどう見てもまるでピカソのヤギ像のようだ。そして深いしわ。顔には数えきれないほどのしわが刻まれていて、ほこりがたまっているものさえある。顔にたかる蠅にとっては、どこもかしこも険しい地形だった。老人の顔が、遥か昔に彼の母親にこの子を育てようという気をかろうじて起こさせたとき以来、彼が人生を生き抜くためになんの役にも立ってこなかったことは間違いなかった。それ以来、彼の顔は人との接触を免れ、どこへなりとも消え失せることを許されてきた。片方の耳は長く垂れさがっている――マサイは耳たぶに穴をあけ、一生かけて肩につく長さになるまで伸ばしていく。反対側の耳たぶはちぎれていて、まるでハゲワシか何かが老人にちょっかいを出し、耳たぶをくちばしでつまんでさらおうとしたが、ひからびた虫のような六十男の耳たぶだけを持ち去る結果になったかのようだった。老人の身体のそれ以外の部分は麻袋のような肌と干涸びた枝のような骨でできていたが、尻と太ももだけは例外で、まるで鋼鉄のベアリングが詰まった麻袋のように見えた。

老人は目が悪かった。結膜炎だ。マサイの蠅目と呼ばれる症状で――蠅が牛の糞の上を歩き、その蠅がマサイの目の上を歩く。さよならお目々、というわけだ。そして、それが原因で視力を失う人の割合が、この土地では驚くほど高かった。老人は前にも来ていて、目の状態はよくなりつつあった。前回の診察時に、わたしは抗生物質の飲み薬を与え、抗生物質入りの軟膏を塗ってやっていた。そのとき下手なスワヒリ語で、抗生物質は一日四回、一週間飲みつづける。薬を服用する直前直後は食事は控えるように、と説明したつもりだった。ところが老人は、薬を飲んでいる一週間は何も食べないように、と言われたのだと思った。老人が一日はその誤解を信じたまま過ごしたのは明らかで、そのあと息子に、この白い薬にはうんざりだとこぼしたのだ。息子がやってきて間違いが明らかになり、誤解は解けた。

目の治療が終わっても、老人は何かおもしろいものはないかとキャンプに居座りつづけた。わたしは、ヒヒの血液サンプルを冷凍するために毎週船便で届くドライアイスで老人をもてなすことにした。ドライアイスの箱を開けて煙を立ち上らせる。「熱い」と老人は言った。コップに水を満たしてドライアイスを投げこむとまた煙が。「熱い」と老人は繰り返すが、少し飽きている様子だ。わたしは彼の手を取ってコップの中へと導く。「冷たい！」。ドライアイスの小さなかけらを持たせる。老人はおそるおそるかけらを手に取り「熱冷たい」と言った。その声は乾いてしわがれ、怯えているようだった。何が何やらさっぱりわからないのだ。

次は聴診器で自分の心臓の鼓動を聞かせてみた。老人の耳の穴に聴診器のイヤーチップをはめる。いぼ、その他の伝染性の病気を心配しながら。おどおどした様子の老人とイヤーチップはとても不釣り合いに見え、まるでスワジランドの国王が国連本部で同時通訳されたスピーチをイヤホンで聞いているかのようだ。わたしは十分すぎるほど慎重に老人の胸をたたき、心臓の上に聴診器の先を押し当てた。老人は自分の胸の音に聞き入り、心臓の鼓動に合わせてしばらく首を振っていた。しかしだいたいにおいて、老人はわたしがやって見せたことにほとんど興味を感じていないように見えた。

「あなたの心臓の音ですよ」と言ってみた。

「わたしは老人で、息子が大勢いる」

これはひどく謎めいた返事だった。俺の心臓に手を出したらとんでもないことになるぞ、という脅しだろうか？　ただの自慢？　それとも、たかが心臓の鼓動を聞いただけで、自分は不滅の存在であると宣言し、自分の人生を総括しておきたいという気になったのだろうか？

わたしはふと思いついて、動物保護区の詳しい地形図を取り出してきた。地図を広げてみたものの、どんな理由で、何を見せたいのかは自分でもわからない。老人はしゃがんでいたが、太ももと足の指の付け根のふくらみでバランスをとっていて微動だにしなかった。老人がこれまでの人生で、ここから五十キロ以上先には行ったことがなく、この詳しい地図に載っている場所のうち知っているのは五、六か所であることは間違いなさそうだ。わたしは老人の前に地図を広げた。近くに見える円錐状の山を指さして、その名をゆっくりと口にする。そのあと地図を示し、その山の頂上を示す同心円を指さしてから、さっきと同じ名を言う。つぎに、キャンプの裏を流れる川を同じように指さし、そのあと地図上の川をさして、その度に一回ずつ名前を言葉にした。その後、東にそびえる山についても同じようにやって見せた。老人はぼんやりした顔でわたしを見返した。わからないと言いたいのでもなく、理解できないもどかしさを訴えているのでもない。ただのうつろな表情だ。わたしは一連の手順を繰り返し、それぞれの名称をもったいぶって披露した。まるでその呼称におろそかにできないパワーが秘められているかのように。反応なし。わたしはもう一度やってみることにした。円錐状の山を指さし、名前を言い、そして地図を指さす。そのあと地図の上の川を指でなぞっているとき、老人がふいに大きく息をのむ音が聞こえた。目を大きく見開き呼吸が荒くなっている。一本調子の猛烈な早口で老人は川の名前を何度も何度もつぶやきながら、実際の川を指さし、それから地図を指さした。老人はしゃがんだままよろめき、バランスを崩しそうになったがなんとか持ちこたえた。息は依然として荒い。老人は山を指さし、ほとんど叫ぶようにその名を呼び、にっこりと笑ったと思うと、わたしに自分の腕を取らせて、その伸ばした指先を地図上の山の位置に導かせた。老人はふいにクスクス笑いはじめた。川の流れをふたたび目で追いかけ、それからとても静かになって山の稜線を頂上まで見上げ、手を差し出し、わたしがその指で地図をなぞらせるのを待った。老人は厳粛な面持ちでふたつの山の名を唱えた。そのあと最初の山に目をやり、その山の地図上の位置に視線を移したと思うと、なぜかクスクス笑いだした――どうやら内輪ネタがあるらしい。ふたたび突然大真面目な顔になり、四方に目を配ると、実際の風景と合致するように地図を注意深く置き直した。そのあと円錐形の山に目をやるとまた笑いだし、信じられないといわんばかりに首を振った。

ふいに老人が静かになり、もの思わしげな顔になった。どうやら何か困ったことがあるのだ、何か考えているようだ、とわたしは思った。老人は首をかしげて考えこんでいた。それまでより少し長い時間地図を眺めていたが、おずおずと手を伸ばし、地図を裏返しにした。地面の下に何があるのか知りたかったのかもしれない。下に何もないと知ったとき、老人はほっとしたようにも、漠然としていた考えを確信に変えたようにも見えた。

老人は立ち上がり、少しよろめいた。急に立ち上がったせいかもしれないし、予想外の一日を過ごした興奮のせいかもしれない。いよいよ帰ろうという段になって、老人はまたひとつ聞きたいことを思いついた。地図から目を上げ、わたしの顔をしばらく見つめる。それから、地図を指さしながらこう尋ねた。

「お前の両親はどこにいる?（お前の家はどこだ?の意味）」

わたしは子どもの頃にニューヨークのプラネタリウムに行ったときのことを思い出していた。そこではじめて、太陽系がいかに大きいかを実感させられたのだ。室内に入って椅子に座ると、頭上には同心円を描いて公転する惑星の模型が見えた。これはこの惑星です。あれはあの惑星です、と説明するナレーターの声がする。残念ながら、と声は続ける。ここにある模型の縮尺では、天王星をこの建物のなかに展示することはできません。通りの向こうのセントラルパークくらいの位置になるからです。また冥王星もこのなかには収まりません。ここから……クリーヴランドに行くくらい離れています。すごい、とわたしは感激した。宇宙はなんて大きいんだ。

わたしは今回も老人が知っている場所を使うことにした。地図から三歩（適当だ）離れたところでマサイの郡庁所在地の名を口にした。老人の息子は行ったことがあるはずだ。そのあと五歩ほど進んで「ここがナイロビ」と言った。ナイロビなら聞いたことがあるはずだ。それから草原をどんどん進んで、老人が片目で送ってくる視線はすでに感じられないものの、身体の動きでこちらを見ていることがわかる地点まで進んだ。そして、老人に信頼してもらえるぎりぎりの地点だと思うところで立ち止まり「両親の家だ」と大声で叫んだ。老人は信じられないというふうに舌打ちした——老人が信じられないのは、その話が本当だということかもしれないし、地球がそれほど大きいということかもしれない。わたしが老人に嘘をついているということかもしれないし、両親をそんなに遠くに置いてはるばるアフリカにやってきてテント暮らしをしていることかもしれない。老人はずっと舌打ちを続けたが、地図の真ん中のわたしたちのいる場所に杖を突き立て、とんとんと軽く叩いて、「俺の家」と力強く叫んだ。

この日、老人はとても満足げだった。たくさんの珍しいものを見たからというだけでなく、わたしを見るかぎり、将来の担い手たちも捨てたものではないと確信できたからだ。老人はわたしの手を握ると、ぶつぶつひとりごとを言いながらよろよろと歩きだした。そして木が生い茂りはじめるところまで行くと「さよなら、ホワイトマン」と叫んだ。「さよなら、マサイ」とわたしが大声で応じると老人はそれをおもしろがった。そして舌打ちしながらやぶのなかへ消えていった。

6　血の記憶——東アフリカの闘争

人々の闘い

アフリカ滞在一年目が終わろうとする頃に、ツーリストロッジで知り合った知人の故郷を訪ねた。ハルンはタンザニアとの国境付近で暮らす農耕民族の出身だった。わたしはそこでの彼らの暮らしぶりに魅了された。人里離れた山あいの村でのんびりと農業をして暮らす、親切で明るい強健な人々。山の斜面のあらゆる土地を利用して、次々と産まれる子どもたちを養うための食糧を、次々と作りつづける。みな快活で体格がよく、豚のように食べ、がむしゃらに働いて、わずかばかりの余暇は呪術や妖術、派閥争い、報復のための呪いに費やしている。ハルンの家族も、魔術を使って井戸に毒を盛られたばかりで、そのせいで妹は身体の具合がひどく悪くなってしまった。少なくとも、シャーマンを雇い、毒かなにかで井戸を汚染させる理由が隣人たちにあったことは間違いない、とハルンの家族は考えている。隣人たちとの間に、牛がトウモロコシを踏みつけたかどうかについての揉め事があり、そのあと妹が病気になった。仕返しに呪いをかけられた、というのが一番考えられることだった。

しかし、この部族の闘争エネルギーの大半は、もちろんすぐ隣で暮らす部族、マサイ族のために費やされた。とくに東側の国境付近に住むマサイと南側の国境付近に住むマサイは、家畜を盗む目的でしょっちゅう襲撃をしかけてきて、それが紛争の引き金となっていた。しかし、ここ十年間に、アフリカのこの地域にも民族独立の波が訪れ、すべてが変化した。いまでは、ハルンの部族であるキシイが東側のマサイと争っても、それは問題なく、みながふつうに暮らせた。けれども、相手が南側のマサイであればそれはタンザニアとの紛争を意味し、国際的な事件となって警察が仲裁にやってくることになる。

しかし戦っている当人たちにしてみれば、そのような周囲の反応のすべてがひどく奇妙で気まぐれなものとしか思えないのだ。そんな状況を見ていると、ずっと以前に、この国境が別の奇妙な境界線を作り出したときのことが思い出される。かつて、ケニアはイギリス領東アフリカであり、タンザニアはドイツ領タンガニカであった。そして一九一四年、それぞれの国の命を受けた白人入植者たちが、軍服を仕立て、軍隊を組織して第一次世界大戦を指揮した。キシイの土地でも戦いが繰り広げられ、いまでも、丘陵地帯には戦争がはじまる前に兵士たちが埋めた宝物が眠っていると言われている。

ハルンとわたしは、酒を飲んで大声で笑い、ゲップまじりに昔話にふける年老いた男たちの輪に加わっていた。わたしが、イギリスの入植者たちとドイツの入植者たちが戦ったときのことを尋ねてみると、彼らは当時のことをとてもよく覚えていた。

「白人たちは何か理由があって揉めていて、それでここで戦いをはじめたんだ。彼らは、いまの警察官が着ているような服装でやってきて、お互いを銃で撃ちはじめた。白人の死骸がごろごろ転がっていた。酷い光景だったよ。ある日、上空に飛行機がやってきた。あの頃はそれがどういうものか知らなかったからひどくたまげた。母親のところへ走って帰って隠れていた」

「ある日イギリス人がやってきて、おまえたちも一緒に来て戦えと言う。信じられなかった——銃をやるから白人を撃てと言うんだ。やつらはずっと、銃には魔法がかけてあるから、アフリカ人には白人を撃てないと言っていた。それなのに、ドイツ人は白人は白人でも種類が違うから撃てると言うんだ」

「イギリス人はもっとおかしなことを言いだした。おまえたちもマサイと戦え、銃はやるから。わかりました、と俺たちは答えた。あんたがたの銃で戦います。ところが彼らは、攻撃していいのは南側のマサイだけで、東側のマサイとはぜったいに戦うな、とつけ加えた。そんなおかしなことはない、と俺たちは思った。だから断った。何人かは殴られたが、それでもうんと言わなかった」

ハルンの村の老人たちはイギリス人の話はわけがわからない、どこかおかしいと考えた。しかしマサイは戦えと言われて喜んだ。東側のイギリス領東アフリカマサイ軍と、南側のタンガニカマサイ軍は、間に合わせの軍服をまとい、あちこちで互角の激戦を繰り広げた。しかし結果を覚えている者はいなかった。

ハルンの父親は、白人の戦争を別の形で体験していた。これはハルンの家を訪れたときに聞いた話だ。一九三〇年のこと。当時二十歳だったハルンの父親には心に決めた女性がいた。隣の山に住む若い娘で、井戸に牛を連れていったときに出会ったのだ。互いに相手を盗み見ることが何度か続いたあと、父親は娘に声をかけた。名前を尋ねると娘は笑って顔を隠し、ヤギを連れて山を駆け上がっていった。それを見て彼女と結婚しようと決めたのだ。

彼は自分の父親、つまりハルンの祖父のところに行き、隣の山に結婚したい娘がいると打ち明けた。そして、譲り受けることになっている牛をいまもらえないだろうか、娘を彼女の両親から買ってきたい、花嫁の代金を支払いたいからと頼んだ。ハルンの祖父は一年待てと答えた。今年は自分、つまり当時四十代だったハルンの祖父が、三番目の妻を買うために牛を使うからと。ハルンの父親はしぶしぶながらも素直に従ったが、一週間後、父親が買った三番目の妻に会ってみると……それはあの井戸の娘だったのだ。

驚き、気が動転したハルンの父親は、植民地で使えるありったけの金をつかんで山を駆け下り、交易所にある酒場に行って人生ではじめてぐでんぐでんになるまで飲んだ。酔って千鳥足で通りを歩き、キシイ語で大声で泣き叫んでいるところを植民地警察に捕まった。警察はハルンの父親をインドでの兵役に送り出して厄介払いした。十五年間も。こうしてハルンの父親は村から姿を消し、十五年間にわたってインドやビルマでイギリス兵として戦い、第二次世界大戦に参戦して、スーダン、ナイジェリア、ガンビア、ローデシアなど、さまざまな国の原住民から集められた徴集兵たちとともに日本軍と戦った。村に戻ったのは一九四五年で、ハルンの父親は三十五歳になっていた。やがてハルンの母となる女性と結婚したが当時彼女は十五歳だった。そして、ハルンに聞いたところによると、父親はその後、ハルンの祖父とも祖父の三番目の妻とも一言も口をきかなかった。兵士として戦った十五年間についても、食べ物が口に合わなかったと言っただけで、あとは何も話さなかったということだ。

わたしがハルンの家を訪ねたときには、父親は七十歳近くになっており、見たところかなり認知症が進んでいるようだった。部屋の隅に置かれた椅子に座り、ハルンの母親が料理やお茶の支度で忙しく動き回っている間もうつろな目で辺りを見回し、ぶつぶつひとりごとを言っていた。ハルンがわたしを紹介すると、父親は不安げに身体を後ろに引いた。そしてその午後じゅうずっとわたしを見つめつづけ、けっして食事に加わろうとしなかった。とうとう父親はハルンを呼び寄せ、わたしのほうを手振りで示しながら、キシイの言葉で「あの白人が軍から来た人なら、もう戦争には行かないと伝えてくれ」と言った。

東アフリカにこのあと起きた戦争についての、もうひとつの物語を知ったのも同じ頃だ。

アフリカの奥地のどこをどう探しても、ウィルソン゠キプコイ以外にはヒトラーに怒りを感じている人間は見つからなかっただろう。奴隷貿易にアラブ人が大きな役割を果たしたことに、アメリカ人によるインディアンの虐殺に、さもなければイスラエル人のパレスチナ人への仕打ちに怒っている人も。彼はおそらく、このあたりでこれらの問題を聞き知っている唯一の人間で、そしてもちろん、そんな不正行為の数々に対して、爆発寸前の苦々しい怒りを抱いてきたただひとりの人間だった。しかも彼の怒りは、過去の歴史や遠いどこかの国でおこなわれている政治だけに向けられたものではなかった。自らの母国が一党制であること、報道の自由が規制され、人々が忽然と姿を消し、軍隊の予算の半分は、軍が兵舎に留まり政治に口出ししないことと引き換えに手に入れられた賄賂であることに怒っていた。そしてそれを彼は口に出して言っており、それはとても危険なことだった。

ウィルソン゠キプコイはジャングルの奥地で育ち、学校教育はほとんど受けていない。しかしあるとき、学びたいと強く思うようになり、独学で英語を習得し、ありったけの金と時間を読書に費やした。そして学べば学ぶほど怒りが増していくことに気づいた。といっても、彼はわめくこともなかったし、大声を出すことさえなく、自己破壊的な怒りを爆発させて怒鳴りたてるタイプでもなかった。ウィルソンの怒りはくすぶりながらしだいに大きくなり、その長身で引き締まった身体やえらの張った頭のなかにかろうじて収まっていた。ためこんだ怒りのせいで、頸動脈がつねにリズミカルに脈うっていた。保護区の監視員や警官が村人をゆすって給料を取りあげようとすると、ウィルソンは彼らに立ち向かい、おまえらは南アフリカの白人より卑劣だと罵った。そして殴られた。白人がどこかの黒人を「ボーイ（下男）」と呼ぶと、ウィルソンはその白人たちを白んぼと呼んだ。そしてしょっちゅう仕事を失った。人を殺すつもりだと平然として話した。殺人事件はしばしば起きていたが、彼のように殺人について冷静に話す者はいなかった。友人たちは彼に畏敬と畏怖の念を抱き、そして何よりも彼の身の安全を心配した。

ウィルソンの変人ぶりを、つまり二十年間の勉強が作り出した一風変わった人柄を如実に表しているのは、おそらく彼が秘密にしているある活動だろう——夜、ひとりになれる時間を使って、ウィルソンは短い物語や詩を英語、スワヒリ語、そして部族の言葉であるキプシギス語で書いているのだ。物語は、ケニアの知識人たちの間で人気の冒険スパイ小説の体裁をとっていた。裏切り行為、政治的鎮圧、そして正義の敗北。友人たちも、誰ひとりとしてウィルソンがそれらの小説の作者であると知らなかった。妻にもけっして話さなかった。ウィルソンの妻は教育のないマサイの女で、マサイはウィルソンの部族にとって古くからの宿敵だった。彼女を妊娠させたウィルソンは、そういう場合におこなわれるお決まりの簡単な手続き、つまり娘の父親に名ばかりの金をつかませるやり方を拒否した。その代わりになんのためらいもなく娘と結婚し、その後は相手がシマウマだったとしてももう少し構うはずだ、と思われるほど妻を顧みていない。

ウィルソンの怒りや不満、怒りに震える殺人予告の大半は、彼の父親に向けられたものだった。ウィルソンの父親は昔風にキプコイ・ワ・キムタイ——キムタイの息子キプコイ——で通っており、みなにはキプコイと呼ばれていた。昔ながらの部族の風習に従った耳をもち——両耳に穴をあけ、耳たぶは肩につくまで垂れていた——荒んだ顔つきをして、見た目も服装もひどいもので、しかも他人にどう思われようとまるで気にかけなかった。ウィルソンとは違って、キプコイは怒りをぶちまけるだけでなく実際に人を殺していた。それも十数回も。キプコイは狩猟局で働き、ケニアの動物保護区をパトロールする密猟摘発部隊の長を務めていた。ケニアが独立するずっと以前、若かったキプコイは、イギリスの「だんな」つまり白人のハンターの下男として働く「ボーイ」になる訓練を受けていた。ハンターが仕事で狩猟に出かけるとき、作物を荒らすゾウを退治しなくてはならないとき、ほとんど歯のない飢えたライオンが思いあまって村人に襲いかかったとき、キプコイはハンターのお供をした。ライフルにオイルをさし、頭上にライフルを掲げて川を渡り、バッファローが突撃してきてもだんなの隣に立ってけっしてひるまず——絶好のタイミングで適切なライフルを渡すのがボーイであるキプコイの仕事だった。キプコイは獲物に忍び寄るのも、獲物のあとをつけるのも上手くなった。何年も前に通ったやぶの中の道をちゃんと憶えていたし、サイがかすめ通った木を匂いで嗅ぎ分けることもできた。そして、ライフルの腕も相当なものとなっていたが、これは密かな練習のたまものだった。ボーイには必要のないことだったので、ハンターはボーイに撃ち方を教えようとは思わなかったからだ。

一九六三年にケニアが独立する頃には野生動物が減少しはじめていた——ケニアの人口が急増し、低木のやぶや森林が次々と焼き払われて農地となった。さらに思いがけないことに、白人の富裕層が狩猟目的でケニアに来ることがなくなった。彼らの目的は、動物を見て写真を撮ることへと変化した。自分の国を取り戻したちょうどそのときに、アフリカの人々はこれ以上動物を撃ってはいけない、動物を保護しなさいと告げられたのだ。そしてキプコイはこの新しい流れに乗り、動物を観察し保護しよう、動物保護区を設立して維持管理していこうという奇妙な構想を受け入れた。しばらくは、かつてのイギリス人の領主たちが保護区の監督官を務めた。その後、狩猟が徐々に減っていつしかまったくおこなわれなくなると、政府も白人がアフリカの動物保護区の監督官を務めることを容認できなくなり、初の黒人の監督官が生まれた。そしてどう考えてもキプコイこそこの監督官に適任だった。年齢的にもちょうどよかったし、狩猟局の仕事に設立当初からかかわってきたからだ。けれども、動物の数を管理することや保護区の入口を警備する監視員たちが入場料をくすねすぎないように目を配ること、あるいはまた宿泊施設に適切な数の生ゴミ捨て場があるかどうか配慮することには興味がなかった。キプコイはやはり猟がしたかった。だから人を狩った。狩猟局の密猟取り締まり部に地位を得ると、密猟者らがマシンガンでサイやゾウを仕留めてこっそり角や牙を持ち去る目的で侵入してきそうなあらゆる国境地帯で任務についた。ソマリアとの国境付近をパトロールするときは、屈強でまるで犯罪者のような南部のバンツー系ケニア人を集めた部隊を引き連れていった。彼らは、北部から来る砂漠の襲撃者として昔から知られるソマリ族を殺害することしか考えていない。また、南部のタンザニアとの国境付近に派遣されたときには、冷酷で無口なソマリ系ケニア人だけのパトロール隊を結成した。彼らは丸々と水太りしたバンツー系の密猟者を待ち伏せしたくてしょうがないのだ。キプコイはカッとなりやすい質で、部下が指示に従わないものなら、怒鳴りつけ、殴り倒してさんざんに打ちすえた。声が大きく口は悪いが非常に有能だった。五十代後半で、すでに引退してもいい年齢をとっくに過ぎていたが、密猟者とのあらゆる小競り合い、あらゆる待ち伏せ、あらゆる銃撃戦の指揮を執った。さらにタンザニアの軍隊とも戦ったが、ちょうど国境南部の飢饉が悪化して兵士らは戦いよりもシマウマの肉のことを考えるようになっている時代だった。それでもキプコイは引退しようとしなかった。狩りが好きだったし、故郷に帰って農村で何もせずにただ年を重ね、死んでいくことになるのを恐れていたのだ。そして、キプコイのもっとも風変わりな点は、どんなアフリカ人も抱いたことのない望みを持っていたことだ。それは、困難の多い厳しい世界でずっと戦ってきたそれまでの人生とはかけ離れた、まったく不可解な望みだった。キプコイは、アフリカを独立に導いたのは白人だという馬鹿げた話を受け入れた。そして白人に倣って動物を愛するようになり、動物保護に本気で取り組みたいと思いはじめたのだ。

キプコイには十四人の子どもがいた。子どもが独立して家を出るたびに、決まって三人の妻のうちの誰かが妊娠したからだ。十四人のうち十三人とは、互いに親子だとほとんど意識していない関係だった。しかし長男であるウィルソンは父親のもとで育った。ウィルソンは、北部の砂漠地帯や、ウガンダの森の民、ピグミーがブッシュバックを狙って忍びこむ西部の熱帯多雨林、あるいはタンザニアとの国境付近に点在する包囲された前哨地点に設営された父親の部隊のキャンプで大きくなった。少年時代のウィルソンは、夜中に銃撃戦の音を聞き、自分の父親も含めて男たちが負傷して戻ってくるのを見た。またなかには戻ってこなかった人もいた。ウィルソンは、孤独で怯えた、森をよく知り、森が好きな、神経質で用心深い青年に成長した。ウィルソンにとって人生は不意打ちの連続で、不意打ちの半数はキプコイによるものだった。キプコイはウィルソンを連れ歩き、アフリカの奥地について知っているかぎりのことを教えた（銃の使い方は教えなかったが）。キプコイの部隊に所属する凶暴な男たちは、ウィルソンがキャンプにいるのを不思議に感じていたが、手出しはしなかった。のちに、ウィルソンがツーリストキャンプで働ける年齢になったとき、そのツーリストキャンプの周辺地域にキプコイとその部隊が配備されている場合、給料日にウィルソンをゆすりにやってくる地元の監視員はひとりもいなかった。キプコイとその部隊があまりにも有名で、あまりにも恐れられていたからだ。しかし誰も知らなかったことが、恥ずかしくてウィルソンが誰にも言えなかったことがあった。それは、キプコイ本人が給料日にやってきて、ウィルソンを殴りつけては給料の大半を持ち去っていたということだった。

給料のピンハネはまだいいほうだった。ウィルソンは、子どものときから殴られて育ってきた。キプコイはまずカッとなってウィルソンを殴り、それから腹立たしげに説教をした。白人たちがどんなふうに祖国を奪い、住民を貶め、動物たちを殺してきたか。白人たちがどのように部族間の戦いをあおり、アフリカがつねに紛争状態にあるようにし向けてきたか。白人たちはこの地を貧しいままにしようと画策し、おかげで食糧を調達するために兵士らは動物を殺さねばならないのだ、と。そしてウィルソンに、誰にも指図されることのない、屈強で抜け目がなく、凶暴で怒りっぽい男にならなくてはいけない、そうすれば父親にとって自慢の息子でありつづけられる、と教えた。説教が終わると、キプコイはまた息子を殴りつけるのだった。

父、キプコイから矛盾に満ちた屈辱的な仕打ちを受け、荒れ狂う怒りと脅威にさらされてきたウィルソンは、あらゆる意味で武装していないより弱い立場の者に残された唯一の方法で応えた。荒れ狂う怒りとは正反対の、氷のような怒りを胸に秘めるようになったのだ。ウィルソンは口数が少なく神経質で、用心深かった。そしてブッシュマンには非常に珍しい特性を身につけた——それは辛辣さ、風刺、皮肉、痛烈さなどだった。キプコイに対しては、心のなかで磨きをかけつづけた最高の武器を用いた——それはあからさまな軽蔑だった。キプコイの泥くさい生き方や教育のなさ、田舎風の価値観を軽蔑した。ウィルソンはどん欲に本を読みあさった。ほぼ文盲のキプコイを反面教師とするつもりだった。世界や歴史について学び、そのなかではキプコイや部下たちの存在がいかにちっぽけな存在であるかを示そうとした。制服を着て銃を持つ男たちが、他の人間を迫害する訓練だけを受けてきた人々がいかに抑圧的か、という問題を糾弾する強固な政治的思想を抱くようになった。やがてウィルソンはキプコイのことを、こっそり植民地風の奇妙な軽蔑語で呼ぶようになり、とうとう口に出して言うようになった——わが父、森のサル、わが父、森の黒んぼ、と。

ウィルソンがパルマーのもとで仕事をするようになったのはちょうどこの頃だ。当時ウィルソンは、またもやツーリストキャンプの仕事をくびになってキャンプに戻っていた。テントの片隅のウィルソンの居場所には、場違いな本や書類がぎっしり詰まっていた。そんなある日、定期的な視察のためにパルマーが古びたランドローバーのエンジンを轟かせながらキャンプにやってきた。

「キプコイはどこだ⁉」とパルマーはびくついているソマリたちを怒鳴りつけた。「やつはどこだ？　どこかで酒でもあおって酔っぱらってるのか？　キプコイを食いにきた。美味い森のサルをこんがり焼いて食ってやる。いったい全体キプコイの野郎はどこへ行った？」

キプコイがようやくテントから出て来た。

「やあ、白人のだんな。あんたを撃つために銃の掃除をしてたとこだ。この植民地のダニが」

パルマーはこの言葉ににやりと笑った。

「タンザニアのやつらと闘う気がお前に少しでも残っているなら、その銃弾と自分の命を無駄にしないこったな。誰に助けてもらうか選り好みできる立場じゃないだろうが」

驚きに息をのむソマリたちを尻目に、ふたりは話をするためにキプコイのテントに入っていった。

パルマーはケニアに住む白人で、公的な職業に就いていないにもかかわらず、なぜか大きな権力を握っていた。多くの動物を抱える貧しいアフリカ政府と動物好きの裕福な白人が作り上げる奇妙な経済的暗黒街において、パルマーは、キプコイと部下たちが使う制服やガソリン、銃弾の費用の大部分を支払っていた。パルマーはケニア育ちのイギリス人で、莫大な遺産を相続し、南部の草原に接する広大な小麦畑を所有していた。しかし、単に小麦の収入と慈善的おこないだけでは、キプコイの部隊を視察する権限など与えられるはずがない。ずっと以前、パルマーは最後のイギリス人猟区監督官であり、密猟取り締まりの仕事に熱意を燃やし、厳しい取り締まりで実績を挙げていたのだ。やがて、白人であるために引退を余儀なくされると、国の政策上必要不可欠なことだと納得し、ただし密猟取り締まり部隊を別の部門として、自分の代わりにキプコイに指揮をとらせるよう強く求めた。パルマーはキプコイのことも、そのすぐれた能力についても知っていた。ケニアが独立する前の、まだ監督官ではなかった頃、パルマーは白人のハンターのひとりだった。そしてどちらもまだ二十代のはじめだった頃、キプコイはパルマーの「ボーイ」だったのだ。

テントに入ると、キプコイもパルマーも他人の目がある場所では無意識に出てしまう芝居がかった話し方をやめた。そして密猟取り締まり部隊の現状について話しあった。キプコイから見て、密猟者と通じていると思われるのはどの男か。タンザニア人が次に狙ってきそうな場所は？　北部での象牙の密売の大半を陰で取り仕切る議会の有力者にどう対処すべきか。しかしそれよりも何よりも、何度も話題に上るのは金をどうするかということだった。パルマーが政府と結んだ契約では、密猟取り締まり部隊の運営資金の半分を国が負担し、あとの半分をパルマーが負担することになっていた。けれども、経済危機の深刻化にともなって政府からの送金が毎月のように目減りし、兵士たちは腹を空かせるようになった。キプコイが自分の部隊にもっと金をつけてくれと要求すると、パルマーは文句を言い凄んでみせた。政府の役人の悪口を言い、キプコイの部下が金を使いこんでいるにちがいない、キプコイもやっているんだろうと責めた。けれどもすべては芝居だった。なぜなら、キプコイは必ず最後に、彼とパルマーが過去に学び、片時も忘れたことがない言葉を持ち出すからだ。キプコイは「人は腹が空いているとへまをします」と言い、するとパルマーは金を工面してくる。自分の力で賄える以上の金を。

テントのなかで交わされたこんな会話を、ウィルソンは本を読むふりをしながら聞いていた。しかしふたりはウィルソンの存在をまったく気にしていなかった。その後誰かがやってくると、キプコイとパルマーはふたたびののしりあい、言い争うふりをした。いよいよパルマーが帰る段になると、キプコイはふたりで話している間じゅうずっと考えていたことを口にした。

「パルマー、うちの息子をあんたの農場で雇ってくれないか？　あいつはツーリストキャンプの仕事もろくに続けられないできそこないだが、それでも農業なら簡単にやれるだろう」

「いいとも、キプコイ。だが息子がお前と同じなら、おそらく一か月ももたずに送り返すだろうよ」

「金庫には気をつけろ。あいつは油断も隙もないやつだからな」

こうして、ウィルソンはパルマーの下で働くようになった。そこではさまざまな仕事を覚えた。機械の使い方も覚えたし、帳簿のつけ方も学んだ。労働者を管理し、略奪行為を減らしてくれと地元のマサイに掛け合いに行き、キプコイの部隊とパルマーとの連絡係も務めた。どの仕事も立派にやり遂げたが、ウィルソンが密かに興味を抱いていたあることを覚える機会はなかった。パルマーは一度もウィルソンに射撃を教えなかったのだ。かつては腕の立つ白人ハンターであり、猟区監督官、密猟取り締まり部隊の隊員を務めた経歴をもつパルマーは、いまは農業という不本意な仕事をしているが、もともと別世界の人間だった。しかしそれだけでなく、パルマーは農作物を荒らしにきた野生動物を射殺しない数少ない農夫のひとりでもあった。あまり効果のない電気柵を何キロにもわたって張り巡らし、動物駆逐屋を雇い、動物が嫌う味の薬品を使って作物を避けるよう条件づけしようと試みたことさえある。それでも動物を撃つことだけはしなかった。パルマーもキプコイ同様矛盾だらけの人間で、いつしか心から動物を愛するようになり——密猟取り締まり部隊を設立したのもそのためだ——自分の農場の作物を荒らす動物までも愛するようになっていたのだ。

しかし、銃の使い方を教えてもらえないことへの落胆をのぞけば、ウィルソンは農場での仕事や暮らしを気に入っていた。パルマーは、ウィルソンに対しても当たり前のように数年前のキプコイのときと同じやり方——教え、殴り、けなし、励ます——で対処した。ウィルソンのほうは、気分屋への対応は自分の父親で慣れていたため、すんなり自分の役割を演じられた。つまりパルマーに怒り、彼の植民地的なやり方を非難しながら、つねに仕事はきちんと、見事にやり遂げる。一緒にいると、ふたりはしょっちゅう議論を戦わせた。ウィルソンは、換金作物を取り入れたことによってケニアの土壌を台無しにしたこと、英国によるインド統治期間中に、宗教的争いを利用して印パ戦争を確実なものにしたこと、北アイルランドを制圧したことについて、パルマーとその仲間たちを冷静に非難し、イングランド人へのあらゆる怒りを露わにした。パルマーは、ウィルソンの政治的な考え方や経済論を罵倒し、ウィルソンが得意げに語っているのはボリシェヴィキのたわごとで、農場の労働者たちを結束させようなどと考えるんじゃないぞ、とあからさまに警告した。その一方で、ウィルソンを昇格させてより責任のある仕事を任せ、あらゆる種類の読むべき本を与えた。やがてウィルソンは、パルマーの大雑把で独断的なやり方の多くを身につけるようになったが、友人たちにはあの植民地時代の残骸をどんなふうに殺すつもりであるか吹聴しつづけていた。

ことのはじまりは政府がキプコイの部隊への送金をさらに縮小したことだった。キプコイが忘れられないあの台詞をパルマーに投げかけても、もはやパルマーから金を引き出せなくなった。ありったけの金を出してしまったからだ。国からの月々の送金は、遅れるか皆無であるかのどちらかだった。銃弾が不足し、車を走らせるのに必要なガソリンがなくなった。食糧も足りなかった。部下たちは、国境の向こう側の、無給で奉仕するタンザニアの兵士たちと同じように腹を空かせ、同じことを考えるようになった。ソマリの男たちは、良心の呵責なしに何でも実行できる人間だったが、キプコイを恐れていたし、しぶしぶではあるが敬意さえ抱いており、キプコイの動物保護についての考えも知っていたので、キプコイに敬意を表してまず窮状を訴えた。俺たちは腹が減ってる。このままじゃ現地人をゆすって金を奪うしかない。俺たちは別にかまわない。彼らはキプコイの部族民で俺たちのものじゃないから。それがだめなら、何かを、肉のついた何かを撃つ手もある。俺たちは腹が減ってるんだよ、キプコイ。給料が支払われないなんて、そんな馬鹿なことがあるものか。俺たちに食べ物をくれ。だめなら自分たちで手に入れるまでだ。

部下たちと同じように腹を空かせ、この危機的状況が訪れることを何か月も前から予測していたキプコイは、すでにどうすべきかわかっていた。部下たちは、肉を求めて射撃をはじめるだろう。大人のオスを、シマウマを、キリンを、ヌーを、肉のついた何かを、絶滅の危機にさらされていない何かを撃つだろう。隠れて撃つだろう。それなら自分が、キプコイが撃とう。部下たちに食べさせなくてはならない。

その夜、キプコイは眠らなかった。四十年前にだんなについてはじめて狩りに出かけた日の前の晩以来忘れていた、あの落ち着かない気分を味わっていた。キプコイは、密猟者との銃撃戦で使う自動小銃ではなく古い四五八口径の象撃ち銃を使った。ところが最初の一発を撃つときに身体が震えた。過去には一度もなかったことだ。そしてキリンを仕留めそこねた。それを見ていたひとりの若いソマリの男が忍び笑いをもらし、キプコイがずっと遠くを走る別のキリンを倒したあともずっとにやにや笑っていた。その夜、キリンの肉にありつき、一週間に一頭は動物を与えるというキプコイの約束を聞いてほっとした男たちは、隊長の陰口を楽しんでいた——「じいさんもうろくしたな。見たか？　震えてたぜ」

その一週間後、ウィルソンがパルマーから預かった金と指示をキプコイに届けにいくと、父はパトロールに出ていて留守だった。ウィルソンは父の部下の男たちと暇をつぶして待つことにした。彼らと過ごしてとくに楽しめたことは一度もないのだが。男たちはいまだにウィルソンのことを変わり者で、可愛げのない、人を不快にさせる子どもだと考えていたが、それでもパルマーの農場でウィルソンが重用されていることは知っており、パルマーが自分たちに大きな影響力をもっていることもわかっていた。だから、ウィルソンに取り入ろうという気になったのか、少なくとももう少し仲良くなろうと考えた。そこで一番年の若い監視員、つまりキプコイが震えたのを見て密かに笑った男、ウィルソンの胸にくすぶりつづける父親への怒りに気づいていたあの男が、キプコイがほんの百メートルの距離からキリンを撃ったときにどんなふうに震えていたかを話した。ウィルソン、あんたの親父はしくじったんだ。

ウィルソンはそれには何も答えず、父親の帰りを待たずにすぐにその場を後にした。その夜のウィルソンはいつになく口数が少なく、パルマーが、つい先だっての大学の閉鎖問題や、政府が大学生を鞭打ちの刑に処した一件について議論を吹っかけても乗ってこなかった。その代わりに滅多にしない願い事をしてパルマーを驚かせた——二、三日休ませて欲しいというのだ。ちょっと妻の様子を見に帰りたい、というのが理由だった。ウィルソンが日頃妻に無関心なのを知っているパルマーは妙だと感じた。しかし、ほとんど休暇を取ったことのないウィルソンのことだから、もちろん許可した。

翌朝ウィルソンは旅立った。ただし、向かったのは忘れ去られた妻が暮らす、マサイとキプシギスの領土にまたがる村のささやかな一画ではなく、ナイロビだ。ナイロビの大通りではあらゆる種類の非合法な、あるいは違法なものが手に入る。ウィルソンはそこで、恥ずべきサービスのために金を払った。パルマーの農場に近い町にも同様のサービスをしてもらえる場所はあったが、こんなに遠くまで来たのは人に知られたくなかったからだ。ウィルソンが向かったのは代書屋だった。仕切りのある席に座っているのは教育のある人間で、読み書きができない者のために手紙を代筆したり、重要な書類を読み上げてくれたりする。ウィルソンはもちろん読み書きができたから、田舎育ちの粗野な若者だと思われるのは我慢ならなかった。けれども、自分の筆跡ではない文字で書かれた手紙が必要だった。自分より少しだけ年上の大学出の男に向かって、キムタイの息子キプコイの密猟について、場所、日時、それが事実だと証言できる監視員の名を挙げて、丁寧に詳しく口述し、書き取らせた。それを無記名でナイロビの中央郵便局からパルマー宛てに送った。その結果、ケニアの動物保護区の監視員の半分は密猟をしていると知っていてかつそれを証明でき、密猟に関して政府の大臣と同等の権限をもち、密猟は現行制度の病理であると考えていながら、それについていちいち行動を起こす気のなかったパルマーが、キプコイについて調べようと決意した。

調査に時間はかからなかった。若い監視員たちは自分たちの身を守るために喜んでパルマーに協力した。たとえ、政府とはなんのかかわりもない白人が、足下には無造作に銃を置いたままおこなう型破りな審問でも。密猟は、腹を空かせた部下たちに食糧を与えるためだった、ということをパルマーが理解したかどうかはわからない。その点について深く問いただしたりはしなかったからだ。その代わり、パルマーはキプコイに直接話を聞くためにテントを訪れた。

キプコイのテントの壁には、キプコイがどこへ行くにも持ち歩いている一枚の写真がかかっていた。それは有名な写真で、ケニア国立博物館にも展示されており、学校に通っている子どもなら誰でも知っている写真だ。ケニアの歴史上の人物の数少ない写真の一枚で、生まれ出ようとしていたもろい民族的一体感のひとつの表れでもある。それは、いまは亡き、レーニン長官の写真だった。

一九四〇年代の終わりから一九五〇年代のはじめにかけて、イギリスによる植民地支配に反発したキクユ族が農民一揆をおこなった。暴動の引き金となったのは、キクユ族が先祖伝来の土地をイギリスに占拠され、さらに公民権を剥奪され、第二級市民の扱いを受けたことだった。しかしより直接的なきっかけは、イギリス政府がキクユ族の習慣のなかでもより異質と感じられるものを禁止しようとしたことだ。たとえば女性の割礼や嬰児殺しなどである。キクユ族が決起し、それはマウマウ団の反乱として世界に知られるようになった。若い男たちが森に集結して戦い、襲撃し、略奪し、破壊した。民族的な憤りのほかにこの暴動を推進するイデオロギーがあったかと言えば、どちらかといえば左寄りの思想で、マウマウの戦士の多くが、そのイデオロギーを示す仮名を名乗っていた。レーニン長官と名乗っていたのは、カリスマ的リーダーであり、穏健派の有能な戦士として頭角を現したある若者だった。キクユ族の土地であるうっそうと生い茂るアバデア山脈を拠点とする大人数の一団を指揮する男で、暴動鎮圧を目指すイギリス軍にとって、もっとも捕らえたい相手のひとりだった。

一九五四年九月二十三日。レーニン長官はアバデア山脈の低い斜面で、牡鹿を狙って弓を構えていたところを奇襲された。胸に受けた一発の銃弾が致命傷となった。その有名な写真は死から数分後の姿を撮ったもので、マウマウ特有のドレッドヘアに髭をたくわえ、動物の皮でできた伝統的な衣装を身につけている。身体は横向きで、胸の傷が露わになっていた。レーニン長官の肋骨に足をかけて立っているのは、長官を追ってきて射殺したイギリス兵だ。若い男で、髭を伸ばし、未開の地で鍛えられた厳しい顔つきをしているが、不快な感じはしない。彼のこの写真は、獲物のライオンの前に立つときのハンターたちのポーズに影響を与えてきた。知的で皮肉めかした表情からは、そのポーズを取ることによってどんなメッセージが伝わるかを十分承知していることがうかがえる。当時、この写真がイギリス国民に伝えた辛辣で力強いメッセージは「また獲物がひとつ増えた、これが今日の成果だ」というものだった。一方のケニアの国民にとっては、独立記念日がやってくるたびに新聞に再掲載されるこの写真は、いまでも「見よ、彼らがわれわれをどんなふうに扱ったか、われわれのことをどう考えているかわかるだろう」と訴えている。写真のなかの兵士は、もちろんパルマーである。

若いパルマー司令官は当初この功績を誇りにしていたが、感心なことにそれは長くは続かなかった。パルマーは、恥じ入りながら年を重ねた。薄くなった髪は剃り上げられ、偉そうで皮肉な態度も影を潜めてしまうと、もはや誰もパルマーだとは気づかなかった。大英帝国や英領東アフリカの名残を残す自称パルマーが次々と現れ、酔っぱらって自分こそあのパルマーだと名乗りをあげたが、本物のパルマーは、他のイギリス人たちともほとんどつきあわず、酒を酌み交わすことなど一度もなかった。誰かが自分の手柄を横取りしてくれるならむしろありがたいことで、パルマーはあらたにできあがった国家のなかに潜りこんで姿を消した。パルマーの助手を務めたイギリス兵、アーデンは、射撃のスピードはパルマーよりずっと遅く、イギリスのどこかで恩給暮らしをしていたがいまでは忘れ去られた酔っぱらいとなっていた。アーデンがマウマウ団討伐に連れていったボーイは、ケニアが独立した後のある日、交通事故で死亡した。そしてパルマーのボーイはキプコイだった。

鋭い目つきのパルマー司令官と殺害されたレーニン長官の写真をよく見ると、一番左に微かに人の影が映っているのがわかる。もちろんキプコイは、だんなの栄誉ある写真に一緒に映ることなど許されていなかったが、カメラに映らないぎりぎりの場所に立っていたのだ。そもそもこの狩りの戦略はキプコイのアイデアで、それはパルマー自身も認めていた。「人は、腹が空いているとへまをします」とキプコイが進言し、キクユが獲物を捕獲するために森に仕掛けた昔ながらの罠を見つけて壊す人員を配置することを決めた。マウマウ団の戦士から肉を取りあげるためだ。もともと見つからないように置かれている罠を見つけだすのだから、それは根気のいる辛い仕事だった。けれども、パルマーとキプコイが密猟取り締まりの戦略を考えることに意欲を燃やすようになった裏にはこの体験があったのだ。ふたりは大量の罠を壊し、マウマウの戦士にトウモロコシを差し入れに行くかもしれない低地の農場の監視を強め、マウマウの戦士が飢えるようにし向けた。そして、イギリス兵と戦うべき時間を、弓矢をもって牡鹿を追うために使わせたのだ。

その冷えこんだ九月の朝、いつもより早い雨期の訪れのせいで林道はぬかるんで足を取られたが、足跡が残りやすかった。先頭に立って歩いていたキプコイがレーニン長官の足跡を見つけた。通常は取らない作戦を決行し、近くの高台を出発して下りながら探していたときに、キプコイが足跡を見つけたのだ。キプコイの予測どおり、レーニンは山を下れば英国軍に近づくとわかっていながら、下の斜面にいるたくさんの獲物につられて低地へ降りてきた。キプコイの後ろにパルマーが続き、ほかのふたりが後方を守った。四人は興奮と警戒心で緊張していたが、どんな狩りのときもそれは同じだった。キプコイが最初にレーニンを見つけ、パルマーが一度だけ発砲し、それでこと足りた。キプコイは、パルマーが感じたのと同じ誇りを感じ、マウマウ団鎮圧の特別手当をありがたく受け取った。キプシギス族であるキプコイには、キクユ族の訴えはほとんど理解できず、他の部族の繁栄を妨げることができるなら大歓迎だったのだ。

密猟取り締まりのためのキャンプで、はじめてキプコイのテントを訪れたパルマーは、自分の写真が飾られているのを見つけると、なぜこんなところに写真があるのかと不快そうに尋ねた。「そのうち、この写真の司令官がいまどこにいるかを新聞記者に話して大金を貰うつもりだ。そうしたら、あんたが持っているような車に乗るんだ」とキプコイは憎まれ口を叩いた。キプコイはパルマーがわざわざそんなことを聞いたことに少し驚き、傷ついていた。あのときの写真を記念に飾っている理由などわかりきっているはずだ、とキプコイは思った。というのも、パルマーに仕えた長い年月のなかで、あの九月の朝は、キプコイのパルマーに対する尊敬、憤怒、感謝、恐れ、そして嫉妬が愛情に似た何かに昇華された瞬間だったからだ。

パルマーが、密猟について問いただしにやってきたとき、キプコイのテントのなかで何が起きたかは闇のなかだ。もしかしたら、キプコイが写真のことでパルマーを脅したのかもしれないし、あるいはキプコイは、そんなことをしようと考えるだけで、恥ずかしさのあまり死んでしまうタイプの男かもしれない。おそらくキプコイが弁解し、それを聞いたパルマーが態度を軟化させたのだろう。パルマーの取り計らいで、キプコイは自分の望みどおりの懲罰を与えられたのだろう。キプコイは告発されずにすみ、職を辞した。そして、まだ生きていたふたりの妻と九人の子どもたちの待つ故郷に帰った。パルマーは農場の仕事に戻り、まもなく政府に対して、密猟取り締まり部隊の資金の半分を支払うのは大きすぎる負担であり、もはや賄いきれないと申し出て、その後すぐに密猟取り締まり部隊は解散となった。そしてちょうどこの頃、ウィルソンのパルマーに対する怒りがついに表面化した。怒りはパルマーが父親を処分し、しかもそれが中途半端な形であったことに対するものだった。ウィルソンは以前よりもさらに心を閉ざすようになり、仕事もいい加減になり、ついには危険人物と見なされるようになった。それまでは飲まなかった酒を飲み、大麻まで吸うようになった。他の農夫たちとの言い争いが絶えなくなり、ある日とうとうパルマーにも暴言を吐いたが、パルマーはウィルソンに最後のチャンスを与えた。ところがそのすぐ後、ウィルソンは農場の金庫を持って姿を消した（現金はわざわざ目立つように残されていたが）。ウィルソンはいま、ナイロビの貧民街で暮らしている。アフリカの奥地からありもしない仕事を探しに都会に出てきた若者たちと一緒だ。酒を飲み、ときには盗みもする。髪はドレッドヘアのままだ。

キオスクにて

マウマウ団は戦いに敗れた。この頃には、東アフリカの独立を認めるべきだ、とイギリスの政治家までが東アフリカに社会変動の波が押し寄せていることを認める発言をするようになっていた。けれども彼らには、サルの皮でできた衣装に身をつつみ、髪をドレッドヘアにした、チャイナ将軍などと名乗る森の戦士たちに、植民地を譲り渡すつもりは毛頭なかった。マウマウ団が壊滅したのはむしろ好都合で、イギリスは、主導権は自分たちにあり、今後も自分たちが望む間はこの植民地を統治するとはっきり表明したうえで、この地をケニア人に譲った。ただしケニア人といっても、手ずから仕込んで教えた人々——イギリスで教育を受けた潜在的親英派たち——で、あれから何十年もたったいまでも彼らはケニア人の裁判官に羊毛でできた白いかつらを被らせている。

しかしケニア人によるこの新政権には、かつてのマウマウの兵士たちをどうするか、という問題があった。アフリカでの暮らしの一年目に、ウィルソン、キプコイ、そしてパルマーの物語の意味を理解したのと同じ頃、わたしはマウマウの戦士たちの意外なその後についても知ることになった。一九五〇年代の初頭、まったくの都会育ちで、世界じゅうを旅して回り、作家でもあったジョモ・ケニヤッタが、イギリス政府によってマウマウ団の黒幕であったという嫌疑をかけられたが、これはケニヤッタの追放を狙いとするもので、実際にはこの嫌疑がねつ造であったことを示す多くの証拠があった。しかしいま、新政権にとってそれは本当のことだったと言っておくほうが都合がよかった。こうして、マウマウ団が暴動を起こして勝利を収め、そのリーダーがいま大統領の執務室に座っている、ということになった。

問題はもちろん、本物のマウマウの戦士をどうするかということだった。マウマウの戦士のなかには、公的な式典にかり出される者たちもいた。いまにも独立記念博物館に送られてしまいそうな、ドレッドヘアに動物の毛皮でできた衣装を着た当惑顔の男たちは、あらたな政権を担うことが決まり、ピンストライプの背広にネクタイをつけ、政府のメルセデスに乗ってきたキクユの男たちのことをひどく胡散臭そうに眺めていた。真新しいピンストライプの背広を着た男たちは、イギリス人が恐れていたより以上に彼らのことを恐れていた。それにしても、この先彼らをどうすればいいのだろう？　モスクワ司令官などという仮名をもつ、怒りをためこんだ無学なゲリラたち。かかわりあいになるのはご免だった。

新政権が驚くべき成功を収めた蔭で、マウマウの戦士たちはケニアの歴史物語のなかへと静かに消えていった。しかし、新政権で職を得た戦士もわずかにいて、そのうちのひとりは、ケニヤッタのための特別警備部隊を指揮したことで知られている。また、なんらかの理由で戦士たちの多くに町でキオスクを営む許可が与えられ、これは割のいい仕事だった。キオスクは、ナイロビの町外れのあらゆる場所にあった。風通しのいい広々とした木造のバラックで、なかには木製のベンチとテーブルがいくつも並んでいる。店主のための小部屋もあって、巨大な料理用の大鍋が、おそらく何年間も燃えつづけている火にかけられていた。コクのあるケニアンティー、トウモロコシと豆を少しずつ盛りつけた鉢（キクユ族の伝統的な食事だ）、ときにはヤギか鳥のシチューが並ぶこともあった。どこにでもある、安くて簡単につまめる美味しい料理ばかりだ。キオスクは明らかに、戦士への報酬として与えられたものだった。

それを知ったのはアフリカに来て一年目のことだった。ナイロビを訪れたら必ず訪れるキオスクがあった。わたしはそこで毎日のようにトウモロコシと豆の鉢を食べていた。騒々しいキクユのダンス音楽が大音響で流れ、男たちがワイワイ騒ぎながら料理を食べている足下で、猫やニワトリが駆け回っていた。この店の店主はキマニという名の中年を少し過ぎたキクユで、親戚の伯父さんのような優しさにあふれていた。キクユ特有の大きくて丸いごつごつした顔をして、顔や頭のあちこちに白い切り株のような髭や髪をはやし、いつも決まってずっしりと重い厚手の外套に毛糸の帽子という姿のキマニは、カウンターの向こうで大声で話し、おつりを渡し、お茶を出し、常連客をからかった。わたしも進んで常連となった客のひとりで、店に顔を出すと握手とお辞儀とお茶で歓迎してくれた。わたしは、この店主を相手にスワヒリ語の練習をした。店主は、わたしの身振り手振りがおもしろくてたまらないらしく、気に入っているようだった。

ある日、わたしは店主にキオスクの経営者の多くは元マウマウ団の戦士だといううわさは本当か、と尋ねてみた。ああもちろん。わたしもそうさ、と店主は答えた。キマニ、あなたもだって？　そんなまさか。キマニはわたしが驚いたのを見て喜び、大笑いした。そうとも、わたしはマウマウの戦士だった。父親の土地をやつらに奪われたあと、森へ逃げて追っ手と戦った。わたしたちは獰猛な戦士で、髪を長く伸ばし、ヨーロッパ人のような洋服は着なかった。キマニ、誰かを殺したことはあるんですか？　ああもちろん、何度もある。本当ですか？　まあね。あるときイギリス兵と戦って弓を放ったときには、外れたがね。

店主はとても楽しげで、すべてが本当とは思えなかった。もしかすると、この店主ぐらいの年齢のキクユにとって、自分は元マウマウの戦士だと主張することは、悪気のない楽しいほら話なのかもしれない。そう思いかけたとき、店主はこう続けた。ああ、イギリス兵との戦いは恐ろしいものだった。捕虜となったわたしたちは砂漠に送られそこで八年間投獄された。ほら見てくれ――と両手をかざしてみせた――イギリス兵たちに爪を剝がされたんだ。そう言うと店主はとてもおかしそうに笑いつづけ、そのまま追憶の彼方に消えてしまいそうに思えた。それまで店主の爪を気をつけて見たことはなかった。よく見ると、指の一本一本の先に、かつて爪だった何かが、あるいはねじ曲げられた爪のなごりのようなものがくっついている。その指はまるでカブのようだった。

でもキマニ、イギリス兵のことを恨んではいないんですか？　彼らが憎くはありませんか？　この質問をキマニはさっき以上におもしろがっているようだった――「いいや、全然。だって勝ったのは俺たちだから！」

キマニはしばらくクスクス笑っていたが、やがて静かになると、自分の指をながめて考えこんだ。それからこう言った。たしかに、爪を剝がされたときは、彼らが好きじゃなかった。それに砂漠のなかの牢獄も好きじゃなかった。イギリス人のことを憎んではいないが、彼らを好きでもない。彼らはいい人間ではないよ。

と、店主は急に改まった口ぶりになり、英語を話す白人の国籍が見分けられないせいでケニアの人々がしばしば体験する気後れを感じながら尋ねた。「ところで、お客さんはイギリス人じゃないですよね」

ええ、アメリカ人です。

店主は嬉しそうに大笑いした。じゃあ、わざわざ言う必要もなかった。アメリカ人もイギリス人と戦ったことがあるだろう？　やつらのことはよく知っているはずじゃないか。

そう言うと、店主はまたお茶を入れてくれた。爪のない優しい男が。

ナイルの源

ソロモン政権からウリヤ政権への移行はつつがなくおこなわれた。ヨシュアは、息子のオバデヤの扱いがうまくなり、神経過敏で頭のおかしなルツさえもヨシュアがいるときは落ち着いていた。あれは、ベニヤミンがうっかり蜂の巣に突っこんでから数週間後のことで、レイチェルとその家族が、哀れなヨブにつきっきりで何から何まで世話しているように見えた頃のことだ。

わたしのアフリカ滞在一年目もそろそろ終わろうとしており、もう少しで大学の研究室に戻ることになっていた。この一年の仕事がうまくいき、何事もなかったお祝いに、わたしは人生でもっとも向こうみずなことをしようと決めた。ウガンダへ行ったのだ。

じつは、いつかウガンダに行ってみたいとずっと思っていた。地図で見つけたある交差点に座るという夢を叶えるためだ。そこはまさに完璧な交差点だった——北へ向かう唯一の道路は砂漠地帯を抜けてスーダンに続いていた。西へ向かう道はザイールとコンゴにつながる。南へ行けばルワンダとブルンジ、そしてマウンテンゴリラの国だ。わたしはその交差点をありありと心に思い浮かべることさえできた——埃っぽい無人の交差点には、おそらく錆びついた簡素な標識が立っている——「サハラへは右折。マウンテンゴリラ、左。コンゴへは直進。安全のためにシートベルトを締めましょう」。わたしは、行く先を決めないまっさらな心のヒッチハイカーとしてこの標識の下に座っている自分を夢見た。どこへでもいい、車が向かう方向が自分の行く先だ――車がコンゴを目指すなら蚊帳を、砂漠が行き先なら頭のまわりに垂らすうす布を、マウンテンゴリラの国へ行くならセーターを携えていこう。

しかしこのときのウガンダ行きの目的は、イディ・アミン大統領政権の崩壊をこの目で見ることだった。彼が大統領の座を追放されて二十年が過ぎたが、読者ももちろんイディ・アミンを覚えているはずだ。アミンが多くの独裁的殺戮者たちにくらべてとくに野蛮で残酷なわけではなかったが、残虐さのなかに、少年っぽさと人生を楽しんでいる感じが混在している点が、西欧のマスコミにとってはたまらなく魅力的だったのだ。人民を殺害して国じゅうを恐怖に陥れ、その富を略奪するというアミンの行為は卑劣だが珍しいことではなかった。しかしアミンにはある種の過激な華々しさがあった。そして、西欧のマスコミがアミンを形容するのにしばしば使った言葉でいえば、彼は愚か者だった。アミンはスコットランドの王だと自称し、スコットランドのアコーディオン音楽を奏でて客人をもてなした。しかもキルトを身にまとって。他国の首脳らにあてて、怒りに任せた愚かしい電報を送りつけたこともあり、それは一世紀ほど前の時代のウガンダの王のある逸話を彷彿とさせる。その王は、なんとビクトリア女王に恋文を送り、自分の何番目かの妻として王家の村に来ないかと誘ったのだ。アミンは、カンパラで暮らすイギリス人コミュニティにとって脅威的な存在だったが、著名なイギリスのビジネスマンたちがアミンを籠に乗せて町を案内すると機嫌をよくした。まったく愚かにもほどがある。そしてアミンは、比較的信頼できる証拠資料が信じるに値するとすればだが、独立後のアフリカ諸国のリーダーのなかで唯一、敵を殺害してその肉を食べた男とされた。西欧のマスコミが、いったいどうしてこの記事の魅力にあらがえるだろう？　第三世界の国々が独立すると考えただけで苛立つ西洋人にとって、これほど満足できるアミン像はなかった――スコットランド王を自称し、しかも本物の食人者なのだから。

アミンは、アフリカの他の国のリーダーの大部分がよそ見をしている間に自国を崩壊させた。ウガンダの人々がいまもなお少なからず苦々しい思いを抱いているのはその点だ。唯一アミンを批判しつづけたのは、タンザニアのジュリウス・ニエレレ大統領で、気品のある正義の人である彼は、アミンの恐怖政治と同じくらいその愚か者ぶりが我慢ならなかったのだろう。ニエレレはアミンの追放運動を続け、ウガンダの悲劇のなかで生まれた多くの反乱分子を支援してきた。そして一九七九年、アミンはある大きな誤算のもとに、ニエレレはなんの役に立たない老いた雌鶏にすぎず、タンザニアの富を搾取していると糾弾した。アフリカ社会ではこうした言葉はまさに宣戦布告と同じ意味をもっており、タンザニアはこれに反撃した。このときニエレレ大統領は難しい決断を迫られることになった。アフリカ統一機構が重視している、アフリカの他の指導者の主権を尊重すべきであるというルールに従うか（かつて、入植者たちは、気まぐれに変化するヨーロッパの利害に合わせて、国境線を都合よく変えてきたが、独立後は、国境線は侵略不可能なものとして干渉しないことが、すべての人の利益となるとされている）、進軍を続けて殺戮者を駆逐するかのどちらかだ。ニエレレは後者を選択し、数週間にわたる、地元の住民の支援を得た激戦の末に、アミンとその部隊を首都カンパラから追い出した。

カンパラでは誰もが浮かれ騒いでいた。通りで住民たちが踊っている、とラジオは伝えた。新政権誕生。恐怖政治の終わり。刑務所や拷問部屋から人々が開放された。

タンザニア軍はヴィクトリア湖の西側を一掃しながら北上し、東へ方向を変えてカンパラの東側に向かった。ウガンダ北部は依然としてアミンの軍の手中にあり、ケニアと国境を接する東側一帯も同様だった。タンザニア軍は東側の最前線に集結し、ケニアとの国境線へと続く細長い回廊地帯を確保しようとしていた。わたしがケニアからウガンダに入ったのは、まさにそんな日だった。

以前から、ヒヒの観察が一段落したらアフリカを旅したいと考えていた。そしていつになくジャーナリスティックな気分になっていたわたしは、歴史が作られるのを目の当たりにしたいと思い、なかでもとくにこの歴史的瞬間に——通りで踊る、自由を手に入れた人々に——強く惹かれたのだ。大学でクエーカー派の学生たちとのつきあいがあったわたしは、正真正銘の戦争を自分の目で見ることによって、漠然と抱いている平和主義の理念が本物かどうかを確かめることに大きな意味があると考え、そしてウガンダ行きを決めた。

いや、そんなはずはない。そのときわたしは二十一歳で、冒険を求めていた。小便をちびるほど怖い思いをし、びっくりするようなものを見て、あとでその体験を人に語りたかった。それに一か月ほど前から人恋しくてたまらなくなっていて、戦地に行けばそんな気分も治まるのではないかという気持ちもあった。まるで青年期の終わりのオスヒヒ並みの振る舞いだった。

こうしてわたしはウガンダへ向かった。ケニアから国境を越えてウガンダへ入ることを許可されている唯一の乗り物である石油タンカーをヒッチハイクしながら。首都カンパラにたどり着いたわたしは、カンパラでしばらく過ごしてから、さらにヒッチハイクで西へ向かい、ザイールとの国境にある山間部にたどり着いたが、様子のわからない危険な場所に来てしまったと感じて引き返すことに決め、ヒッチハイクでふたたび東へ戻ってケニアを目指した。ウガンダに入国した初日には、ケニアとウガンダを結ぶ東側の回廊で、わたしたちのタンカーより三十分ばかり前に通過した石油タンカーがアミンの兵士たちによって爆破されていた。その数日後に着いたカンパラは、いまだにあちこち遺体が転がり、上空には数えきれないほどのハゲワシが旋回していたが、ちょうどわたしとタンクローリーの運転手が滞在していた地区が集中砲撃を受けて、ふたりで身を寄せ合い、車体の下で一晩過ごした。これがわたしの戦争体験であり、わたしが見たあの有名な戦闘のすべてで、もうたくさんだった。といってもたくさんなのは戦争そのものではない。おかしな話だが、絶対的な恐怖を味わったあと、砲撃がやんでほっと一息つく瞬間は、わたしにとって心が洗われるような体験だった。むしろ心に重くのしかかり、けっして和らぐことがないのは、過去十年の腐敗したアミン政権のありように対する不快感だった。

手放しの高揚感、略奪品の放出は、わたしが着いたときにはすでに終わっており、人々の間には嫌な気分が戻ってきていた。アミンがカンパラから逃れたその日、カンパラにあった店の大部分が群衆による略奪の被害を受けた。当時西欧のマスコミは、「アミンを追放したあの人民が、ふたたび怒りを露わに。仲間から強奪」とどこか自信なげに語っている。そしてそれは、まったくの思い違いだった。アミンの独裁、失脚、そして略奪という流れは、これもまた、植民地主義の負の遺産がもたらした当然の結果なのだ。時代が一九世紀から二十世紀へと移り変わろうとする頃、スーダン人の蜂起を鎮圧したイギリスは、さらに軍を南下させてそのままウガンダを掃討することを決め、ヌビア族の兵士たちを予備軍として連れていった。その後ヌビア族――アチョリ族とよく似た部族――はウガンダにとどまったため、南部のキリスト教を信仰するブガンダ族に混じって、北部出身のイスラム教徒であるヌビア族が暮らすようになった。イギリスがウガンダの独立を認めたときにも、イギリスはヌビア族に軍の実権を握らせたままにした。またアミン自身が北部のヌビア族出身であったため、軍の実権を握ると当然のようにカンパラじゅうの店を強奪し、それを自分の部族の同輩に与えた。そういうわけで、アミン政権崩壊後、北部出身者たちへの仕返しや略奪騒ぎが巻き起こったのだ。

しかし勝利の喜びは長くは続かず、いまでは陰うつな気分が戻ってきていた。長い年月をかけて植えつけられた恐怖感はそう簡単に忘れ去れるものではなかった。教育を受けた人、政治にかかわった人、宗教的指導者、お金のある人は誰であれなんらかの苦しみを負っていた。ある晩話をしたブガンダのビジネスマンは、過去何年間かに奪い取られた車のことを、まるでなくした子どもたちのことを語るように話した。「最初に奪われたのはUGH365だ。自家用だ。いい車だった。次に盗られたのはUFK213。トラックだ。その次がUFW891。ピックアップトラックだよ。そのあと何年間も、アチョリ族の男がその車に乗って街なかを走っているのを見かけた。やつは兵士だった」。わたしが滞在していた、爆撃を受けてかろうじて残った建物で営業を続けるYMCAホテルの経営を手伝っていたある老人は、失った子どもたちの話をしてくれた。みんな連れていかれた。そのうちふたりは死んだとわかっている。ひとりは、アミンの拷問部屋の排水路のどこかで消された。

なかでもとくに大きな被害を受けたのは教師たちだった。かつてウガンダでは驚くほど高度な教育がおこなわれていた。ちょうどヴィクトリア女王の即位五十周年記念祭が営まれた頃に、チャーチルがウガンダをアフリカ大陸の宝と見なす政策を採り、以来それが慣例となってウガンダの教育レベルはアフリカの他の植民地とはくらべものにならないほど高くなっていた。アミンによるクーデターが勃発した頃にはウガンダの大学に匹敵する大学はアフリカのどこを探してもなく、ウガンダのパブリックスクールも素晴らしい教育をおこなっていた。そして予想どおり教師たちは早々に虐待の標的にされた。ある日、国境の町、トロロの通りを歩いていたわたしは、興奮した様子の白いシャツを着た痩身の中年男性に腕をつかまれた。「外国人ですか？　神よ、あなたがここにいることに感謝します。つまりぼくらはもう自由だってことなんですから。キリストは、タンザニアの息子たちの手でぼくたちを開放してくださった。ぼくは教師でした。でも学校はなくなった。やつらが燃やしたのです。ぼくは投獄され、拷問を受けた。やつらにむち打たれた傷を見てください」と言うと、男はわたしにもその場に座るよう強要し、とどまるところを知らない躁病的な饒舌さで、自分の身に起きたことを話しつづけた。トロロでのその狂ったような一日に、四人の教師がそれぞれ別々にわたしに声をかけてきたが、みな似たような話をしていった。全員牢獄から開放されたばかりの、衰弱した人々だった。

発行を再開したばかりの新聞各紙は、みなお決まりの言葉を用意していた――いまこそ「この国には心のリハビリ」が必要だと説いた。あらゆるしぐさ、あらゆる出会い、あらゆる匂いがどこかおかしく、不自然で、油断がなく、そして不適切だった。何かが狂っているという気がした。あまりにも多くの人々が、見ず知らずのわたしをつかまえて、自分の身の上を話したがった。カンパラの通りで誰かをあざ笑い、仕返ししたがっている人があまりにも多すぎた。外国人嫌いの発作を起こして、舗道を歩くわたしを避けて通る人々があまりにも多かった。

ある日、わたしはカンパラの中心部にある新大統領（大学教授で、ウガンダの反乱軍とタンザニア軍からなる裁定委員会によって任命されたが、結局、就任後たったの二週間で交替させられる結果となった。クーデターと逆クーデターが連続的におこなわれるこのパターンはその後も繰り返され、十年たってアミンの記憶が郷愁に近いものとなりはじめるまで続いた）の公邸の近くを歩いていた。そこでは大勢の人々が忙しげに行き来し、それぞれの仕事に精を出していた。しかし、ちょっとしたことが人々の心のなかの恐怖のスイッチをいれた。数人の人々がそれぞれ別々に、同じ街角のどこかで、同じ時間に偶然立ち止まっているのを見かけるたびに、鍵をどこにしまったか思い出そうとしているのだろうか、次はどの用事を済まそうかと考えているのだろうか、あるいはくしゃみが出そうになったのだろうか、と不思議に思った。じつは、ある種の心理的な要因が臨界質量に達したために、多くの人が死んだように立ちつくしていたのだ。

それは感染し、街じゅうに広まって、とうとう誰もがじっと動かなくなった。みなが大統領公邸を見つめていた。誰もが肩で息をして、家族は身を寄せ合っていた。ああ神様、いったいこれからどうなるのだろう？　と誰もが考えていた。わたしたちはみな黙ってその場に立ちつくし、もしかしたら五分後に起きるかもしれない次の試練に備えた。タンザニアの兵士たちがやってきて、みなに目を覚まして歩き出せと命じるまで。

しかしどうしても、けっして忘れることができないのは、カンパラで重大なトラブルに巻き込まれたときのことだろう。あのときわたしは本当にどうかしていた。一日でもアフリカに滞在した人間なら、頭を働かせて避けられたはずの出来事だった。恥ずかしくて自分が何をしでかしたかを告白する気にもなれないのだが、とにかくその結果、わたしはふたりのタンザニア兵から、アミンの外国人傭兵の嫌疑をかけられた。当時は、アミンの傭兵を希望する白人男性が大勢おり、だから兵士たちの考えは突飛な思いつきではなかった。わたしはコンクリートの上にうつぶせに寝かされ、銃を向けられた。もちろん人生でもっとも恐ろしい瞬間だった。周囲には怒りを煮えたぎらせ、復讐心に燃えるウガンダ人の人だかりができ、兵士らは迷っていた。わたしを乗せてくれたケニア人の運転手が果敢に兵士らを説得してくれたおかげで、ようやく釈放を許された。

しかし、さらに緊迫した瞬間を思いがけずその後に体験することとなった。先ほどの一件ですっかり怖じ気づき、気持ちが動転したわたしは、逃げなければ、このとんでもない場所から早く逃れようと考えた。そして、安全で懐かしいケニアへ戻ろうと、東を目指してふたたびヒッチハイクをはじめた。ところが、頭がおかしくなりそうな恐怖心に苛まれていたにもかかわらず、信じられないことに、わたしにはどうしてもまだやりたいことがあった。そして回り道をしてシンジャに寄った。ナイルの源流を見るためだ。そこは、ヴィクトリア湖からあふれ出た水が白ナイルとなる場所だった。バートン（リチャード・バートン。英国の探検家。ヨーロッパ人としてはじめてタンガニカ湖を発見した）が夢見た場所であり、スピーク（ジョン・ハニング・スピーク。英国の探検家）がひとりで探検を続けた末に到達した場所で、この場所をめぐって、ヴィクトリア湖に関する激しい科学的論争が繰り広げられることになった。このふたりはわたしの少年時代のヒーローであり、バートンの日記や伝記を読み、彼らの足跡を地図上でたどりもした。だから、ナイルがはじまる地点をこの目で見たかったのだ。

そこを見つけるのはそう難しくはなかった。いまではその地点の上に橋がかけられ、橋を支えるコンクリートの壁が一種の水力発電ダムとなっていて、開口部から水が勢いよくほとばしり出ていた。しかも驚いたことに、スピークがこの地を「発見した」ことを記念する銘版まで飾られている。橋のちょうど真ん中に立って下を見下ろすと、すぐ真下にコンクリートの壁に沿って下る階段が作られているのが見え、それは水面とちょうど同じ高さのデッキへと続いていて、そのすぐわきの壁にひとつの穴があいていた。このダムの操作上必要な穴であることは間違いない。しかしこのとき、橋の中央に立って下を見下ろしていたわたしの目には、尋常ではない光景が見えていた。ひとりの兵士が促されて階段を降りていき、両手は後ろ手に縛られている。ロープが首に巻かれ、その先端が壁の穴の奥にあるなんらかの装置に結びつけられる。やがて川の水かさが増せば、兵士は足を取られて転倒して溺れ死ぬか、窒息するしかけなのだ。実際にわたしが見た兵士はすでに死んでいて、ふくれ上がり硬直した遺体が川面に浮かび、急流に洗われていた。ウガンダの兵士だろうか？　それともタンザニアか？　身につけた軍服はほとんど残っておらず、判別できなかった。もしも彼がアミンの兵士なら、とわたしは考えた。彼は報いを受けたのだ。しかしあんなふうに死ななければならない人間などいない。でも、あの兵士はいったい何人の市民を殺したのだろう？　とも考えた。そうはいっても、彼はきっと徴集されて兵士になっただけなのだ。強制されてやったまでのこと。もちろん、ただ命令に従っただけだ、と釈明するナチスの残党について、自分がどう思っているかもわかっているが。流れが急だから、遺体がワニに食われる心配はないはずだ。しかし水かさが増してきたとき、あの兵士は生きていたのだろうか、生きていたのなら、どんな気分だったのだろう？　近くに行って見てくるべきだろうか？　細部まで記憶に残し、人々にそれを伝えるべきだろうか？　でも忘れたい、とわたしは思った。こんな場所はとっとと離れて家に帰りたい。安全な場所に戻りたい。しかしわたしはその場に立っていた。そこから動くことができずに立ち尽くしていた。

＊

あれから何十年かが過ぎたいま、わたしが教えている神経生物学のクラスでは、必ず憎しみの生理学についての講義をおこなっている。ホルモン分泌量との関係、攻撃性に影響する脳の部位、憎しみの遺伝的要素について。しかしどういうわけか、このテーマについて語ろうとすると、講義時間が年々伸びていく。わたしが担当するその他のテーマ、たとえば統合失調症や言葉の使い方、子育て行動などの神経生物学にくらべて、教えるべきことが特別多い、というわけではない。それなのになぜか、困ったことにと言ってもいいのだが、憎しみについて話しはじめるとどんどん長くなってしまうのだ。年々話が長くなるのは、ダムに首をつながれていたあの兵士のせいであり、あのときあそこで、身動きできずにじっと彼を見つめていたこととかかわりがあると思う。憎しみという感情のあいまいさのせいだと考えている。わたしにとって、憎しみほど困惑させられる感情はなく、学者なりの護身術で、憎しみについて十分時間をかけて講義すれば、憎しみもあきらめてひっそりと姿をくらまし、人が否定しながらも取り憑かれてしまう憎しみというものを、わたし自身がこれほど恐れることもなくなると、信じているのだ。子育て行動や、性的行動、それらはふつう、誰もが認める肯定的な行動だ。統合失調症、抑うつ、認知症——間違いなく嫌なことだ。しかし攻撃性はどうか。カミソリを握った神経伝達物質とはらわたによる同じ瞬間的な活動、同じ心の動きが、ときには数少ない他のいくつかの行動と同じようにわたしたちに報いを与え、ときにはわたしたちを口にするのも恐ろしいほど有害な存在にする。正義のための戦争。人民の解放。そしてコンクリートの穴に突っ込まれた誰かの頭。わたしは魔法にでもかかっているかのように立ちつくし、何時間もあの光景を見つめつづけていた。まるで、少しまた少しとナイルの流れに運ばれていく兵士の身体がすっかり見えなくなるのにどれだけ時間がかかるか確かめようとでもするように。

第Ⅱ部　サブアダルトの時代

7　ヒヒの群れ――孤高のサウル

一度は最優位のオスとして君臨した群れで、元最優位のオスとして暮らそうなどと考えるものではない。一九八〇年代のはじめにはソロモンはすでに零落していたが、その暮らしは名もないオスのものとはほど遠かった。ウリヤは特別意地の悪い青年ではなかったので、ソロモンに取って代わったあと、かつての仇敵を目の敵にするようなまねはしなかった。けれどもそれ以外のヒヒはみな、この変化をとことん利用しようとした。ソロモンは単にウリヤと地位を交替したのではなく、群れのナンバーツーの地位についていた。かつてソロモンは、最優位のオスの地位を維持するのが体力的に難しくなってからも、過去の名声を利用し、周囲を威嚇することによって、なんとかその地位を保っていた。その過去の栄光がウリヤの手でずたずたにされるところを目撃したヒヒたちは、われもわれもとソロモンに勝負を挑むようになり、一九八〇年にはソロモンはちょうど中間層にあたるナンバー9の地位へと一気に転落していた。その後、ヒヒの群れにある特殊な行動様式が見られるようになり、それはその後何年間も頻繁に観察されるようになった。ヒヒの優位行動の頻度に着目すると、よくあるのは、たとえばナンバー4のヒヒなら、その優位行動のほとんどがナンバー3およびナンバー5との間で観察され、前者には負け、後者には勝つ。ナンバー17

なら、ほとんどの相互作用が、ナンバー16とナンバー18を相手におこなわれている。ところが、この直ぐ上下の隣人相手の優位行動がおこなわれていない例外的な事例が見つかった。ナンバーワンからナンバー5のヒヒが、より地位が低いナンバー11を相手に異常に頻繁に優位行動をおこなっていることがわかったのだ。なぜ彼らは、ミスター11に嫌がらせをすることにそんなにも熱心なのだろう？　ミスター11とはもちろん、元ナンバーワンで、現在のナンバーワンからナンバー5を支配してきたソロモンだった。形勢が逆転したそのとき、ヒヒたちの心には過去の恨みがましい記憶が甦ったというわけだ。ソロモンの苦しみに終わりはなかった。イサク、アロンというトップ6に入るヒヒたちが、さらにその頃はナンバー8くらいの地位にいたベニヤミンまでが、躍起になってソロモンを倒そうとした。こうしてかつてのソロモンの厳格な穏健派スタイルはどこかへ消え失せ、上の者にはおどおどと媚びへつらい、下の者にはとことん辛く当たるようになった。醜い姿のあわれなヨブを執拗に痛めつけ、ヨブの家族だと思われるナオミ、レイチェル、サラがたまりかねてソロモンを追い回し、ふたつ先の草原まで追いかけていったこともある。わたしに向かって突進してきたことも何度かあり、こちらはジープに戻って縮こまっているはめになった。やがて、過去の元ナンバーワンの多くがたどり着いた解決策を見つけたソロモンは、ある日立ち上がって群れを後にし、南のほうの群れに加わった。そこなら、たとえみじめな地位に身を落としたとしても、少なくとも目立たずに暮らせるからだ。ときおり、群れどうしが出会って、川の両岸から互いに威嚇する叫び声をあげているときに、向こうの群れのなかにソロモンの姿を見かけることがあった。

それ以外の面でも、群れにはいくつかの変化があった。ヨシュアが青年期に達し、ブープシーとアフガンがヨシュアに夢中になった。デボラは第一子を出産。女の子で、おそらくソロモンの子だと思われた。というのも、ソロモンはデボラが発情期に一緒に過ごした唯一のオスだったからだ。これは、最優位のオスとしてのソロモンの最後の交尾で、ちょうどソロモンがヨシュアによる攻撃という最後の試練に遭っていたときのことだ。だから、ソロモンがデボラをレイプする事件が起きたとき、デボラは妊娠数週目だったはずだ。ソロモンがウリヤにナンバーワンの座を奪われていなければ、この子はいまごろ、群れのナンバーワンからの自分の子どもだというお墨付きをもらっていたはずだ。とはいえ、群れの政治的動向に変化があったにもかかわらず、この子は父親に置き去りにされた子、とはほど遠かった。デボラとその支配的な母親、リアに囲まれて子どもはすくすくと育ち、いじけたところなど微塵もなかった。たまたま下位のミリアムも同じ週に女の子を産んだが、このふたりの子どもの違いは歴然としていた。デボラの娘のほうが体格がよく、首が据わったのも先なら歩き出したのも先で、母親の背中に座れるようになるのも早かった。下位のメスたちはこの母子のまわりに集まり、デボラに毛繕いをしたが、それは子どもをひと目見たいからだった。ミリアムの娘はそれとは正反対で、ほんの二、三歩離れただけで心配症な母親に引き戻された——世間にはこの子をひどい目に遭わせることに喜びを感じるやからが数えきれないほどいたからだ。ミリアムは、誰の助けもなしに娘に食べさせなくてはならず、なんとか腹の下にしがみつけるようになった娘を連れて攻撃から逃れなければならないことがしょっちゅうだった。さまざまな研究から、デボラのような高位のメスを母親にもつ幸運に恵まれた子どもは、ミリアムのような母をもつ子どもにくらべて、より早く、より健康的な発達をとげ、厳しい困難に遭っても生き延びる可能性が高いことがわかっている。それぞれの娘たちが生後一週間ぐらいに達したある日、ふたりははじめてかかわりあいをもった。デボラの娘がミリアムの娘をすばやく追いかけると、ミリアムの娘は母親のもとへと逃げ戻った。これはまさに最初の優位行動であり、もしも自分がいまこの瞬間に姿を消してよそで何十年か暮らし、中年になって戻ってきたとしても、このふたりの上下関係はおそらくまだ続いているはずだ、そう考えて愕然としたことを憶えている。

同じ頃、別の場所では、あらたに群れに加わったばかりの若いオス、ヨナタンが青年期に突入し、レベッカに夢中になっていた。レベッカは、悲運の美女バテシバを母にもつ、まだ年ごろにならない娘だ。母親のような品のいい美しさには欠けるが、はつらつとした隣のヒヒちゃん的な親しみやすさがあった。この悪趣味な擬人化は、その少し前にレベッカを麻酔の吹き矢で仕留めた際に両耳につけた黄色い耳標が、まるで実際には存在しないお下げ髪を留めるバレッタのように見えたせいでさらに拍車をかけられた。レベッカはお茶目で元気がよく、大勢の友だちと遊んでいたが、そのなかには一番の親友サラもいて、彼女はナオミ－レイチェル－サラの一族だった。そしてもちろん、レベッカはヨナタンがこの世に存在することすら気づいていなかった。恥ずかしがりやの若者、ヨナタンには、一九七八年にヨシュアがルツを口説いた際に抜群の効果を発揮した真摯で泥臭い作戦（つまり、ルツが臆病になって逃げ出すたびに、辛抱強くその後を追うこと）を敢行することなどできなかった。ヨナタンは憂鬱そうに座りこみ、ほおづえをついて遠くからレベッカを見つめているだけだった。

ダビデとダニエルにも変化があった。数年前に一緒に群れに加わったふたりは離れがたい親友どうしだった。ところがダニエルが、ダビデより一年ほど先に急激な成長期を迎えた。ダニエルの肩の筋肉はとんでもなく張り出し、マント状のたてがみが現れ、胸の筋肉が大きくふくらんだ。わたしに言わせれば、フットボールの防具をつけた中学生のようだったが、しかしどの変化も周囲に大きな感銘を与えるもので、ダニエルは群れの序列にも波風を立てる存在となった。そしてこの変化に一番影響されたのはダニエル本人で、ダビデと取っ組み合いをしたり、木の上で鬼ごっこをしたりする時間が突然なくなった。もっと重要なことで忙しくなったのだ。

このシーズンはまた、それまで地味で目立たなかった若者イサクが、レイチェルと友だちになった時期でもあった。これにはもちろん大賛成だった。レイチェルは群れで一番気だてのいいヒヒだと常々考えていたからだ。ところで、オスのヒヒとメスのヒヒが友人関係にあると定義する一番の根拠は、一緒にいてセックスの関係に発展しないことだ。ミシガン大学の霊長類学者であるバーバラ・スマッツが、数年前にこのテーマに関する素晴らしい本を書いている——それは、男女の友人関係を作り上げようとする希有なヒヒとはどのようなヒヒで、その友人関係にはどのような特徴があり、友人関係を築くことの利点と問題点は何か？（オスにとっての問題点の大半は、メスをひっぱたいて鬱憤を晴らしたくなる日もひたすら我慢しなくてはならないことで、利点は、どんな形であれ、メスが自分とかかわりをもってくれるということだ）という内容だ。そういうわけで、レイチェルとイサクは友だちになった。イサクは、この前年に、こんなヒヒはいままで見たことがない、と思って注目していたオスだった。はじめて見たときも、そしてそれから二年間つぶさに見てきても、イサクにはどこか向上心に欠ける感じがあり、その上いかにも蹴りつけやすそうな真っ平らな額の持ち主だった。青年期真っ盛りで、健康状態も良好なイサクは、トップ争いの候補者となってもおかしくなかった。ところが、イサクは争いや決定的対決を避け、挑発にも乗らなかった。思いやりの気持ちが薄れているときには、「臆病者」とか「弱虫」、「マザコン」といった言葉が浮かんでくることもあったが、イサクはけっして怯え鳴きをし、しっぽを立てて逃げ出しているわけではなかった。イサクはまるで関心なさそうに、静かに立ち去る。戦いに敗れたわけではなく、争いに巻きこまれないようにしているのだ。誰かに向かって服従のポーズを示すことが必要なら、イサクは腹ばいになってうずくまるだろう。そのポーズを示したら、あとは不愉快な状況から立ち去るだけのことだ。

イサクのセックスライフもまた興味深いものだった。たとえば、とても魅力的なメスが発情期を迎えたとする。オスのヒヒにとって「とても魅力的」とは、たいていの場合すでに何人かの子持ちで、その子どもたちが立派に育っており（そのメスに繁殖力とよい母親になる能力があることを示している）、しかし繁殖力が衰えるほど年を取っていないことを意味している。そのようなメスが発情期を迎えた場合、高位のオスたちが激しい争奪戦を繰り広げ、おそらくナンバーワンがもっとも排卵日らしき日に彼女と過ごし、ナンバーツーはその前後のどちらかの日、ナンバースリーはその残ったほうの日、というふうに続いていく。ルツやエステルのように、まだ数回しか発情期を迎えていない非常に若いメスたちには、おそらくまだ生殖能力はなく、高位のオスたちにとってはほとんど対象外の存在だ。その結果彼女たちは若くて真面目なヨシュアや老いぼれのイシアで手を打った。さもなければ、穏健派のイサクで。そしてこれが、群れのなかのお決まりのコースとなりはじめていた。イサクは、成熟したメスを巡る牙を剝き合う激しい争いにはかかわろうとしなかった。その代わり、自分よりかなり年下やかなり年寄りを押しのけるやり方を好んだので、はじめて発情期を迎えた若いメス相手に交尾をする頻度がびっくりするほど高かった。もちろん、メスたちはほとんど妊娠しなかったが、もしも妊娠すればイサクは百パーセントその子の父親ということになり、「彼女の発情期のピークの次の日に、ぼくが彼女と過ごしたのは十一時間。ということは子どもがぼくの子である確立は十七パーセントだ」と計算する必要もない。ルツがはじめての発情期を迎えて神経質になっていた一九七八年に、イサクがこの戦略を確立していたら、オバデヤはたぶんヨシュア似ではなくイサクに似ていたはずだ。けれども、イサクのこのやり方が軌道に乗ったのは一九八〇年の終わりだった。

そういうわけでイサクは、おびただしい数のそそられない（イサク以外の大部分のオスの考えでは）交尾を日々繰り返すことになった。相手がいないときはレイチェルと過ごしていたが、彼女とは友人だった。

おやおや、好色で下品な心をもつそこのあなた、あなたはきっと、ふたりの仲は実際どうだったのだろう、と考えているのでしょう？　イサクは、レイチェルとは数回交渉をもった。しかし排卵日には決して交尾しなかった。自分より優位のオスが彼女に気があるそぶりを少しでも見せると、手を引いてしまうからだ。だからほとんどの場合、ふたりは友だちだった。並んで座り、一緒に食べ物を食べ、いつまでも毛繕いをしあった。とても牧歌的な光景だった。レイチェルとイサク、そしてイサクの交尾相手である年ごろになるかならないかの若いメスたちが、みなで一緒にいるところは。イサクのこの戦略は、いろいろな意味で成果をもたらした。たしかに、若いメスたちのなかで妊娠する者はわずかだったが、しかし何年も過ぎると、まだまだ元気なイサクのまわりを、過去にときおり生まれていた子どもたちが取り囲むようになり、その結果、真っ平らなおでこをもつ子どもの群れが出来上がり、イサクは子どもたちに父親らしい愛情をたっぷり注いで育てた。同じ頃、イサクと同年代のヒヒたちのほとんどは、すでに死んでしまったか、よぼよぼの老人となっていた。イサクよりもずっと闘争的な生き方をしてきたせいで疲れ果ててしまったのだ。イサクはまだ現役だった。大したヒヒだ。

ベニヤミンは、わがベニヤミンは、一九八〇年の時点では自分の運命をそれほど好転させられていなかった。毛並みは、むしろさらにぼさぼさになり、あごの関節の具合も少しもましになっていなかった。そしてあるとき、わたしとベニヤミンは異種間コミュニケーションの失敗を体験した。オスのヒヒは手強い敵に遭遇すると、他のヒヒに頼んで協力的な連合を形成することがある。そして、この同盟関係が強固なものであることを示すことによって、みなに一目置かれる社会的勢力となることができる。だからオスのヒヒは、共に戦う栄誉を分かちあえそうな相手を獲得するために、さまざまな身振りや表情を駆使する。ある日のこと、ベニヤミンが乱暴者のヒヒに殴られそうになっていた。ベニヤミンにのしかかるその顔つきから見ても、厄介なことになりそうだとわかった。ベニヤミンは恐怖におびえながら周囲を見回し、力を貸してくれそうな協力者を捜したが、そこにいたのは子どものヒヒとシマウマと低木のやぶだけだった。とそのとき、死に物狂いの思いつきで、ベニヤミンはわたしのほうを向いて協力をあおいだのだ。これまで受けてきた専門的教育の教えと観察の客観性を守るために、わたしは、ぼくはヒヒの言葉がわからないから、君が何を言いたいのかさっぱり理解できないよ、というふりをせざるをえなかったが、これはわたしにとって生涯の悔いとなった。敵をジープで轢いてくれるのではないかとベニヤミンが期待していたのは間違いなく、そんな彼にさらなる仕打ちをしてしまったからだ。

ヒヒがやたらと昼寝をする理由がわかったのも、ちょうどこの頃だ。元凶はベニヤミンだった。ベニヤミンのせいで、ヒヒたちは夜眠れなかったのだ。ヒヒは群れを見失うと、「ワー・フー」という二語からなる叫び声をあげる。「みんなどこだ?」という意味だ。一九七八年に、わたしとベニヤミンがそろって群れとはぐれたときにベニヤミンが盛んに叫んでいたのもこの言葉だ。この頃わたしは、森のなかの、ヒヒたちが眠る木の下で時々野営することがあった。すると、すべてが平和に静まり返っている夜中に、ベニヤミンが突然声を限りに「ワー・フー」と叫びはじめる確率が異常に高いことに気づいたのだ。「ワー・フー?……ワー・フー!……ワー・フー!ワー・フー!ワー・フー!!」。とうとう隣の木で寝ていたダニエルが半分眠りながら不機嫌そうにワー・フーを返すと、ヨシュア、バテシバが次々とそれに続き、そのうち収拾がつかなくなって、真夜中の森にワー・フーの合唱が半時間も続いた。悪い夢を見たベニヤミンが不安にかられ、みながそこにいることを確かめたくなったのだろう。

ネブカドネザルが本性を露わにしはじめたのは一九八〇年代のはじめだった。ネブカドネザルは卑劣で愚かで能力がなかった。目は片方しかなく、反対側の目の位置には朽ちた眼窩が恐ろしげに口を開いていた。顔つきはいかにも冷酷そうで、やることもひどかった。群れで暮らしはじめて何年にもなるが、友だちはひとりもいない。誰かれなしに脅してばかりだった。とはいえ、ネブカドネザルも馬鹿ではない――自分より上位のオスには絶対に脅しをかけず、攻撃もしかけず、群れの順位のどこにも入ろうとしなかった。それでも全盛期のオスであるネブカドネザルには威張り散らすチャンスはいくらでもあったので、そのときは必ずそうした。

ネブカドネザルは子さらいが得意だった。子さらいは、この行動の意味や、この行動に人間の行動を言い表す言葉をあてはめることの是非について、霊長類学者の間で長年議論の的となっている動物行動のひとつだ。オスのヒヒが誰かに殴られそうになっているとする。じりじり近づいてくる優位のオス。追いつめられた犠牲者はどうしていいかわからなくなり、と突然そばにいた母親から、怯えて抵抗する子どもを引きはがし、周囲によく見えるように強く抱いて離さない。するとと驚くべきことに、そのオスは殴られずにすむのだ。昔の生物学者はこの行動について、子どもの愛らしさと無防備さは誰もが本能的に知っていることで、だから子どもを抱きしめている者は攻撃を免れることができる、という非現実的な説明をした。子どもを抱いている者を殴ろうとするものがどこにいるだろう？　というわけだ。しかし虐待を受けたことがある子どもなら誰でも、子どもというだけで自動的に攻撃を防げるわけではないと知っているはずだ。またこの説が馬鹿げていることは、入念なフィールド調査の結果からもわかっている――ときにはオスが意図的に子どもを殺すことさえあるのだから。「子どもは大人を優しくする」風の説明はもうたくさんだ。それからしばらくして、ある社会生物学者がこれはむしろ戦略的行動であるという説を打ちだした。あなたは、優位のオスに殴られそうになっている。このときあなたがさらう子どもは誰でもいいわけではない。相手の子どもだと思われるヒヒをさらうのだ。俺に手出しをしたら、この子はただじゃすまないぞ。これぞまさに誘拐、人質作戦。上手いやり方だ。そしてこの説はさまざまな予測を生み出した。さらわれる子どもは、攻撃者の子である可能性がもっとも高い子どもであるはずだ。また、群れに加わったばかりの威嚇的な優位のオスの場合は、誰かを攻撃しても子さらいで応戦されることはない——父親になれるほど（つまり誰かを自分の子だと確信できるほど）長く群れで暮らしていないからだ。そして読者もお気づきのとおり、これはすべて、誰と誰が過去のいついつに交尾し、自分の種の妊娠期間はどのくらいか、といった諸々のことを当事者たちがきちんと憶えていることが前提となっている。初心者や、脳みその小さな種にできる芸当ではない。この社会生物学的な理論は、ある程度はデータによって裏づけられた。しかしこの理論には次のような補遺がつけ加えられた。子さらいは、ときには策略的な誘拐の意味をもつが、恐怖心を抑えるために子どもを抱いている場合もある。またときには、抱いているのは自分の子どもで、子どもを危険な状況から避難させようとしている場合もある。

こんなふうに議論は白熱する一方で、おかげで霊長類学者は食いはぐれることがなかった。ともかく理由はどうあれ、ネブカドネザルは生粋の子さらいだった。ネブカドネザルが騒ぎを起こしているところに、優位のオスが通りかかる。すると即座に手近なメスに襲いかかり、悲鳴を上げて逃げ惑うメスを追いかけ、殴りつけて子どもを力ずくで奪い取るのだった。もちろん、上位のデボラの子どもに対しては、そんなそぶりは見せたこともなかった。しかし地位の低いミリアムの子どもなら話は別で、ミリアムの娘はしょっちゅう泣き叫ぶ母親の腕から力ずくで奪い取られた。そして、言わないことではない。ある日ネブカドネザルは、ミリアムの娘の腕をつかんで振り回しているうちにその腕を折ってしまった。このときは群れじゅうのヒヒがネブカドネザルに襲いかかり、しばらく草原を追い回した。信じられないことだが、おそらくネブカドネザルに焼きを入れようとしたのだろう。娘はそのときの後遺症で、前足を引きずりながら歩くようになった。

いま思い出しても、ネブカドネザルのことで一番許せないのは、やつがバテシバに対してやったことだ。ああ、わたしは彼女に夢中だった。彼女を知らない人のために言っておくと、バテシバはしっぽの先がすばらしく魅力的で、雪のように白かった。これまで見たどんなヒヒもそんなしっぽを持ってはいなかった。まるでイングリッド・バーグマンみたいに控えめで品があった。母親らしく娘のレベッカの世話を焼くことはなく、たいていデボラと一緒にすごし、ユーホルビアの実が大好物で、いつも群れをその木があるほうに連れていこうとした。そう、そのとおり。彼女は特に個性的な性格の持ち主ではなかったが、とにかくしっぽの先が素晴らしかったのだ。そんな彼女が倒れたのは、ヒヒの群れにしばしば見られるある社会的相互作用のせいだった。ものごとが思いどおりにならないとき、ヒヒたちがまず一番に考えるのは、どこかに憂さを晴らせる相手はいないか、ということだ。戦いに敗れたオスは周囲を探して大人になりかけの誰かを追いかける。追いかけられた若者は苛立ち、大人のメスに突進し、メスは思春期の子どもをたたき、子どもは幼児を殴り倒す。ざっと十五秒ですべてが終わる。これは専門用語では「攻撃の置き換え」と呼ばれる行動で、ヒヒの攻撃行動のうちの信じられないほどの割合を、不機嫌な誰かによるなんの罪もない傍観者への八つ当たりが占めている。つねに誰かの八つ当たりの的にされつづけているヨブやベニヤミンに尋ねてみるといい。そういうわけで、あのときネブカドネザルはルツとその息子のオバデヤにちょっかいを出していた。そこへオバデヤの父親と思われるヨシュアが助けにやってきた。ヨシュアとネブカドネザルは少しばかり攻防戦を繰り広げ、牙をむいて取っ組み合ったが、少し年長のヨシュアがネブカドネザルをしたたかに殴った。ネブカドネザルは走って逃げ出したが、自分より弱い誰かに八つ当たりしたくてたまらない。金切り声をあげるヨブに突進し、子どもを何人かつかまえたあと、突進してくる彼をあわててよけようとしたバテシバの脇腹に噛みついた。ちょっと行きすぎた面はあったが、よくある攻撃行動だった。そのときのネブカドネザルに他に何ができただろう？　バテシバが不運だったのは、噛まれた傷から敗血症になってしまったことだ。バテシバの免疫力が弱っていたのかもしれない。もっと確かなのは、ネブカドネザルの口臭が特別ひどかったということだ。いずれにせよ、バテシバは敗血症になり、恐ろしいことに死んでしまった。噛まれてから二週間目のことだった。

社会生物学が、もっとも不穏な社会的行動のいくつかを、目的を果たすためのやむをえない行動であると説明していることについて、しばしば非難の声が上がっている。また、そのおぞましい行動のなかには、それを見事にやり遂げた者に大きな利益をもたらすものがある、という示唆も問題視されている。しかしあまり気づかれていないのは、この学問が、もっとも献身的で利他的な、思いやりにあふれる行動のいくつかについても正当な（もしくは根拠のない）解説を加え、それが大きな利益をもたらす模倣すべき行動となるのはどんな場合かについても説明していることだ。しかし、現在のところこの学問は、個体差を解き明かせるところには至っていない――なぜイサクは、われわれが「素晴らしい」と思う生き方を選び、かたやネブカドネザルのふるまいは不快で嫌らしいのか？　いまのところ、経験を積んだ研究者としてわたしに言えるのは、ネブカドネザルは根っからのろくでなしだったということだけだ。そして一九八〇年のヒヒの群れに尋ねても、みなわたしの意見に心から賛成したことだろう。

ところで、若きベヘモス、無敵の王の征服者であり、ソロモンの王座の継承者であるウリヤはその後はどうなったのだろう？　この若者には王の素質はなく、王の座に君臨しつづけることはとてもできなかった。ソロモンが姿を消したあと、しばらくはその座にとどまっていたが、ウリヤは最優位のオスに必要な資質を持ち合わせていなかった。だからサウルが荒野からやってきたとき、ウリヤにはとても勝ち目はなかった。

サウルが群れで暮らすようになったのは一九七七年のことだ。彼が群れに加わったいきさつは話しておくべきだろう。それまでサウルは隣の群れで、サブアダルトのヒヒとして暮らしていたが、ある日のこと、わたしの群れとサウルの群れが川べりで出くわした。ヒヒたちはそういう場合にいつもやるように、雄叫びをあげ、身を乗り出してお互いの様子を観察していたが、やがてそれにも飽きてもともとやっていたことに戻っていった。ところが、その日はその場に不思議な力が働いた。ブープシーが、ひときわ目立つサウルに目をつけたのだ。するとサウルもセクシーなブープシーに気づいて彼女に向かってチラッと眉を上げてみせた。このしぐさは、われわれ人間がおこなうのとほぼ同じことを意味している。これを見たブープシーは川岸まで走っていって振り返り、サウルのほうにお尻を突き出して見せた。喜んだサウルは川を渡って彼女に近づいてきた。ブープシーは十メートルほど走ってもう一度お尻を見せた。サウルがさらに近づく。するとブープシーはまた駆けだし、とそんなふうにしてじわじわとサウルを群れにおびき寄せたのだ。その後、サウルはそのまま群れに留まったが、つけ加えておくと、ブープシーとサウルが末長く幸せに暮らしたということはない。

ところが、それから半年もしないうちにサウルは隠者のように暮らしはじめた。サウルはいつもひとりでいた。眠るときは群れと一緒だったが、一番端の木の、みなから一番遠い枝で眠った。こんなヒヒは見たことがなかった。朝は一番に木から降りてきて、誰よりも早く食糧探しに出かけ、群れの一番端に陣取った。誰かが近づいてこようものなら、すぐにその場を離れた。しかし怯えた様子はなかったし、下位のヒヒでもなかった。まれに他のヒヒとかかわる姿を見ても、相手よりかなり優位に立ち、高位のオスであることがわかった。サウルはただ、好んでひとりでいたのだ。二年間彼の行動観察を続けたが、その間ずっとサウルはひとりきりで座っていた。一九七八年の初頭から一九八〇年の終わりにかけて、サウルはもっぱらまわりを観察し、思案しながら日々を過ごしていたのではないかと思う。隆盛を極めたソロモンが没落するさまも、ヨシュアとルツの交際成立も、心優しいイサクの戦略も、ネブカドネザルの悪行の数々も見てきたのだ。サウルは、群れのヒヒたちが木かげであくびをしている間に大急ぎで一日分の食事をすませると、あとは一日、群れの片隅に座って周囲の様子を眺めていた。そしてあの日、サウルはいよいよ自分の時代がやってきた、と決断したに違いない。なにしろ、群れの周辺部にいた彼がいきなり頭角を現してたった一日でウリヤを王座から引きずり降ろしたのだから。

その日の午後、サウルは戦う気のないイサクに戦いを挑んで打ち負かし、持久戦の末にネブカドネザルを下し、高齢のアロンをさっさと片づけた。ヨシュア、ベニヤミン、ダニエルなど、周囲のヒヒたちはただ不安げにその様子を見ていた。日が暮れる頃、サウルがウリヤを威嚇し、その後二頭はしばらくどっちつかずの相互作用を続けたが、これはお互いにどちらが上なのか判断しかねていることを示していた。しかし夜明け前、寝不足で疲れ切った様子のヒヒたちの前に、最優位のオスとなったサウルが木から降りてきた。続いて降りてきたウリヤはふたつの深い噛み傷を負っていて、片方の鼻の真ん中が縦に大きく裂けていた。ウリヤはその日一日、丘の上でひとりぼんやり過ごしていた。

こうしてサウルの時代が幕を開けた。サウルは感情の起伏が驚くほど激しく、爆発的に凶暴になることがあった。最優位のオスは、特に政権交替後しばらくは、他の高位のオスたちから頻繁に戦いを挑まれる。ふつうその場合の対処法は、相手を無視する、恐ろしい形相を作って脅す、もしくは突進していく、といったところで、面倒くさそうに相手をしばらく追い回す、という方法もある。けれどもサウルの場合は、どんなにささいな挑発行動に対しても最大級の攻撃――牙をむき出しにして激しく追い回す、逃げるオスの脇腹を切り裂くなど——が返ってくることがすぐに明らかになった。だから、何に関してであれ、誰もサウルには戦いを挑まなくなるのにそう長くはかからなかった。サウルを見かけると、みなが即座に道を譲るようになった。けれども、ある意味では、サウルはそれほど攻撃的なヒヒではなかった。自分から戦いをしかけることはなかったし、執念深いところも、意味もなく他のヒヒを痛めつけたりするところもなかったからだ。何よりも驚いたことに、サウルは攻撃の転移としてメスを痛めつけたことが一度もなく、腹立ちまぎれにメスを追いかけ回すこともなかった。これはオスのヒヒとしては異例の行動で、ふんどし一枚で暮らすある種の常軌を逸した平和主義信奉者らが、果実のなかで朽ちかけているハエを誤って食べてしまうのを恐れて、特定の果物を食べようとしないのとも似ている。サウルにはどこか陰陽思想的なところがあり、静かな落ち着きを漂わせ、有力者然とした穏やかさがあったが、誰かがほんの少しでも攻撃的な態度をとると、狂ったように報復するのだった。まるで、二年間の孤独な瞑想生活を通して、やるときは徹底的にやり、意味のないことは絶対にしないという驚くべき力を習得したかのようだった。イサクがその独自性によって、たいていのオスヒヒが価値をおくものを拒絶し、争い事になりそうなあらゆる場面から立ち去り、一般のオスには好まれない相手との交尾とレイチェルとの友情を楽しむ結果になったとすれば、サウルはその独自性を発揮することによって、ふつうのオスヒヒが価値を認める華々しい成功を手にした。サウルは、大部分のオスがああなりたいと憧れる存在で、あれだけの才覚や自制心、あるいはエネルギーがあれば、と誰もがうらやんだ。

群れに平和が訪れ、列車は時刻どおりに運行していた（国家が経済や国民の暮らしに介入することを比喩的に言う表現）。サウルは大勢の子どもの父親となった。生殖活動をここまで独占している最優位のオスをわたしは知らない。といっても、サウルは父親らしいことは何もしていなかった。サウルは、群れのほぼすべてのメスと良好な交際関係を保っていたが、そのうちの誰かをとくに寵愛することはなかった。月日が過ぎ、サウルが壮大な記念大聖堂の建立と、修道会へのフロリン銀貨による永続的寄付をもくろみはじめていることは間違いなかった。自分たちの全盛期がサウルによる抑圧の時代に訪れ、おそらく過ぎ去ろうとしているのを眺めている他のオスたちにとって、当時は試練の時だったに違いない。やがてわかるように、このとてつもない存在を倒すにはとてつもない方法が必要だった。

群れにはたいてい次期最優位のオス候補がひとりかふたりいて、自分の度胸がすわり、ナンバーワンの反射神経が少しばかり衰えるのを待っているものだ。たとえばウリヤは一九七八年にソロモンのクビを掻き切り、そのソロモンとアロンは一九七五年に伝説のオス２０３を倒した。ところが、サウルの王朝には誰もが認めるナンバーツーがいなかった。青年期を迎えた若いオスたちがいるにはいたが、みなサウルに挑もうとは夢にも思わなかった。そんなある日、彼らはとうとうある合理的な、しかし非常に珍しいことをした。協力的連合をおこなったのだ。

ヨシュアともう一頭の大柄なオス、マナセは、すぐにも敵対関係に発展しそうな間柄だったが、最初に手を組んだ。ある朝、二頭は連合のための歩み寄りを示すしぐさを互いに示し合い、協力関係を強固なものにしてから、思い切ってサウルに挑みかかった。サウルは瞬時に二頭を叩きのめし、マナセの後ろ足に傷を負わせたため、二頭はしっぽを巻いて逃げ帰った。大方の予想どおりの結末だった。ところが、その翌日になると、ヨシュアとマナセはレビとも連合を結んでいた。レビは数年前に群れに加わった体格のいい若者だ。サウルは数秒で三頭をやっつけた。すると翌日には、彼らは卑劣なネブカドネザルを引き連れてやってきた。ネブカドネザルとマナセは、サウルの攻撃をかわしながら数秒は持ちこたえたが、やがて散り散りに逃げ帰ることになった。

その翌日になると、一行にはダニエルが加わり、さらにベニヤミンの姿まであった。この壮大な企てのためには、楯となる犠牲者がどうしても必要だったということだ。六対一の戦いだ。わたしはサウルの勝ちに賭けた。サウルが森のはずれに現れると、ヒヒたちがそれを取り囲んだ。わたしは、一度に全員の動きが見渡せるようにジープの上に陣取った。まるでシーザー暗殺の場面のようだ。

このとき、六頭は間違いなくびくびくものだったと思う。一方のサウルはというと、六頭全員が、これ見よがしに歯をぎしぎしすり合せ、牙をむき出し、前のめりになって地面を手で叩いていたにもかかわらず、ひるんだ様子はなかった。これは、相手を動揺させる目的でヒヒたちが取る行動なのだ。サウルはとても冷静で落ち着いているように見えた。この六頭に作戦を考えるほどの頭があったとはとても思えない。ヒヒにはそれだけの能力がないのだ。あのときの彼らの戦略的な成功は偶然の産物だったのだろう。体格的にいって、サウルにダメージを与えられそうなのはレビとマナセだったが、サウルを取り囲むように並んだ際、たまたまその両端に二頭が立つことになった。おかげでサウルは、片方に立ち向かおうとすると、もう片方に背を向けざるをえなくなった。

サウルは心を決め、レビとヨシュアに飛びかかった。サウルならうまく切り抜けて六頭を蹴散らしてしまうだろう、とわたしは確信していたが、マナセが運よく背後から一撃を加えることに成功した。サウルが飛び上がった瞬間に後ろから突進し、ぎりぎりのところでサウルの後ろ足に打撃を与えたのだ。おかげでサウルはバランスを崩してレビとヨシュアを取り逃がし、そのまま横向きに倒れて地面に身体を打ちつけた。その瞬間、全員がサウルに飛びかかった。

それから三日後、森の中で倒れているサウルを見つけた。なぜハイエナの餌食にならずにすんだかはいまでもわからない。その数週間後に吹き矢で捕獲してみると、身体中にヒヒの牙でつけられた治りかけの傷があった。体重は四分の一も減り、肩の骨ははずれ、二の腕が折れていた。そしてストレスホルモンの値が急上昇していた。

しばらくは危険な状態が続いたものの、サウルは回復した。両足と片手だけで歩く術を身につけ、やがて短い距離なら走れるようにもなったが、使いものにならない腕を胸の前で曲げている姿は、スリーポイントスタンスについたフルバックのように見えた。その後のサウルは誰とも戦わず、交尾することも二度とないまま、群れの最下層まで転落した。そして、かつていた場所へ、ひとりの世界へと帰っていった。昔のように、他のヒヒたちと距離をおくために誰よりも早く木から降りてきて、すべてをすませてしまうことはもうなかった。不自由な身体となったいま、サウルは一番最後に木から降りてくるヒヒとなった。人づきあいを避け、誰かが近づこうものなら立ち去り、かつてと同じように遠く離れた場所からみなをじっと観察していた。

8　サムウェリーとゾウ

休暇を終えてふたたびケニアに戻ったわたしは、ちょうどサウルの支配下にあった群れの観察を続けていたが、数年前にそこで暮らしはじめた頃の若くて不安だらけだった自分にくらべると、世間に揉まれてずいぶん大人になった気がしていた。いまでは、パスポートは渡航履歴を示すスタンプでいっぱいで、そのうえウガンダから持ちこんだ真菌によるしつこい疾患まで持っていて、そのせいで、医学部の皮膚科が主催する症例検討会の教材の役割を半永久的に務めるはめになっていた。ネクタイも二本所持するようになり、つい少し前にも諸般の事情によりそのうちの一本を着用してマンハッタンのレストランでディナーを楽しんだばかりだった。研究のほうもいくらか進歩があった——わたしが集めたデータは、地位の低いヒヒに慢性的なストレス反応が見られることを示唆していた。そして慢性的なストレス反応は、ストレス性の疾病を引き起こす要因なのだ。またわたしは、大学院生として参加したはじめての学術会議でも、自分のこの研究について緊張しっぱなしの十五分間の発表をして、これもなんとか及第点をもらっていた。わたしが属する科学者という部族の基準では、あるいはヒヒの群れの基準に照らしても、わたしは少しは信頼できるサブアダルトになりつつあった。

そのお祝いのしるしに、わたしは労働者階級に属する家族の政治的信念を裏切った。つまり雇用者の立場となった。当時、ヒヒの研究は順調に進んでいたが、一年間のうち、アフリカの奥地でヒヒと過ごせる時間は限られていた。大学の研究室の研究や、これで学位請求論文を書き上げられるのですか、という進路アドバイザーのわたしのためを思っての苦言を、ないがしろにするわけにいかなかったからだ。そこで、わたしの留守中にヒヒの様子を誰かに観察してもらう必要が生じ、ふたりのケニア人を雇って一年を通してヒヒたちの行動データを取ってもらうことにした。ふたりとも動物学や霊長類学の学位はもちろんのこと、どんな学位も持っていなかった。どちらも、学校に通ったのは家のお金が尽きて学費が払えなくなるまでの数年間だけだった。ふたりともわたしとほぼ同年代で、動物保護区にあるツーリストロッジで大勢の居候たちの食事の片付けをしていた。そこで雇われているウェイターかトイレ掃除夫の遠い従兄弟にあたる彼らは、従業員宿舎の床で眠る生活を続けながら、何でもいいから仕事が欲しいと望んでいた。次から次へと訪れる公職に就きたがる人々のなかから、彼らを選んだ自分の賢明さにわたしは拍手を送るべきだろう。けれども、一生の友となるだろうと思われるふたりを見つけられたことは、まったく予想外の幸運だった。

リチャードはマサイ族の村の北部にある農耕民族の出身で、ハドソンは西部の農耕民族の出だった。ふたりとも妻と家族を遠く離れた故郷の農村に残し、農耕民族の宿敵であるマサイの領地に住んで慣れない仕事をしていた。けれどもそれ以外の面では、ふたりはまるで正反対だった。リチャードはエネルギッシュな感激屋で、吹き矢がうまくヒヒに命中すると得意の絶頂となり、失敗するとしょげ返った。つねに新しい「顔」を披露しようと努力し、西洋人に出会うたびにその癖を吸収し、見事に真似て見せた。一方のハドソンはそれとは対照的で、無口で考え深げに見え、岩のように堅実で、果てしなく続く遠縁の子どもへの学資援助のために、つつましい禁欲的な暮らしをしていた。その心の奥底に隠した感情や批判、そして棘のある痛烈な皮肉をめったに表に出さない男だった。ふたりはツーリストロッジの従業員宿舎で暮らすことになった。わたしとは違って、テントで暮らしたいとは思わなかったからだ。その後、リチャードは十数年の間わたしの研究を手伝ってくれたが、家族と暮らしたいと言って故郷へ帰った。ハドソンのほうは、しばらくしてケニア国内の別のヒヒの生息地に行くことになり、そこで同じくらいの期間働き、わたしのところに戻ってきたのは一九九〇年代のことだった。

わたしの資本主義への堕落はさらに進んだ。わたしと一緒にキャンプで暮らしてくれる人間を雇ったのだ。最初の数年間は、動物保護区のはずれにある人里離れた山のなかをキャンプ地としていたため、たまたま迷いこんできたマサイや他の訪問客に数週間に一度出会う程度だった。ところがヒヒの群れの動きにちょっとした変化が生じたため、山の麓の広い平原にキャンプを移動するほうが都合がよくなった。平原は山よりも気温が高く乾燥していて、しかも悪いことに、動物保護区に隣接する土地にどんどん増えてきた村にも近くなった。おかげで昼間出かけている間に所持品が持ち去られるようになり、外出中にキャンプを見張ってくれる誰かが必要になったのだ。

人を見つけるのは簡単だった――ツーリストロッジや監視員の詰め所の知り合いに聞けば、必ず親戚に仕事を探している人がいた。問題は、キャンプの見張りに雇った人々が、つぎつぎと精神的におかしくなってしまうことだった。

いま思えば、あれは台湾産のサバのトマトソース漬けのせいだったのだと思う。わたしは、気がせいてやってしまう食糧に関する失敗を毎年のようにおかしていた。あの頃のわたしは、アメリカの大学の研究室にいるときもケニアに行きたくてうずうずしていた。だからようやくナイロビに到着し、あと一日でヒヒの群れに会えると思うと、いても立ってもいられなかった。大急ぎで市場へ向かい、もう二度とナイロビまで出てこなくてすむように、三か月分の食糧を買い込んだ。猛ダッシュで店内を動き回り、何でもいいから食べられる物を買う。ろくに考えもせず、ただ先を急ぎたい一心だ。米の袋をつかみ、豆の袋を取る。野菜をいくらか買うが、森で暮らしはじめた翌週には腐ってしまうだろう。腐った野菜の味をごまかすためのチリソースを少々。濃厚なシロップ漬けのプラムの缶詰は、何かをお祝いしたくなった日のためだ。あとは、変質しにくいタンパク質のソースを探す。奥地の気温は高く、チーズは二日で恐ろしげな液体と化してしまうのだ。肉については、わたしはまだ食べないようにしていた。高価なアメリカ風のツナ缶は、野外調査をしている生物学者の身には夢のまた夢で、おそらくアメリカの外交団のために用意されているのだろう。そういうわけで、わたしは毎年台湾産サバのトマトソース漬けの缶詰を採用することになった。安くて中身が詰まっており、タンパク質や骨、軟骨、そして想像するだけで吐き気を催すような、名前さえないさまざまな部位がたっぷり入っているからだ。毎年、わたしはほんの一瞬立ち止まって考える。もうやめよう。今年こそ少しは違うものを買おう。まずはちょっと店のなかを見て回ろう、と。ところがすぐに、あのせっかちな気分がわき上がってくる。急げ、急げ。もう何でもいい、たかが食べ物だ、ということになる。買った品物を入れた箱をひっつかみ、車のエンジンを吹かすと、あっという間に大好きなキャンプに到着。今後三か月間の食糧は、米と豆、そしてうんざりするような台湾産サバのトマトソース漬けの缶詰だけで、そのサバときたら、ひと噛みするごとに小骨が歯茎に突き刺さるのだ。

この食事を三日も続けると、ストロベリー味のポップタルトやヴェルヴィータのチーズ、ヨーホーのチョコレートドリンクの幻覚が見えてくる。とはいえこれは自分で決めたことだ、とわたしは自分に言い聞かせる。しかし雇われてわたしのキャンプに住むことになった気の毒な男たちは、この食事がずっと続くのだということに徐々に気づいていくことになるのだ。海沿いや湖畔の地域の出身者をのぞいて、わたしが出会ったほとんどのアフリカ人はそもそも魚がちょっと苦手なようで、しかも米や豆にはまったくなじみがない。地元で食べられているでんぷん食品といえば、腸内を固める作用のある味のない白いトウモロコシのペーストだけなのだ。そういうわけで、食事の時間がくるたびに、またもや新たなサバ缶が開けられ、トマトソースがシュパーッとうんざりするような音をたてて跳ね飛び、サバ缶の中身がぞっとするような嫌な音とともに取り出され、軟骨がヌラリと光るのを、男はバンツー族特有の抑制的な態度で、じっと見つづけることになる。こうして、男はゆっくりと心の健康を失っていくのだ。

いやいや、サバばかり責めるのは不公平かもしれない。住み込みの男たちの頭がおかしくなったのは、仕事が嫌だったからかもしれない。考えてもみてほしい。あなたがケニアの農場の息子で金を稼ぐ方法を探していたとする。と突然、大平原の真ん中でどこの誰とも知れない白人と暮らすはめになったのだ。それだけでもひどく恐ろしいことだ。その上、その白人ときたらへんちくりんな食べ物を食べ、奇妙な癖があり、スワヒリ語もろくに話せない。白人の肌は日に当たると色が変わり、その後は皮膚が大きくはがれ落ちる。リチャードも、わたしがしつこく問いただした結果、白人の男は変な匂いがする、とようやく認めた。それだけでも問題なのに加えて、わたしはたっぷりのあご髭ともじゃもじゃの髪の持ち主で、それは間違いなくアフリカの人々を落ち着かない気分にさせたことだろう。さらに、キャンプでの毎日にも救いはなかった。半分眠っているヒヒがよろめきながら歩き、ドライアイスや液体窒素の入った箱から煙が漏れ出し、あらゆるものがヒヒの尿とヒヒの血液、そしてヒヒの糞にまみれているのだから。

けれどもこれは、住み込みの男が抱える問題のほんの一部にすぎなかった。厳しい状況におかれても取り乱さないタイプの人なら、周囲の環境におもしろさを見つけて慰めを得ようとするかもしれない。けれども、住み込みの男たちは内陸の農村出身で、一番近い農村でもキャンプから百三十キロも離れていた。それに、農村出身の若者にとって、奥地の暮らしは慰めにならない。そこは彼らにとって、自分に危害を加えるライオンや、自分を川のなかへ放りこむバッファロー、そして川から自分を引きずり出すワニがうようよいる場所で、他にいそうなのは、シューという音をたてながら行進する軍隊アリで、やつらは人のまぶたに噛みつくのだ。そして何よりも問題なのは、隣人がマサイだということだった。ケニアの農村出身のあらゆる青年にとって、マサイは悪夢の存在だった。

つまり大体において、奥地の暮らしは彼らにとって楽しいものではなく、みなそこでの暮らしがはじまると間もなく不安定になっていった。ある男はある種の宗教に逃避し、やがてわたしを糾弾するようになった。当時ケニアの大統領は、モラルの低下を招くとして髭禁止論を唱えていた。そして、ケニアで猛威を振るう愛国心と宗教のよくある融合により、男は、あなたの髭キャンプにいるせいで地獄に堕ちるなんてうんざりだと宣言したのだ。別の男は、猛獣やマサイへの不安が嵩じてとうとう口がきけなくなり、シャベルを抱いて寝ていた。もうひとりは重度の精神疾患にかかり、夜中にテントのなかで、自分を惑わす光のことを叫んでいた。頭がおかしくなったというより、むやみに手癖が悪くなった者もいて、つまらないものばかり大量に盗み、無断で何日間も姿を現さなかった。そしてわたしはついに、大人としてははじめて人を解雇することになった。頭のなかはそのことでいっぱいになり、何日もかけて準備をしたが、その間じゅう、罪の意識と、相手を鉈で切り刻んでやりたいほどの怒りと、相手がわたしにも同じことをするためにいまにも現れるのではないかという極度の不安を交互に味わうことになった。わたしはその男に、あらかじめスワヒリ語で準備した話をしたが、それは清教徒の労働倫理や黄金律、ルイス・ロンヴァーディ（アメリカンフットボールのコーチ）、そしてわたしも若気の至りで同じような罪を犯したことがあるという作り話を盛りこんだもので（つまり、もしも彼が心を入れ替えて努力すれば、わたしのように大学教授にだってなれる、と伝えようとしたのだ）、話し終えると、わたしは彼をクビにした。彼は男らしく受け入れたが、いまでも、夜中のキャンプで木の葉がカサカサ鳴る音や小枝がパキパキ折れる音がするたびに、川べりから彼が現れ、わたしの身体を小さく切り刻み、喜んで協力してくれるハイエナたちにくれてやるつもり（ケニアでは驚くほど多くの殺人がこの方法でおこなわれている）に違いないと考えてしまうのだ。

奥地の暮らしで頭がおかしくなってしまう人々を数多く見てきたなかでも、特に思いがけない経過をたどったのはサムウェリーの場合だ。いまでも、あのときゾウに助けられなかったら、どんなに悲惨な結末になっていただろうと考えることがある。

サムウェリーは、わたしの調査の助手を務めていたリチャードの弟だった。前にも言ったが、リチャードはツーリストキャンプの従業員宿舎に寝泊まりしていて、そこはわたしのキャンプとは八キロほど離れていた。その年、リチャードはキャンプでの雑用係として、実家のある農村からサムウェリーを連れてきたのだ。出だしはまずまず順調だった。初日の仕事はきつい――テントを張り、ゴミ捨て場とトイレのための穴を掘り、薪を集めた。午後遅くには火も順調に燃えつづけ、腹がへってきた。そこで、サムウェリーが夕食の支度をしてくれるなら、その間に排水溝を掘ってしまおうと思う、とわたしは告げた。じゃあ米と豆をゆでて、よく煮えたらこの魚を入れておいて、と言ってあの素晴らしいサバ缶を手渡した。わたしは作業に戻ったが、サムウェリーが呆然と立ち尽くしている姿が目に入ったので引き返した。どうやらなんらかのカルチャーショックに見舞われたようだ。よくあることだった――こちらは当たり前だと思ってわざわざ説明していないことがあるもので、それが何かはわからないが、とにかく何か問題が起きているのだ。たとえば、リチャードに車の運転を教えたときのことだ。わたしたちが乗った車がよたよたとキャンプに戻ってきたとき、リチャードは大喜びではしゃいでいた。わたしは車から飛び降りてトイレに走り、戻ってみると基本的なことをリチャードに教えていなかったことに気づいた——どうしたら車のドアを開けられるか、ということだ。車のなかのリチャードは、何とか脱出しようと窓をかきむしっていた。今回もきっと、サムウェリーに基本的な何かを言い忘れてしまったのだ。しかしそれが何かはわからなかった。その後、サムウェリーはようやく、缶詰はとてもよく知っているが、実際に缶切りを使ってみたことがないのだと打ち明けた。この問題は簡単に解決できた（前にいた手伝いの男性の場合よりずっと簡単だった。彼にとっては缶詰の食べ物という概念自体が目新しいものだったのだ——だから、これを見てごらん。ぼくたち白人は金属の入れ物のなかに食べ物を隠しておくんだよ、と説明しなくてはならなかった）。わたしたちはプラムのシロップ漬けの缶を開け——なにしろ、その日は特別な日だったから——友人づきあいがはじまった。翌日、わたしがヒヒの観察に出かけている間に、サムウェリーは覚えたての技術を披露しようと、三か月分のサバとプラムの缶詰をすべて開けてしまった。その夜、わたしたちは豚のように食べ、残りは草原に散布し、臨時の買い出しにもう一度ナイロビに行って、それですべて解決した。

その後のサムウェリーはさらに好調だった。サムウェリーにはもの作りの才能があることがすぐに明らかになった。森で手に入るものを利用して工夫を凝らした作品に仕上げるのが得意で、キャンプはたちまちサムウェリーの作品であふれかえった。その場所にはじめてキャンプを設営したときはまだ雨期のさなかだったが、サムウェリーはさっそく行動を開始した。ある午後、鉈を片手に木立に入っていったと思うと、すぐに大きな枝を四本切り出してきて、枝を刈りこみ、まっすぐになるように削って柱に仕上げた。地面に小さな穴を掘り、そこへ水を注いで柔らかな泥状にしてから、手早くその穴に柱を立てて固定した。さらに木を切り、枝を払う。葉がついた枝を何本か束ねて木の蔓で縛る——雨をしのげるしゃれたさし掛け屋根の完成だ。その数日後、仕事から戻ってみるとさし掛け屋根の後ろ側に木の枝と葉で作った壁ができていた。次の日は壁がもうひとつ、翌日には三つ目の壁が完成した。後ろ側の壁には窓がしつらえられた。こうしてサムウェリーの作品があらゆる場所に出現しはじめるようになった。水を貯蔵するため池もサムウェリーが掘った——ある日、わたしが汗だくになってキャンプへ帰ってくると、サムウェリーはできたばかりのため池の淵に座って冷たい水を飲んでいた。またある夜は、いまでは囲炉裏まであるさし掛け小屋のなかで、サムウェリーが突然わたしにこう勧めた。「川で身体を洗ってきたらどうです?」。夕方の薄暗がりのなか、バッファローに気をつけながら川へ降りていくと、サムウェリーが川を仕切って作ったいくつもの水浴び場ができていた。

しかし、サムウェリーの数多くの制作活動の中心はやはりあのさし掛け小屋で、さまざまな要素があれよあれよというまにつけ加えられていった。さし掛け小屋はいまや四方を壁で囲まれていた。ドアが取りつけられ、玄関ホールができ、一部屋増設された。囲炉裏のまわりにはすぐに長椅子が置かれた。机もできた。どれも、泥と木の枝、葉、蔓、そして石でできており、重力と戦いながら、なんとか持ちこたえているように見えた。サムウェリーは、まだ臭いの残るサバ缶の缶を潰したものを使って、家に防水加工を施した。捕獲したヒヒを入れる檻のうちひとつは、動物を寄せつけない食糧貯蔵庫の材料としてたちまち無断借用された。キャンプで使っていたカップやボールがすべてなくなったかと思うと、壁のなかに作られた小さな隠し穴に、雨水がちょうどたまる角度に設置されているのを見つけた。台所用品を置く棚。壁にかけられた大統領の写真。壁に取りつけられた気の利いた飾り棚は、サバ缶を飾るためのものだ。やがてわたしは、今日はどんな驚きの作品ができているのだろう、と期待しながら毎日キャンプに帰ってくるようになった——泥と糞でできたカリオペーか、もしかしたら、有名な動物学者の手彫りの胸像かもしれない。それとも、台湾産のサバ缶で作った、ヴェルサイユ宮殿を十分の一にした完璧なレプリカだろうか。

そしてあの日、サムウェリーのなかで何かがポキリと折れたに違いない。あれはわたしのせいなのだ。野外調査の出先でエンジントラブルに見舞われたわたしは、身動きがとれなくなって車のなかで一晩明かすことになった。そして、わたしがキャンプに戻らないことに対する不安か安堵か、あるいはそれ以外のなんらかの感情が、サムウェリーを狂ったように創作活動に打ちこませたのだ。翌朝キャンプに戻ってみると、サムウェリーはどこか興奮した様子で、川で水浴びをしてきたらどうですと言った。

「サムウェリー、川に何かとてつもないことをしたんだね？」

「そう、そう。そのとおり」

はしゃいだ様子のサムウェリーを従えて川へ降りていくと……川がなかった。驚き、まずいぞと思いながら、かつて水が流れていた場所をたどって湾曲部まで来ると、どうやらサムウェリーは、二日間休む間もなく夢中で作業を続け、その結果川をすっかりせき止めることに成功したようだった。わたしはその場に凍りついた。深さ十五センチ、幅九十センチ足らずのわたしたちのちっぽけで哀愁漂う小川は、砂や岩を積み上げて作った高さ百五十センチのダムの向こうでサムウェリー湖と化していた。

サムウェリーは嬉しそうに顔を輝かせていた――これこそ彼にとっての最高傑作だったのだ。おい、サムウェリー、これはいったいなんだ？　川をせき止めたんです。それは見ればわかるよ。でもいったいなぜ？　これで水はどこにも流れていきません。もう雨の季節は終わりましたが、水が足りなくなることはないでしょう、と彼は答えた。

理屈の上では、ダムは素晴らしいアイデアだった。わたし自身もこの小川をダムでせき止めればどうなるだろうとずっと夢想してきた。この川はマラ川に続き、マラ川はビクトリア湖に流れこみ、その水はナイルへと続く。だから、わたしたちのこの小川をせき止めれば、カイロを弱らせることになり、スエズ運河が通行不能になり、インドの植民地支配層が孤立し、ビクトリア女王をはじめ世界中の帝国を支配下に収めることができる。それはとても魅力的だが、川をせき止めることにはいくつかの克服しがたい問題点があって、だからダムは取り除かねばならないのだ。このまま流れを止めつづければ、およそ二週間で水はすっかり淀んでしまい、蚊や野生動物の糞、ビルハルツ住血吸虫、感染症を媒介するカタツムリでいっぱいになり、いまだかつて想像されなかったほど大量のマラリア患者が出る、ということをわたしはなんとかサムウェリーにわからせようとした。しかし彼は頑として譲らなかった——湖がなくなるのが嫌だったのだ。これでいつでも水が使える。泳ぎにも行けるし、魚を育ててもいい。サバだって育てられますよ、とサムウェリーは言い張った。だめだ、ダムは壊さなければ。それでもサムウェリーはうんと言わなかった。木の枝でボートを作って、湖を船遊びもできるようにする。用心のためにワニを放すのもいい。観光客たちがやってきて、お金を払ってわれわれの写真を撮っていくでしょう。とうとうわたしは、ダムの最大の問題点を指摘するほかなくなった。なるほどね、でもねサムウェリー、とわたしは言った。君は、マサイの村の人々の水汲み場から水を奪ったんだ。今晩にも戦士たちが君を槍で突き刺しに来るだろう。

これには効き目があった。明らかに不承不承ながらもサムウェリーはダムを壊すことに同意し、ふたりでその午後じゅうかかって壁を壊した。

このときの失望がどうやらサムウェリーの心を打ち砕いてしまったようだった。ダムを壊したあと、サムウェリーはテントに引きこもったきり出てこなくなった。憂鬱な気分は次の日も、その次の日も続いた。サムウェリーの家は、泥と木の葉で作った部屋が三つできたところで作業が止まってしまった。ワインセラー、ジンジャーブレッドの飾り、屋根の上の露台——どれも実現しなかった。サムウェリーはしゃべらなくなり、夜はじっと座ったまま炎を見つめているようになった。いそいそと缶詰を開けに立つこともなくなった。サムウェリーの分のサバ缶は食べる者がいないまま残っていった。

サムウェリーは抑うつ状態となり、精神的に追いつめられていった。ダムの大失敗ですっかり参ってしまい、泥と木の枝と木の葉で桃源郷を作るという彼の夢はもろくも崩れ去った。このひどくへんぴな場所で、どこの誰とも知れない白人の男と薬漬けのヒヒの群れとともに暮らすしかないのだ。リチャードとも相談したが、どうすれば弟を元気づけられるのか、彼にもわからなかった。またもや、誠実なひとりのキャンプ助手の気がふれようとしていた。

時期も悪かった。当時はちょうど乾期のまっさかりで、この気候条件ではもっとも心が安定している者でも、心に迷いが生じやすかった。気温は日に日に上昇していき、猛烈な暑さとなり、たとえサムウェリー湖がまだあっても、いずれにせよすぐに学問的教材となるだろうと思われた。目の前で水が蒸発していく様を見られるからだ。川は干上がって泥沼となり、空気は大量の埃とぱちぱちいう静電気だらけで、誰もが四六時中スノーコーンとバスタブのことだけ考えている。この時期は、一年のなかでも山火事とヌーで知られる季節なのだ。

わたしがいた動物保護区を含む広大なセレンゲティ平原では、雨が降る場所が周期的に変わっていく、つまり一年じゅういつでも、草原のどこかには高さ百五十センチの青草が茂る場所があるわけで、そのため二百万頭ものヌーの大群が、いななきながら雨の跡を追い、乾いた叢林を焼き尽くす火事の炎と先を争いながら丈の高い草の海を求めて一年じゅう大規模な移動を続けている。そしてヌーの群れを追うのは、腹を空かせたこの地区の肉食動物たちだ。

それは毎年同じようにはじまる。雨期が終わると、飛行機でやってきたブッシュパイロットが、群れはいまタンザニアの国境の八十キロ南にいると教えてくれる。その一週間後には、国境まで来ているという報告がある。その翌日の午後には、ジープの屋根の上に立って双眼鏡で見渡すと、遠くの山の斜面を登ってくるヌーの姿がぽつんぽつんと見えてくる。その翌朝、わたしはぎょっとして飛び起きることになる。たくさんのヌーの群れが、数えきれないほどのヌーの大群がキャンプの前の草原を埋め尽くし、駆け回り、ゲップをし、エヘンとかエーとか言い、糞をしているのが、どちらを見ても目に入ってくるからだ。

一年のうちでもこの時期は、カラカラに干上がった熱狂と興奮の季節なのだ。水がなく、それどころか何もない。あるのは埃と炎だけで、セレンゲティ平原のすべてが燃え上がる。高さ百五十センチのカラカラに乾燥した草は、炎をつかんで一瞬にして燃え上がり巨大な炎の波が草原じゅうをなめ尽くす――夜、車で山に登り、下方に広がる燃え盛る炎の壁を眺める。雲がオレンジ色に染まり、そのなかをヌーが、炎に負けまいと草をなぎ倒して狂ったように疾走する。パニックになり、方角がわからなくなった運動過剰症のウシたちは、草原をヒステリックに猛スピードで駆け回り、それを背後からつけ狙うのが肉食獣たちで、夜、わたしたちは恐ろしい思いをさせられる。ハイエナの群れに襲われたヌーが茂みで悲鳴を上げ、翌朝には誰かの残骸がテントの裏の野原に散乱することになるが、大丈夫。心配はいらない。テントの前にはまだまだたくさんのヌーがいて、みなこの世についてのなんの気苦労も、なんの考えもないまま、ヒステリックに駆け回っているからだ。彼らはただ、おそらくこれが最後になる愚かででたらめな走りで、ピーター・マシーセンの言葉をわかりやすく言い換え、転んだ拍子に頭を岩で強打して頭蓋骨を砕こうとしているのだ。まるで、愚かなウシの脳が感じる落ち着かない気分を終わりにしようとしているかのように。ヌーと山火事、炎と煙の渦、そして埃と熱さのせいで、サムウェリーはますます沈んでいった。

けれど幸運なことに、ゾウが夜中にやってきてサムウェリーの家を食べてしまった。

夜中にゾウがキャンプを襲いにくる様子はまさに壮観で、それを見たら誰でも心臓がバクバクいいはじめるだろう。目を覚ました瞬間パニックに陥る――テントのまわりはめちゃくちゃで、バキバキと音が鳴ったと思うと、一本の木がテントをかすめて倒れてくる。テントの入口のすぐそばの木を誰かが食べている音が聞こえ、テントを張っていたロープが引きちぎられて緩んでいる。窓から外をのぞいてみる。と、そこには昨夜寝たときにはなかった木の幹があって、持ち上がったと思うと降りてきたのは――ゾウの足だ！　とんまなゾウに木を落とされでもしたら、間違いなくぺちゃんこになってお陀仏だ。こんなふうにゾウの足下に横たわり、いまかいまかと人生の終わりを待ち受ける絶対的な恐怖にさらされているとき、あなたはいつも恐怖とは正反対の奇妙な感情を味わうことになる。それは驚きの感情だ……ゾウのお腹の音を聞いたときの。ゾウの腹の音はこの世でもっとも完璧な音だ。地球の中心核から響いてくるような重低音で、まるで子どもに戻ったあなたを、年老いて白い髭をたくわえた愛情あふれる理想のおじいちゃんが、ただ孫可愛さにその節くれ立った手で膝の上に乗せ、あなたの耳を腹につけさせ、あなただけのために大きくゲップをし、するとゆっくりと深く響きつづけるその音があなたをぞくぞくするほど嬉しくさせ、その喜びは次の氷河期が訪れるまで続く、そんな音であり、テントのなかで死を覚悟して横たわっているそのとき、あなたのまわりにはゾウの腹から響き出す、眠りを誘う素晴らしいオーラが立ちこめていて、子犬のように丸くなって眠ってしまいたい気分にさせられる。しかしそんなことはできない。なぜなら外にはくそいまいましいゾウたちがいてあなたを殺そうとしており、しかもそんなときに限って必ず突然便意を催してテントの外に出なければならなくなるからだ。あるとき、それが現実にわたしの身に起きた。このわたしも、米とサバ缶のせいで頭がおかしくなりかけたことがあり、そんなとき、ぬかるみから車を引き出してあげた観光客に連れられてロッジで昼食をごちそうになった。動物行動学に関する彼らの質問にはでまかせの答えを並べ、わたしはほとんどずっとブタのように食べつづけ、最後の仕上げに、イギリス人がこよなく愛し、ケニアのホテル支配人への末長く大切にされるべき置き土産として伝えていった、憂鬱になるほど味のないプディングを大量に食べた。チキン入りオクラスープ、キクユ風ミートローフ、スパムローフのパイナップル添え。そのすべてに砂糖菓子の飾りと金属のすかし細工の飾りをのせた、茶色くてドロドロした陰気なプディングがついていたのだ。その夜は下痢をして一晩じゅう起きていたが、まったく後悔はしていなかった。ゾウたちがやってくるまでは。腹痛の波が訪れた、と思ったら、気づいたときにはわたしはテントの前で素っ裸になり酸っぱい臭いのする液状の便を苦しみながら排泄していたが、何よりも屈辱的だったのは、六頭のゾウが、静かに、いぶかしげに、礼儀正しく、ひそひそとつぶやきながら、気遣うようにと言ってもいい様子でまわりを取り囲み、鼻をブラブラさせながら、わたしの一挙手一投足を、苦しげにうめく様子を見守っていることだった。わたしがもだえ苦しみながら排便する姿を、彼らはまるで円形劇場で上演されている無言のシェークスピア悲劇でも観るようにながめていた。

夜中にゾウがやってきたら、たいていこんなふうになる。そしてうまい具合に、ある晩ゾウたちがやってきて、サムウェリーの家を食べてくれたのだ。そのとき、サムウェリーには生まれながらにゾウと戦う才能があることがわかった。サムウェリーとリチャードは農村の出で、そこでは何代も昔からゾウを身近に見ることがなくなっている。けれども遥か昔のある時代、彼らの祖先はアラビアのゾウに乗った隊商だったに違いなく、サムウェリーは生まれつきゾウと戦うことに恐怖を感じないようだった。真夜中、気がつくとゾウの一群がそこにいて、屋根や家の背面の壁をむしゃむしゃ食べはじめ、サムウェリーが細心の注意を払って張りつけた防水用の缶を台無しにした。するとサムウェリーが、ここ数日間一言も発していなかったサムウェリー、茫然自失の状態だったサムウェリー——そんな彼が突然姿を現し、テントのなかから外に向かって腹の底から大声で怒鳴ったのだ。黙りこくっていたサムウェリーが叫び、腕を振り回し、大騒ぎし、ゾウに石を投げつけて、自分が作った家からゾウを追い払おうとしていた。最初わたしはテントのなかで縮こまっていた。厚皮動物の足下で、迫りくる死への恐怖に動けなくなってしまったのだ。しかしサムウェリーはいまそこで自分の家を守ろうと戦っているではないか。わたしはついにテントから出て、サムウェリーがぺちゃんこにされてしまう前に彼を止めようとしたが、ちょうどそのときサムウェリーはゾウのしっぽに火をつけようとしているところだった。ゾウたちは、怒っているというよりむしろ当惑しているようで、その数年前にほんの少し上流で、わたしのシェークスピア的脱糞を眺めていたゾウたちと同じ辛抱強さ（おそらく同じゾウだ）で鼻をブラブラさせていた。ゾウたちが家をむしゃむしゃやっている横で、わたしとサムウェリーは言い争い、解決策を模索し、怒鳴りあい、話しあった。そしてようやく、サムウェリーにテントに戻ることを承知させた――食事をしているゾウを止めるのは不可能なのだ。

こうしてゾウたちは、サムウェリーをもはや立ち直れないと思われていた奥地の狂気から救い出した。翌朝、彼は被害状況を確かめるためにテントから出てきた――屋根半分と壁ひとつがなくなりサバ缶で作ったたくさんの装飾品がめちゃくちゃになり、全体的に被害を受けていた。しかし二日目の夜までに、サムウェリーはここ数週間ほとんで見せなかった笑顔と元気を取り戻し、被害を受けた箇所を修復した。その夜、ゾウたちはふたたびやってきて、後ろの壁と玄関を食べていった。そして翌日の夕暮れまでに被害箇所は修理され、おまけに実際にはそこにない川から水をくみ上げるための、蔓を使った便利な滑車まで完成した。

結局、この年はずっとその調子だった。サムウェリーが家を修繕するとゾウの群れが戻ってきて、彼の建築物で祝宴を開く。そして夜が明けると、新たな活力と新たな計画、そして復讐心と構造的な安全性への配慮を胸に秘め、サムウェリーは壊れた家を修理するのだった。このあと何年間も、サムウェリーとわたしはずっと一緒にキャンプで暮らし、ゾウたちが夕食を食べにくるのはいつでも大歓迎だった。

9 最初のマサイ

ひとりキャンプで過ごす午後。サムウェリーはツーリストキャンプで暮らすリチャードに会いに出かけていた。わたしはその午前中の大半を、気の毒なヨナタンの行動観察に費やした。ヨナタンは気弱なヒヒで、哀れにもレベッカへの報われない恋に身を焦がしていた。ヨナタンのおかげで、自分まで鬱々とした嫌な気分になっていた。朝からずっと、無意味にレベッカの後をついて歩く姿ばかり記録している気がしてきたからだ。たとえばレベッカが友人たちと交替で毛繕いをはじめると、ヨナタンはわざわざ少し離れた場所に座る。食べられる花や根っこを探しながら歩いているレベッカを見つけると、かっきり三メートルの距離を保ちながら興奮した様子で後をつけ、自分は食べるのも忘れている。レベッカが体格のいい大人のオスに駆け寄ってお尻を見せたときには、ヨナタンはその場に座りこみ、自分の膝や足首の毛を狂おしげに引き抜いていた。そしてついに、レベッカがひとりになって腰を下ろした。チャンス到来、とばかりにヨナタンがすばやくそばに近づくと……レベッカはヨナタンをちらりとも見ずに走り去ったのだ。

近くに座らせてやってくれよ、とわたしは苛ついた。ほんの少しでいいからあいつと話してみてくれ。ソーダでも飲みにいってやれよ。あの男を卒業式のダンスパーティのお相手に選ぶのも悪くはないぞ。わたしは彼女に腹を立てていた。見てみろよ、かわいそうなあの男は、君に毛繕いをしてくれなんて言ってやしない。毛繕いをさせてくれと頼んでいるんだ。少し毛繕いさせてやったって死ぬわけじゃないだろう？　お願いだ、レベッカ。そしたらあいつは大喜びするぜ。この問題の核心に、わたしのことを毛繕いしてくれる誰かをわたしが死ぬほど欲しがっていたという事実があることは疑いようもなかった。読者ならわかってくれることと思うが。

つまり、わたしも人里離れたアフリカ奥地の暮らしのせいで頭がおかしくなりはじめ、それで悶々としていたのだ。だから、マサイの男たちがキャンプに立ち寄ってくれたのはちょうどよかった。先頭を歩いてきたのはソイロワで、ローダの夫の親戚にあたるとてもいい男で、彼とは出会ってすぐに友だちになっていた。男たちは何かを企んでいる様子でやけにはしゃいでおり、共謀の喜びに目を輝かせていた。それはヤギを焼いて食べる秘密の計画だった。

マサイ族は実際、ほぼウシの血と乳だけで生命を維持していて、それは伝説的に言われているとおりだ。牛の血を飲むなんて想像しただけで（一度飲んだことがあるが、実際に飲んでみても）ぞっとするが、マサイがウシを飼う遊牧民であることを考えると、とても理にかなった習慣だ。つまりマサイは、ふつうはウシの血と乳を飲んで生活しており、現代風アレンジとしてトウモロコシで作った食べ物を少し混ぜたり、蜂を恐れないどこかのお人好しをおだてて蜂の巣からくすねてこさせた蜂蜜をたらしたりする。そして肉。気が向くと、マサイはヤギを屠る。マサイは、野生動物の何種類かを、マサイのもとから逃げ出した「野のヤギ」とか「野のウシ」と呼んでいて、そうした動物なら、野生動物を絶対殺さないというマサイの名声を傷つけずに狩るのにぴったりというわけだ。そして、このヤギの肉を食べるという特別な機会には、もうひとつ強い文化的禁止事項があった。男が肉を食べているところを女に見られるのは、ものすごく縁起が悪いことだ、とされていた。なんて都合のいい話だろう――つまり、タンパク質不足のマサイの暮らしにおいて、男性だけは肉を食べられる仕組みになっているのだ。

そういうわけで、男たちはヤギの肉を食べにやってきた。妻たちにはちょっと散歩に行ってくると言ってある。でも本当はやぶのなかで男らしくヤギを食うのだ！　年かさの男たちは、嬉しそうにイヒイヒ笑いながらわたしを訪ねてきた口実を早口で告げた。塩とタマネギを借りにきたというのが表向きの理由だったが、おもな目的は一緒に来ないかと誘うことだった。もちろん行くとも。

森のなかの空き地に到着。ヤギもわたしたちと一緒にブラブラ歩いてきた。まるで仲間のひとりであるかのように。わたしたちがヤギを囲むように立つと、マサイはたがいの足に唾を吐きかけあった。これは喜びを伝えあうときの身振りで、その場を清める意味もある。一番年長の三人が前に進み出て、ヤギの頭を注意深くつかむ。まるで祝福を授けているか、さもなければ骨相学的な検査でもしているように。全員がうなずくと、ひとりの若い男が進み出てヤギののどを掻き切った。ヤギも含めて、みな静かだった。その血はひょうたんで作った杯に流し入れられ、全員に回された。わたしは彼らに失礼のないように、食いしばった口で血をすすった。その血流のなかに潜む炭素菌や寄生虫、その他の神のみぞ知る何かについては、極力考えないようにした。ひと仕事終えた年長の三人は観覧席へと退いた。マントをはずして地面に広げると、まるでビーチにいるように裸でくつろぎ、両肘で身体を支えるようにして横になった。筋肉隆々のひょろ長い足と少しばかりせり出した腹、そしてしぼんだペニス。その姿は、一九七〇年代の初めに大学の寮内に突如ポスターとなって張り出された、裸で横たわるヘンリー・キッシンジャーの偽のヌード写真を思わせた。それ以外の男たちは火を熾しにかかったが、その手際はふだんわたしがコンロの火を熾すときよりすばやかった。ヤギの体は切り刻まれ、小さな肉のかたまりが木の葉で作った皿に載せられると、マサイの犬が臭いを嗅ぎに近寄ってきた。肉が焼かれ、最初に置いた小さな肉に火が通ると塩とタマネギが添えられ、わたしたちはみな食べはじめた。おしゃべりの時間のはじまりだ。

マサイの男たちは「メリカ」について知りたがった。わたしは、ニューヨークはナイロビのような場所だと説明した。人が多くて馬鹿でかく、信じられないかもしれないが、村じゅうの人が同じひとつの家に住んでいて、その上にまた別の村の住人が住んでいる――それが高層ビルだ。誰も信じなかったが、世間をよく知るソイロワだけは違った。ソイロワは一度だけナイロビに行ったことがあったので、この世には本当にそういうものがあるのだと請けあった。マサイはメリカの動物についても聞きたがったので、野生の動物はほとんどいないと答えた。みなが狩りをしたからか？　と男たちは尋ねた。それも理由のひとつだが、ほとんどは農業用の土地を広げたせいだ、と答えた。この答えは、昔から襲撃の対象としてきた農業や農民に対してマサイが抱いている根深い軽蔑の念を刺激したようだった。「間抜けなトウモロコシが」と誰かがつぶやいた。

ここにはこんなにたくさんの動物がいるのに、なぜヒヒを研究にきたのか？　とマサイたちが尋ねた。わたしは、ヒヒがどれだけ人間に似ており、ヒヒと人間の病気がいかに似通っているかを説明した。とんでもない、ヒヒはそれほど人間に似ていない、と彼らは反論した。

そこでわたしは、古生物学のお決まりのひとくさりを試してみることにした。

「じつはね、北のほうの砂漠で科学者たちが驚くようなものを発見したんだ」

「博物館から来た科学者だ」とソイロワが口をはさんだ。なぜ知っているのだろう？

「そのとおり、彼らは人間の骨を見つけた。でも実はそれは人間のものではなかった」

みな、それがどう言う意味なのか知りたがった。

「つまり、その骨は人間のようでもあり、しかしヒヒのようでもあった。頭の骨（スワヒリ語で頭蓋骨を何と言うか知らないのだ）の大きさが、人間のものほど大きくはなく、しかしヒヒのものよりは大きかった。それから顔。顔がヒヒほど長くはなく、しかし人間よりも長かった。さらにここの（と、骨盤をさして）骨の状態から、彼らがこんなふうに立って歩いてはおらず、しかしヒヒのような歩き方でもなかったことがわかっている。ちょうど中間なんだ」

「そいつらはヒヒ人間だ」と年長の男たちのひとりが言った。そのとおり、とわたしは強く頷いた。

「でもそいつらはいまどこにいるんだい？」と誰かが質問した。

「そこが重要なんだ――見つかった骨はとても、とても古いものだった。ずっと昔、ヨーロッパ人がまだおらず、部族などなく、人々が言葉を話していなかった頃のものだ。科学者たちは、このヒヒ人間は人やヒヒの曾、曾、曾おじいさんだと考えている」

誰もがしばらくその場に座ったまま、わたしの言葉の意味を考えていた。年長の男たちが、歯にはさまった山羊肉のすじを引き抜いた。誰かが犬を追い払い、他の誰かが唾を吐いた。

いやあ、まさか。嘘ばっかり。年長の男のひとりが本当にそう言った。

「いや、嘘なものか。本当だ」

「やつらは槍を持っていたのか？」とソイロワが尋ねた。

「いいや、でもやつらは小さな石を持ち歩いた。何かを掘り返したり、何かを目がけて投げつけるためだ」（たしかに、古生物学の記録を少々脚色した点はある。それは認めよう）。

「しっぽはあったのか？」。それはない。

「洋服は着ていたか？」。それは誰にもわからない――洋服はそんなに長く遺るものではないから。しかし科学者たちは、彼らは洋服を着ていなかったと考えている。

みんなじっと考えこんだ。

「やつらは、靴や時計を身につけていたのか?」とひとりの若者が質問した。年長の男たちが忍び笑いをもらすと、若者は馬鹿げた質問をしてしまったことに気づいてきまり悪そうにした（靴や時計は、この年この地で一番人気の品物だった。靴は、胴体に回した紐で腰にぶら下げてがらくた入れとして使われた。時計は、時間には関心のないまま腕にはめられた）。

誰もがさらにしばらく考えこんだ。そしてとうとうソイロワが、おそらく誰もが考えていたことを口に出した。「やつらはマサイか?」。たぶんそうだが、誰も本当のことはわからない、とわたしは答えた。

またもやみなが考えこんだ。ヤギの肉の追加が回された。そしていよいよ食事のハイライト、凝固させたヤギの血のプディングが回された。そちらはわたしは辞退した。みんな何を考えているのだろうと気になった。それまでずっと何やら考えていたソイロワがようやく口を開いた。

「みんなも知っているように、いまでは俺は時計も読めるし、スワヒリ語も話せる。お金のことも知っている。でも俺のおじいさんは、そのどれひとつとしてできなかった。人はどんどん新しいことを学んでいくからだ。たぶんだが、昔、ずっとずっと遠い昔に、最初のマサイがいて、そのときやつらは、人になる方法も知らなかったんだろう」

誰もが、このソイロワの答えに満足したようだった。そしてすぐに、男たちはソイロワとわたしにナイロビやメリカにある二階建ての家について質問をしはじめた——上の階の村で飼っているウシがおしっこをしたら、下の階の村人の頭にかかるんじゃないか?

10 政変

夢の細部はいろいろ変わっても、テーマはいつも同じだった。毎晩見るわけではなかったが、それでもその夢は驚くほど頻繁に現れた。なにしろその夢は中学生のときにこっぴどく殴られたのを境にはじまって、それからずっと続いているのだから。夢のなかのわたしは、たとえば地下鉄に乗っている。たちの悪い男たちが目の前に立ちはだかり、所持品を奪おうとする。あるいは通りを歩いていて、危険な殺人鬼による無差別な凶行の犠牲になりそうになる。さもなければ、部屋でひとり静かに座っているところへ興奮した暴徒がなだれこんできて、理不尽な政治的復讐をおこなおうとする。どの夢でも、わたしはいまにもひどい目に遭わされそうになって怯えている。そしてその先はどの夢も同じだ。どういうわけか、相手を説得して事なきを得るのだ。ときには、自分のほうが相手よりも屈強で、世渡り上手だとわからせるような話し方をする。すると相手は引き下がる。またあるときは、相手に（文字どおり）矛を納めさせることを狙っておどけてみせる。おもしろがらせ、楽しませ、恐れるに足りない相手だと思わせると、相手は仲間だと思いこみ、その隙をついて逃げ出すのだ。滅多にやらないが、たまには率直に相手に立ち向かうこともある。台詞はこうだ。「見てください。こちらはひとりであなたがたは大勢だ。あなたがたがわたしをこてんぱんにやっつけることは目に見えています。でもそうしたところで何になるんです？」。どういうわけか、相手はこの言葉に感じ入り、わたしを解放してくれるのだ。またときには、妙に精神療法的な味つけが加わった夢が現れることもある。夢のなかのわたしには、その凶悪犯が心に秘めた痛みや憤り、悩みを感じとり、共感して、それについて語る力がある。まるでクエーカー教徒のように相手をひとりの人間と認めて関心をもつようにすると、やがてその人間は危険な存在ではなくなるのだ。

アフリカでは、この夢にアフリカならではの多彩な地域色が加わった。たとえばわたしはヌーで、ハイエナに囲まれている。しかし捕食者－被食者の関係について熱弁をふるって、ハイエナを追従させてしまう。あるいはヒョウに追われているレイヨウで、ヒョウに菜食主義を説いて信奉させてしまう。

わたしはどんなときでも、相手をうまく説得してうまく切り抜けることができた。完璧だった――大学院を無事に卒業したあかつきには、人々を言葉巧みにあやつり口先だけで勝負する仕事に就くのもいいかもしれないと思えた。ところがケニアでのある日、それが通用しないと思い知ることになった。

あれは一九八二年のことだ。サウルが権勢を振るっていた時代で、ケニアのニュースが新聞紙上を騒がせていたが、どれも悪い兆候を示すものばかりだった。第三世界の出来事がわれわれ西洋人の目にとまるのは、たいていなんらかの悲劇や干ばつ、パンデミック、あるいは人々を動揺させるような、突発的で暴力的な事件が起きたときだ。そしてこの年新聞を賑わしていたのは、とても厄介なクーデター未遂事件だった。すべてが素人っぽく、それゆえに不手際だった――クーデターは明らかに、空軍、大学、そして野党のあらゆる派閥の主要勢力を含む計画的なものだったが、自分たちだけ予定より数週間早く決起しようと早まった一部の空軍士官たちのおかげで、すべてが台無しになった。空軍士官たちは、大統領を拘束できたかもしれない重要な瞬間を、酔って馬鹿騒ぎをしている間にのがし、政府軍は、クーデターを起こして信頼できないことがわかった昔の同僚を支援するか、彼らとは敵対する立場であると表明するかを半日も決めかねていた。大学の学生たちは、空軍の反乱分子が罰せられようとしているまさにそのときに、彼らへの熱い思いを表明するという、壮大でロマンチックで致命的な見込み違いをしでかした。

空軍の反乱分子は、到着した政府軍によって瞬く間に一掃された。革命政権を支持しようとふたたび集結した学生たちは、政府軍のバズーカ砲の直撃を受けることになった。政府軍はラジオ局を奪還し、政権の安定を印象づける目的で、すぐに街の中心街へ出て買い物をするように民衆に命じたが、ちょうど街では戦車による大規模な戦闘が開始されたところだった。数えきれないほどの市民が犠牲となったが、まったく顧みられなかった。

撃退された空軍兵士たちは山や森、スラムに逃げこんでゲリラと化した。それは身を守るための必死の行動であり、あるいはまた単なる昔ながらの蛮行でもあるとも言えた。一部の空軍兵士は北部の中心的な空軍基地に依然として立てこもり、大赦を与えられなければ、ナイロビを爆撃し、機銃掃射するとおどしをかけた。ナイロビでの軍事行動がおおむね落ち着いてくると、市民による暴動が多発するようになった。制圧的な政府軍への抗議のための暴動もあれば、煽動によって引き起こされたものもあった。その場合は、たいていインド人への略奪行為がおこなわれた。

イギリスが東アフリカへの進出を開始した当時、鉄道を整備するためにインドから苦力（クーリー）と呼ばれる肉体労働者らが連れてこられたが、やがて彼らは、英国の植民地であるインドではおなじみの、快適な植民地風生活基盤施設の建設に携わるようになっていった。インド人はアフリカ人にくらべて教育程度が高かったため、イギリス人はインド人に彼らにふさわしい仕事を与えた——中世ヨーロッパにおけるユダヤ人同様、インド人の場合も、土地を所有して農業を営むとか、政府のために奉仕するといったことは不可能に近かった。一方、これもユダヤ人と同じで、商店の経営者や金融業といった商人階級に水を得た魚のように進出していった。そしてほぼ一世紀にわたって、アフリカ人のインド人への憎悪の念が蓄積されつづけることになる。植民地時代には、田舎の小作人は、白人の領主の姿を生涯見ることはなかった。彼らにとっては村はずれの交易所を経営し、小作人から金をとるインド人の店主こそ、植民地の経済を牛耳っている人々だった。そしていま、小数派である一握りのインド人たちが中産階級のほとんどを占める活気に満ちた近代的なナイロビでも、それはほとんど変わっていない——経済政策を決定するのはピンストライプのスーツを着たバンツー族の官僚たちで、その政策ときたら、国家の富のどれだけが自分の懐に入るかを基準にしばしば決められるのだが、これは一般のアフリカ人には理解しがたいことだ。彼らにとっては、国の経済を動かしているのは、やはりレジスターに金をしまいこむインド人の店主なのである。

そういうわけで、アフリカ人のインド人への憤りはふつふつと高まりつづけた。近年では、怒りの矛先はもはやインド人の富だけではなく、彼らが「本物のアフリカ人」になることを拒否している（この不満はたいてい間接的に述べられたが、ときにははっきり言葉にされることもあり、不満の大部分はインド人の女性が、ぜったいにアフリカの男性と結婚したり寝たりしない、ということだった）ことにも向けられた。そして、煽動的な政治家は誰でも、インド人を攻撃することによって、てんでばらばらの敵対しあう部族をまとめることができた——あのイディ・アミンも、インド人から市民権と財産を没収し、ウガンダから追放することを即決したときほど国民の高い支持を得たことはなかった。そしてこのインド人迫害の公式スローガンは「すべての人民に富を」だった。

この頃のケニアに住むインド人が置かれていた状況は、一九三〇年代のベルリンによく似ていると思う。クーデター後の状況は、彼らにとってまさにクリスタルナハト（1938/11/9 ドイツ国内でナチの突撃隊などの暴徒がユダヤ人の商店や住居を襲撃し、略奪や破壊をおこなった）だった。インド人たちは、略奪に次ぐ略奪の残酷な虐殺の餌食となり、病院は、叩きのめされ、あるいは輪姦されたインド人犠牲者で溢れ返った。

騒動は数日間続いたが、政府軍はようやく統制を取り戻したようだった。略奪できるものはすべて略奪され尽くし、ガラス屋がようやく仕事を再開した。空軍の反乱分子らが、ひとり、またひとりと潜伏先から引き出され、政府のラジオ局は繰り返し国歌を流した。

クーデターの後には、カツラをかぶった治安判事が執りおこなう裁判が延々と続いた。政府軍にはちょっとした事情があって、この騒動は、社会のさまざまな層を巻き込んだ大がかりなクーデター計画にかかわっていた一部の空軍兵士が、性急に行動を起こしたものであると認めるわけにはいかなかった。そうではなく、このクーデターは一握りの狂人たちが勝手にやったことであるということを、詳細かつ具体的に示す必要があった。新聞各紙は、最初に発砲した上等兵、上等兵の車を自ら志願して運転した男、そしてラジオ局が反乱分子によって占拠された後、ラジオで流す祝賀の音楽を選んだ急進的な音楽学者についての詳細な情報を派手に書き立てた。結局、適切と認められたすべての人々が、当然のように死刑あるいは無期懲役に処せられた。ところが、その後政府は、この成功しえなかった大規模なクーデター計画に明らかに携わったすべての人々を捕らえる必要に迫られた。そのときも、国民の間に広く不満が広がっていることを示すこの出来事が予測可能だったとは認めなかった。クーデターの後ろ盾であると明らかにわかる人々に対するお粗末な粛正が繰り返しおこなわれ、なかでも呼び物となったのは法務長官への見せしめ裁判で、その正式な起訴理由は、彼が生意気で、白人を妻にもち、外国人の友人がいるということだった。

やがてすべてが元どおりになり、旅行業者も仕事を再開した。つつがなく。

そんなケニアに、わたしはクーデター後はじめてこの国に入る民間機で到着した。一日も早くケニアに行きたかったし、予定を延期する気はなかった。危険を伝える西側のニュースは鼻であしらい、ナイロビは駆け足で通り抜けて状況が落ち着いている郊外に向かうつもりだった。じつはアメリカでの個人的な問題のせいで気分が落ちこんでいて、この騒動が、頭のなかで起きている神経伝達物質の機能不全を解決してくれることを期待していた。それに、なんらかの危険が身に迫ったときには、うまく言いくるめて逃げればいいのだ。

わたしを乗せたパンナムの最終便は、ナイジェリアのラゴスを出てナイロビに向かっていた。ボーイング747の乗客は、わたしのほかに三人だけで、二十名ほどいるフライトアテンダントから個人的にサービスを受けるという体験はそうそうできるものではない。乗客のひとりは気が気ではない様子のインド国籍のビジネスマンで、安否のわからない家族を心配して急いで帰るところだった。あとのふたりは観光旅行のカップルで、クーデターのことはかろうじて知っている程度のようだった。わたしはこの三人のために世話を焼き、闇市を利用する際の心得や不正にビザを取得する方法など、役にも立たない情報を伝えて楽しませた。空港に到着すると、機械的な対応を繰り返す空港職員に出迎えられ、ケニアへようこそ、ここはとてもいいところですという挨拶のあと、わたしたちは軍隊輸送車に乗りこんだ。すでに夜になり、街のあちこちに見える兵士たちはみな厳しい顔つきをしている。わたしたちはさらに不安をかきたてられる事実を知らされた——従わなければ射殺も辞さない夜間外出禁止令が発動されているため、これから街の中心部にある大きなホテルに連れていくが、次の朝までそこから出てはいけない、というのだ。旅行にきたカップルにとっては好都合だった。どのみちそのホテルの部屋を予約していたからだ。しかしビジネスマンのほうは半狂乱で、というのも家族を捜しに行けるのが、さらに十二時間先になってしまったからだ。わたしはというと、怒っていた。そのホテルは、以前にトイレットペーパーを盗む目的で入ったことがあるだけの、一晩で一か月分の生活費が吹っ飛んでしまうような高級ホテルだったからだ。それでも、軍の職員に頼みこみ、それぞれ希望の場所で降ろしてもらうのは、さすがに非常識だと思われた。ホテルでは落ち着き払った支配人補佐が部屋まで案内してくれたが、まるで毎晩同じことを言っているかのように、床の上で眠るようにして、ブラインドはお開けにならないことです、と言うのだった。通りでは一晩じゅう銃撃の音が鳴り響いていた。

朝になると、街の荒廃ぶりが手に取るようにわかった。いたるところに兵士がいて、街角には何台もの機関銃が並べて設置されていた。いまもまだ略奪や戦闘がおこなわれている一画もあったが、それ以外の場所では基本的にいつもの暮らしに戻るようにと命じられていた。一般市民はこの状況への興味深い適応法を編み出し、両手を頭上に上げ、身分証明書を口にくわえた姿で職場へ向かっていた。郷に入れば何とやらで、わたしもすぐにパスポートを唾だらけにするおかしな姿で街を歩くようになった。

わたしは街のあちこちを訪れた。知人の無事を確認するためと、キャンプへ持っていく生活必需品を集めるためだった。なじみだったある店の店内はめちゃくちゃに荒らされ、インド人の店主は店を守ろうとして頭蓋骨を骨折して入院していた。別の店主は姿を消し、どこかに隠れているようで、彼の店も修羅場と化していた。また別の男は怯え、用心しながら仕事を再開していたが、これまでの出来事をひとつひとつ話しながらほとんど泣きそうになっていた。あちこち回ってみたが、誰もがどうしようもない状況にあった。

昼ごろ、わたしはいまのナイロビに男が裸でいることがいかに危険であるかということに気がついた。昔から、ナイロビの通りにはよそとはくらべられないほど多くの裸の男がいたものだった——奥地から出てきてから何十年も（ときには何年も）たっていないのに、都会の暮らしに精神的に参ってしまう人が時々いて、その際に最初にとる奇妙な行動は決まって西洋風の洋服をすべて脱ぎ捨ててしまうことであるのを見て、わたしはずっと不思議に思ってきた（数年後、わたしが通う臨床心理士の妻がケニア人の同僚と話しているのを聞いて、思ったとおりこれが共通の症状だとわかった）。つまりナイロビには、大声でわめき、意味不明なことを言う裸の男が、予想以上に大勢いて、周囲の人々はある種の冷静さで彼らに対処してきたのだ。ところが裸がトラブルを引き寄せるようになった。空軍の反乱分子の多くは、彼らの束の間の勝利が終わったあと、ナイロビのビルや路地に身を潜めていた。運のいい者は誰かを呼び止めることができた——その男を殺して民間人の服を奪い取り、男の身分証明書を口にくわえて人ごみに紛れこんだ。それほどついていなかった男たちは、それぞれ知恵をしぼり、なぜかみなが同じ結論に達した——空軍兵士の制服を脱ぎ捨て、裸で全速力で逃げ出したのだ。こうして数時間おきに、お尋ね者の空軍兵士が裸で駆けだし、政府軍によって射殺されることになった。この日の昼ごろには、はじめて路上処刑を目撃した。ときおり、裸の男たちの亡骸を積んだ軍の平台型トラックが、ゴロゴロ音をたてて街なかを進んで行くのを見た。信号待ちで停車しているトラックは、積み荷とは不釣り合いな落ち着きを漂わせていて、まるでそれがふつうのことであるような奇妙な気分にとらわれた。

その日の午後遅く、わたしはミセスRの下宿屋に向かった。いつも利用している町外れの下宿屋で、高齢のポーランド人女性が自宅のベッドや板の間、あるいはテント用のスペースを、よそから来た通りすがりの旅行者に貸していた。ミセスRと会うのは一年ぶりで、ふつうなら大興奮の帰還となるところだった。しかしそのときのわたしは、ワルシャワゲットーにはじめて無事に食糧を持ちこんだ男になった気分だった。クーデターがはじまって以来、この下宿を尋ねてきた者はひとりもいなかった。下宿の住人たちはみな数日間室内に身を潜め、流れ弾を警戒して床の上で眠り、強いられた灯火統制にうまく順応していた。

外の世界からやってきたわたしは、政府軍の統制下にあるラジオ局とは違って、二キロほど先で何が起きているかについての情報をもたらすことができた。いまや国に掌握されたラジオ局は、あらゆる種類のチンプンカンプンな情報を流しており――古くさいクイズショー、カントリーウェスタンの音楽番組――信頼できる情報はひとつもなかった。誰もが疲れ、不安に怯え、食糧不足のせいで空腹に悩まされていて、相当深刻な状態となっていた。わたしは、母親がわたしのために焼いてくれたクッキーを持参していた。ミセスR、何年も前からこの宿の常連であるポーランド人の若者、ステファンとボフダン、そしてわたしは、彼女の部屋の片隅に身を寄せあうように集まった。わたしはクッキーを割ってみなに分け、ミセスRはとっておきのソーダを取り出し、ポーランド人のふたりもちょっとしたものを差し出した。みんな食べ物を前にして浮かれていた。そしてわたしも。ろうそくの明かりのなかで、遠くで響く砲撃の音を聞きながらわずかな食糧を分けあう自分たちの禁欲ぶりに、どこかわくわくするような刺激を感じていたのだ。

その夜、眠りにつこうとしているわたしには、すべてが素晴らしい冒険に思えた。不安材料はあっても、大丈夫だと思える理由があった――インド人たちが袋だたきにされているのは恐ろしかったが、この国が彼らにずっと押しつけてきたスケープゴートの役割を果たさせられただけのことだ。ミセスRの下宿屋に逗留していたふたりのスイス人旅行者は、前日に兵士たちに殴られたと言っていたが、それは単に彼らがやり方を間違ったからだ。ふたりのうちのひとりはがっしりとした大きな身体をしていて、少なくともわたしの目からみるとちょっと白すぎた。だからどうしても、兵士たちを挑発しているように見えてしまったのだ。それにふたりとも愛想のないしかめっつらをしていて、あれでは殴られたのも無理はない。そのうえ彼らはスワヒリ語も英語も話せない――つまりどんな窮地に陥ったとしても、彼らには相手を言いくるめてうまく逃げおおせる希望はなかったのだ。わたしは心配していなかった。

翌朝、残りの用件をいくつかすませたら街を出る予定だった。車はあるし、あと数週間は食べていけるだけの食糧も買いこみ、倉庫に預けていたキャンプ用品も取り出した。あとは狩猟庁に挨拶に行くだけだ。狩猟庁はナイロビの中心街から十五キロほど離れた、ナイロビ国立公園の入口にあった。しかし公園は問題が起きて閉園していた。空軍基地の本部が公園に隣接していて、政府軍による攻撃がはじまると、反乱を起こした空軍兵士の多くが柵を乗り越えて公園のなかに逃げこんだ。彼らは武装し、怯えていた。そして動物を撃った。おそらくは食糧を得るために、おそらくは錯乱した者の転移行動として。兵士らはまた、公園監視員の一団を待ち伏せして襲い、その制服を奪って逃走した——その後公園では多数の裸の死体が見つかった。公園スタッフの間には当然動揺が広がっており、わたしは哀悼の意を表した。

帰路、わたしはいくつもの軍の検問所を通り抜けなくてはならなかった。検問の表向きの目的は、逃亡を企てる空軍兵士が車に乗っていないか確かめることと、この騒動に乗じて配給品を買い占める者を取り締まることだった。しかしそれだけでなく、彼らが通行人たちを脅し、いたぶり、何かを奪い、個人的な憂さ晴らしをしていることは明らかだった。最初のふたつの検問所ではノーチェックで通行を許され、わたしは満面の笑みで兵士たちのわきを通り抜けた。

ところが、人けのない曲がりくねった道路につくられた三番目の検問所では、三人の兵士が銃を掲げて合図し、停車を命じられた。パスポートと調査許可書は用意してあった。笑顔を作る準備も万端だ。どんな検問所であれ、最善の攻略法はスワヒリ語で元気よく挨拶することだ、とわたしは事前に計画を練っていた。「調子はどう?」をはじめとする、この国で誰かに出会ってから最初の五分間に交わされるいつもの社交辞令の数々のことだ。相手の功績についてあれこれ尋ね、国を守るという困難で重要な職業についている兵士を賛美し、夢見るようにニコニコ笑い、ひるまず、ひたすらしゃべりつづければいい。

わたしが笑顔を作ったちょうどそのとき、三人の兵士たちが近づいてきた。

「お兄さん、問題がある。とてもひどい。問題だ、お兄さん。大きな問題だ」とひとりの兵士が繰り返した。

わたしは、「みんな調子はどう？　すべて順調」をとっておきのスワヒリ語のスラングで披露しようとした。「調子はどう？」と言った瞬間、さっきの兵士がわたしを車のドアに押しつけた。もう一度、「調子はどう？」と言うと、わたしを車に押しつけている男の手にさらに力が込められた。気がつくと、三人の兵士にまわりを取り囲まれていた。酒の臭いがした。

すでに息もできないほど震え上がっていたが、それでももう一度、消え入るような声で「すべて順調」と言ってみたが、最初の一語を言い終わらぬうちに、男たちに何度も車のドアに叩きつけられた。ひとりめの兵士はずっとわたしの胸を押さえつけていた。今度はもうひとりの兵士に首根っこを押さえつけられ、頭を何度も窓ガラスに打ちつけられた。わたしはふいに頭が痛むことに気づいた。

わたしの首を押さえつけている男は、力を込めた拍子に唇をねじ曲げ、歯をむき出しにしていた。それを見て笑っているのだと早とちりしたわたしは、愚かにもこう思った。ああ、この人なら説得できそうだ。

何を話そうかと考えをまとめながら、わたしは彼のほうに顔を向けてにっこり微笑んだ。たぶんクスクス笑って見せさえしたと思う。こんなにくつろいでいるんだから、君たちもくつろいでね、と伝えるために。なおも歯を見せたまま、兵士はわたしの腹を強く殴りつけた。

奇妙な感覚だった。腹が恐ろしく痛かったが、痛みは頭にも伝わってきているようだった。頭に何かが詰まったように重く、はち切れそうだった。吐き気がこみ上げてきたが息を吐くこともできない。男たちがさらに腹を殴りつけてくる。あるいは、最初のパンチの衝撃が残っているだけなのかもしれない。どうやら意識がもうろうとしてきたようだ。

と、突然意識が鮮明になった。男のひとりが、ナイフをわたしの喉に突きつけようとしたのだ。そしてまた「問題がある、お兄さん。とてもひどい。大きな問題だ」を繰り返した。

頭のなかで同じ言葉がぐるぐる回っていた——用心しろ。こいつは用心しないと。ナイフの先が喉に近づいてきた。わたしは何もしゃべらず、ただ相手と顔をつきあわせていた。男たちも静かになった。

そのとき、誰かが腕時計を引きちぎった。時計のベルトが切れるのがわかった。そして大声が響きわたった。まさに耳元で。「これで問題なしだ。なあ、お兄さんよ」。とたんに男たちはげらげら笑いだし、ナイフが下げられた。と思うとひとりの男に横っつらを張り飛ばされて、わたしは地面に倒れこんだ。兵士たちはすでに立ち去りはじめていた。わたしの時計を吟味しながら。

わたしは立ち上がり、ぼんやりした頭で走って逃げるべきかどうか考えた。ひとりの兵士が、わたしとわたしの車に向かって苛立たしげな身振りをしてみせた——「とっとと行け。行っちまえ」

兵士たちの嘲りの声を聞きながら、わたしは車を出した。あれ以来、どんな問題であれ、言葉で言い逃れられると思ったことはない。

11 聞いてはいけないときに声を聞く人

自分とはまったく違う世界で暮らしている人々とのつきあいの醍醐味のひとつは、母国では見たことのないものを目にすることだ――身体に刻まれた派手な瘢痕模様、飲み物として出される新鮮な牛の血の入った足つきの壺。やぶでライオンに噛みつかれて救い出されたとは思えないほど元気な子どもと、その子よりずっと重傷に見えるライオン。

けれどもときに、母国アメリカとまったく同じだと思うものを目にすることがある。その場合おもしろいのは、そのことについて、思いもつかなかった説明がされていることだ。

そんなひとつの例を見たのは、わたしの調査助手をときおり務めていたハドソンが、そのとき働いていた別のヒヒの観察現場からの帰り道にキャンプに立ち寄り、動物保護区の西側にある彼の村までの半日がかりの旅に一緒に出かけようという話になった日のことだ。わたしとハドソンがキャンプでくつろぎ、マサイの長老たちとおしゃべりをしていると、突然やぶの中から現れ、われわれの午後のお茶会に乱入した者がいた。中年を過ぎた、呆然とした表情の男だ。剃らないままの髭をぼうぼうに生やし、うつろな目をしている。裸足の足のつま先を丸めて歩き、汚れた毛布を身体に巻きつけていて、毛布の下から金玉がのぞいていた。よだれを垂らし、何ひとつ考えていないように見えた。他の人々は、この地で村の愚か者たちがつねに与えられているのと同様の、受容的無関心で彼を受け入れた。ふたたび会話がはじまり、男はときどきぶつぶつ言っていたが、やがてもといた場所へと帰っていった。

さっきのあの男はいったいどうしたんだろうね？　とわたしはハドソンに尋ねた。

「見ましたか、すごく男前でしたね？　ものすごく男前だ」

「うん、ぼくも男前だと思ったよ」とわたしはうなづいた。本当を言えば、男は溺れかけたリスみたいな顔をしていたが、話をあわせたい気分だったのだ。

「あの男には妻がふたりいる。やつがあんまり男前だから、妻たちはいつも揉めていた。どっちが一緒に夜を過ごすかをめぐってだ。しかしやつは片方の妻を気に入っていて、もうひとりの妻は怒ってまじない師のところへ行き、男に呪いをかけた。おかげでいままでは自分の名前さえ思い出せない始末だ」

「妻をふたりもつ場合、男前すぎるやつはあぶないんだ」とひとりの長老が話を締めくくり、得意げに笑った。

若年性アルツハイマー、とわたしは診断を下した。ところがそれから数か月後、ローダの村でも似たような例を見ることになった。その日は、ヒヒたちにとって、穏やかなとてもいい日だった。ネブカドネザルは、誰にも、どんな意地悪もせず、ヨブはいじめられずにすんだ。ベニヤミンはわたしのジープの屋根に座り、フロントガラスの前に逆さまに顔を突き出したり、戻したりをしばらく繰り返していた。ヨシュアは遊びの概念がわかりかけてきたようで、すでに少年期を迎えたオバデヤが他の子どもたちと取っ組み合いをする様子を見守っているときも、ときおり他の子どもに威嚇する顔をしてみせるだけになった。そしてイサクはいつもどおりだった。若いメスヒヒとの交尾を、マナセがそのメスに関心を示したとたんにあっさりあきらめ、残りの午前中をずっとレイチェルと毛繕いしあって過ごした。そういうわけで、キャンプに戻ることにしたわたしは、マサイにとってあまり人には知られたくないだろう出来事の現場に居合わせることになった。これは別に、マサイとわたしの親密度がより深まった証拠ではない。単に便利だったからだ。わたしは車を持っていたから。

この日、ローダと村の女たち数名が、慌てふためいてキャンプに駆けこんできた。マサイの人々がパニックになっている様子を見ることはめったになく、だからそんなときは本当にドキドキさせられる。女たちはわたしに助けを求めていた。説明している暇はない、とにかく村まで車に乗せていってくれ。あの女を連れていかなきゃならない。時間がないのよ、だってヤギを殺しちゃったんだから。なんの説明もなくわからないことばかりだったが、彼女たちを乗せて村まで行くのを断る選択肢がないことは明らかだった。

車が動きだすと女たちは少し落ち着き、何があったかを話してくれた。村に頭がおかしくなった女がいて、恐ろしいことをやってのけたので、連れていかなくてはいけないというのだ。彼女たちは、国立のクリニックまで女を車で連れていって欲しいと言った。クリニックは、そこから何キロも先の動物保護区のはずれにあった。断ろうとしたがだめだった。女たちも必死だったから。詳しい話を聞くと、どうやら典型的な精神病のようだった。ひと目でわかる、と女たちは言った。しかし村には何度も足を運んでいたが、その女性を見かけたことはなかった――おそらく人目につかない場所に閉じこめられていたか、自分で閉じこもっていたかのどちらかだろう。彼女はやってはいけないとてもひどいことをした――儀式を台無しにし、目上の者に従わず、そしてその日はとうとう錯乱状態になり素手でヤギを殺してしまった。だから行かなくてはならないのだ。

村が近づいてきたので、わたしはこれから繰り広げられようとしている光景を思い浮かべて心の準備をした。きっと、家族が女性を取り囲み、涙の別れとなるだろう。早くよくなって戻ってきてね、とみなが声をかける。女性は怯え、連れていかないでと頼むだろう。きっと後味の悪い共同作業となるはずだ。ところが車から降りた瞬間、凶暴で恐ろしいエネルギーの襲撃を受けた。例の女が、わけのわからないマサイの「ときの声」をあげながら疾走してきたのだ。女性は体格がよく、しかも裸だった。身体はヤギの糞や血、内臓にまみれ、大量の臓物が彼女の口から垂れ下がっていた。猛スピードで体当たりしてきてわたしたちをなぎ倒したときも、手にはまだヤギの死骸の一部を握っていた。女性はヤギの死骸の一部を投げ捨て、次はわたしを絞め殺したくてしょうがなくなったようだった。

もちろん、わたしだってこれまで普通の男なみに変化に富んだ健康的な妄想を楽しんでいた。しかし、裸身にヤギの内臓を塗りたくった大女に絞め殺されるという妄想は、わたしの思考のどんなに暗い部分にも、一度たりともはびこったことはなかった。わたしは死を覚悟し、果たして両親は、息子がこのように奇妙で情けない死に方をしたことを恥じる思いに耐えられるだろうかと考えた。

わたしが迫りくる死について考えている間に、ローダと女たちが狂った女にとびかかり、取っ組み合いの末に女を引き離してくれた。ヤギの内臓があちこちに飛び散るなか、女たちは狂人をジープの後部座席に押しこんだ。そう、こともあろうにわたしのジープの後部座席に。そして女の上に押し重なるようにどやどやと車に乗りこんだ。行って、早く！　と女たちが叫び、わたしたちが乗ったジープは轟音を立てて走りだした。

あれは考えられうる最悪のドライブだった。マサイの人々を満載したジープで走るのは、あまり汗をかいていない、という最高の条件であってもそうとう嗅覚に訴える体験だ。それが、騒ぎの震源が合成ヘロイン中毒で吠え立てる水牛並みの女で、全員が半狂乱で大汗をかき、怯えている、というのだから、その相乗効果は間違いなく吐き気を催すほどだった。しかも、いまや太陽光ですっかり温められたヤギの内臓までそろっているのだ。女は、道中ずっとうなり声をあげ、転げ回り、何度も後ろからわたしに抱きついてヤギの糞まみれの床に引きずり倒そうとした。ありがたいことにローダと仲間たちが女を押さえつけ、わたしに近づけないようにしてくれた。わたしたちは永遠にも感じられるたっぷり四十五分の間、でこぼこ道を走り、川を越え、騒動など日常茶飯事だと考えているらしいむっつりした監視員を横目で見ながら動物保護区のゲートを通り抜けた。一度、女を落ち着かせるために、すべては順調で、わたしたちはゲームドライブを楽しむただの観光客だという風を装おうとして、キリンを指差してみたりしたが、女はうなりつづけるだけだった。

ようやく国立の診療所に到着した――いまにも崩れそうな建物で、たったひとりしかいない看護師は、どんな病気でもたいていマラリアと決めつけ、クロロキンを処方していた。しかし今回は、看護師はマラリアとは診断しなかったようだ。看護師は、あなたがたが自分で女を奥にある部屋に入れない限りここでは預かれないと言った――女には手を触れたくないということだ。ふたたび取っ組み合いや押し合い、大声が続き、ローダと女たちはようやくヤギ殺しの女を奥の部屋に押しこむことができ、ドアには鍵がかけられ、バリケードが築かれた。

女が部屋のなかから叫ぶ声が聞こえていた。看護師は神経質そうにわたしたちの手を取って握手してきた。わたしたちは、日差しのなかで伸びをしあくびをした。で、このあとどうする？　とわたしは尋ねた。彼女が落ち着くのを待って、ドア越しに話してみる？　彼女の病状について看護師と話しあう？　さっさとここを出ましょう、とローダは答え、女たちはわたしを村へと急がせた。

これはわたしにとって、はじめての精神医学に関する比較文化的体験だった。ちょっと真似できないほどわたしたちとは異なる暮らしをしているマサイだが、どうやら精神病への忍耐力についてはわたしたちと変わらないようだ。女を部屋に押しこみ、鍵をかけて、はい、さようなら、というのだから。帰路、女たちが落ち着きを取り戻し、ジープの窓を開けて換気したおかげで耐えられるレベルの空気になったところで考えてみると、彼女たちが精神の病いをどう考えているかを聞き出し、医学的人類学的考察をおこない、異文化のなかで統合失調症のような病気がどう見られているのかを知るちょうどよい機会であることに気づいた。

「ところでローダ」とわたしは率直に聞いてみた。「あの女性はどこが悪かったのだろうね？」

ローダは、どうかしてるんじゃないの、という目でわたしを見返した。

「あの女は気が狂っているのよ」

「でもなぜそうだとわかるんだい？」

「頭がおかしいの。彼女がやってたことを見てわからない？」

「でも何を見て頭がおかしいと思うんだい？　彼女が何をしたと？」

「ヤギを殺した」

「なるほど」わたしは人類学的な公平さをこめて言った。「でもマサイはいつだってヤギを殺しているじゃないか」

ローダはこの間抜け、という目でわたしを見た。「ヤギを殺すのは男だけよ」

「じゃあ、ほかにはどんな理由で彼女が狂っているとわかるんだい？」

「あの女には声が聞こえるのよ」

わたしはさらにローダをうんざりさせる役割を演じた。「ああ、でもマサイもときどき声を聞くだろう」

（放牧の長旅の前におこなわれる儀式で、マサイはトランスダンスを踊るが、そのときに声が聞こえるといわれている）。するとローダは、精神医学の比較文化論について誰もが知っておくべきことの大半を、ほんの一言で要約してみせた。

「でも彼女は、聞いてはいけないときに声を聞くから」

後記　裸のヤギ女に飛びかかられてから一年後、ふたたび年に一度の観察シーズンがやってきてキャンプに戻った。ローダにはすぐに再会できた。あの女性はその後どうなった？

「ああ、部屋に鍵をかけて閉じこめられていたけど、そのうち死んだわ。マサイはあんなふうに部屋のなかで過ごすのが嫌いで、だから死んだ」とだけ答えて、ローダはうんざりする話題をさっさと切り上げた。

12 スーダン

スーダンでの最初の夜、わたしはトイレが見つからなくて困っていた。それまでは万事うまくいっていた。その日の朝にハルトゥームに飛行機で到着——つまりスーダン・エアウェイはその週の飛行をまかなえるだけの燃料を確保していたということだ。空港から出ていく車もすぐに見つかり乗せてもらった。どことも知れないひなびた村で車を降ろされ、見回すと、一本道に面して立つ小さな家々の後ろに砂漠が広がっている。まず、規則どおり警察に出頭した。しかし「警察」といってもそこにはすり切れた制服を着た男がひとりいるだけだった。警官は陽気な男で、わたしの姓について長々と質問したが、どうやらその名前を気に入って楽しんでいるようだった。そして「ここの人間ではないね」と結論を下した。そのとおりだと認めると、警官はわたしを交番の庭に案内し、そこにテントを張っていいと言った。周囲には半分枯れかけたトウモロコシの畝が何列かと、ニワトリと、野菜くずの山のようなものがある。何もかも順調だ。唯一の問題は、わたしがその日一日トイレを我慢していたことで、すでに日が暮れかけたいま、事態はいよいよ切迫してきていた。見たところ屋外便所はなかったが、彼の庭で用を足すべきではない、とわたしは考えた。初日の夜から、とんでもない無礼を働きたくはなかったのだ。トイレの場所を聞きにいくと、警官は夕日を眺めながら物思いにふけっていた。

バスルームはありますか？　と言ってみる。警官の英語はなかなかのものだったが、どうやらバスルームという言葉は知らないようだった。

トイレはありますか？　警察官はもちろんというように強くうなずき、奥へ入っていくとたっぷりの熱いお茶を手にして現れた。お茶を欲しがっていると思ったのだ。わたしはそわそわしはじめ、絶望的な気分に襲われた。

屋外便所はどこです？　え、なんだって？

男子便所は？　厠は？　困惑。

ウォータークローゼットは？　男の子の部屋は？　ジョンは？　どれも通じなかった。

わたしはその場にしゃがみこみ、死に物狂いで排便の様子をパントマイムで再現して見せた。すると、警官が突然大笑いをはじめた。疑問が解決して嬉しかったのだ。

「ああ、ラトリンのことか！　スーダンではラトリンと呼んでいるんだ。ラトリンって言葉を知ってるかい？」

はいはい。「ラトリン」なら知っていますから。お願いしますよ。で、それは近くにあるんですか？

「いいや、ここスーダンにはラトリンはない。ここスーダンではありのままに用を足す。わたしたちは自由な国民だからね」

そう言うと、警官はわたしの腕をつかみ、暗闇のなかを、懐中電灯で前方を照らしながら村の大通りまで連れていった。そこで立ち止まると、道路の真ん中のある一点を懐中電灯でおもむろに照らし出した。

「ここがあなたの場所だ！　ここスーダンにはラトリンがない。だからあなたはここで自由にやっていい！」

ええい、どうにでもなれ。わたしはズボンを降ろしてしゃがみ、ポケットにまだトイレットペーパーが残っていることを心から願った。警官の懐中電灯はわたしを照らし出していた。もう大丈夫です、とわたしは声をかけた。もういいですから、本当にありがとう、待ってもらわなくても結構です。すぐに戻り……

「とんでもない、ここにいてあなたの無事を確かめなくては！　ここはスーダンです！　自由にやってください！」警官は大声になっていた。「あなたはわたしたちのお客様なんですから！」

「わたしたちの？」　ぎょっとしてよく見ると、大勢の人が、村じゅうの人々が集まってきていた。これだけ多くの人に囲まれて、誰が抵抗できるだろう？　わたしの耳には、いくつもの忍び笑いや、明らかに女性のものだとわかる高い声のクスクス笑いが届いていた。警官の懐中電灯の明かりはぶれることなくわたしの尻を照らしている。わたしはあきらめの境地で、両手であごを支えながら、わたしの行為を承認してくれているかのようなつぶやきに囲まれて村にわたしの名残を残した。しかもその間じゅう、「ここはスーダンです！　あなたはわたしたちの友だち！　ここは自由な国！　あなたも自由にしていい！」という声がサーカスの呼びこみのように響き渡っていたのだ。

わたしは、サウルが六人のギャングによって倒されたあと、休暇でスーダンに来ていた。アフリカ最大の国にして、もっとも貧しい国のひとつ。サハラ砂漠に広がる、寂しくて人気のない乾燥した不毛の地で、その中央をナイル川が分断している。混沌、飢餓。北部に住むイスラム教徒であるアラブ人と南部で暮らすアニミズム信仰の黒人たちは、何十年にもわたって内戦を続けていた。じりじりと身体を焼く熱さ、一瞬のうちに川を出現させる突然の暴風雨。ナイル川にかかる橋と橋の間隔は何百キロもあり、南部にある舗装道路は全長たったの四キロメートルで、暴風雨になるとすべての道路が半年間通行不能となる。反乱、クーデター、すべての近隣諸国からの難民、イナゴの襲来、部族の蜂起。

ジューバへ

交番の庭で野営した翌朝、運よく乗せてくれる車がすぐに見つかってナイル川にたどり着いたわたしは、そのまますんなり南へ向かうはしけ船に乗りこんだ。このあと十日間かけて船で川の上流を目指し、およそ千三百キロほど離れた南スーダンの首都、ジューバに向かうのだ。ずっと昔から、それがふたつに分かれたスーダンを結ぶ唯一のルートだった。

わたしは船に乗りこんだ。わたしが乗ったはしけ船は他の何艘かといっしょにタグボートらしきものに結びつけられていた。船の中央には仕切り壁があり、上部を日よけで覆われている。乗客たちは壁に背を向けて船の床にじかに座った。わたしはバックパックの上に腰を落ち着けた。隣のローブ姿の大柄なアラブ人のふたり連れは、一度にこりとしただけで、あとはこちらを見もしなかった。ヤギ、ニワトリ、麻袋入りの炭や食糧、樽、かごといった荷物が、アラブ人の親方に怒鳴りつけられ、汗まみれになった黒人の人夫たちの手で次々と積みこまれていく。すでに船縁は水面から三センチのところまで沈んでいたが、ボール箱や旅行者の身のまわりのものを入れた袋がさらに積み重ねられた。日差しは信じられないほど強く、日よけを通しても相当こたえた。ただじっと座っているだけでめまいがして気分が悪くなり、ひどい状態なのだが、なぜかわくわくしていた。そう、これこそ砂漠だ。これでいいのだ。

船はようやく出航した。わたしはあらゆるものを熱心に観察した。乗客が北部のアラブ人の商人から南部に住む黒人の農民へと推移していく様子を見たいと思っていた。アラビア語を教えてくれる誰かを見つけ、部族に伝わる歌を習って持参した楽譜に書き写し、リコーダーで練習するつもりだった。釣り人、カバ、ワニ、それにラクダに川の水を飲ませている遊牧民も見られるだろう。この景色は一千年間変わっていない、とわたしは感慨にふけるだろう。イギリス人、エジプト人、トルコ人、エチオピア人、そしてはるか昔のローマ人にいたるまで、みなこの地にたどり着いて帝国を築き、消えていったが、この川はずっと続いてきた。この川は世界に命を与えつづけてきたのだ。やがて船は、巨大な迷路であるスッド湿地に入っていくはずだ。遊牧の民、ディンカ族の村を通りすぎ、時代を何世紀もさかのぼる。もはや時がなくなるまで。太陽の熱と光と水のゆらめきだけが存在する世界へ。こんなたわいもないことを何時間も考えつづけたわたしは、すでに退屈のあまり気が狂いそうになっていた。

毎日が過ぎていった。わたしたちは甲板の上で眠り、甲板で食べ、甲板に座り、甲板で排便した。最初のうちは、甲板の端まで行って船外に排便するようにしていた。けれども暑さと脱水症状のせいで排便後に立ち上がったときにふらつくようになり、そのうちナイル川とそこに巣食うワニの中に背中から真っ逆さまに落ちてしまうにちがいないと思った。だから郷に入ってはなんとやらで、他の乗客たちにならって甲板の上で排便するようになった。けれども、やがてそれもほとんど問題なくなった。脱水状態が進み、痛みをともなう石のように固い便が数日おきに出るだけになったからだ。けれども他の人々は熱心に排便をしつづけ、甲板員は毎朝のようにナイル川の水を大量に甲板に流した。排泄物を船の外に押し流すためだったが、人の排泄物とヤギの排泄物を混ぜ合わせるだけに終わることも多く、その液体は押し戻されてわたしたちの裸足の足に付着したが、照りつける太陽の光でたちまち乾いてしまうのだった。

すぐ側に座っていたアラブ系の商人たちは、わたしに好意を示すようになり、馬鹿笑いをしてわたしの背中をたたき、わたしの足の近くに唾を吐いて、南スーダンの黒人には気をつけろと注意した。さらに旅を続けると、南スーダンの黒人がアラブ人について同様の注意をしてきた。また、マフムードという名の商人にはとくに気に入られて、彼が数年前にイギリスを訪れたときの話を聞かせてもらった。マフムードはとても話が上手で、何度も同じ話をしたがるのも大歓迎だった。なにしろ状況が状況だったので。どうやらマフムードはエリザベス女王か女王の母親に隠しきれない慕情を抱いているようだった。それがどちらかはよくわからなかったが。

ゆっくりと、わたしの脳はこの焼け付くような暑さと単調な繰り返しの毎日に適応しはじめた。つまり何かをして時間を潰そうとすることを馬鹿らしく思うようになったのだ。四日目か五日目には、小学校のときの教師の名前を全員分思い出すことがわたしのおもな日課となった。朝起きるとこう思う。今日は小学校時代の先生の名前を思い出そう。そのあとは甲板を散歩し、運が悪ければ痛みに耐えながらの排便となる。マフムードがイギリスを訪れたときの楽しい逸話を聞き、何かを食べ、あまりの暑さにうたた寝をする。これで準備は完了だ。わたしはすぐに、幼稚園時代と小学校一年生のときの先生たちの名前を思い出す。また眠気におそわれ、少し昼寝をする。目がさめる、意識はナイフのように鮮明だ。幼稚園の先生たちの名前が喉まででかかっているが、やがて時間の感覚がなくなる。昼までには四年生まで進めたい。けれどそのあと暑さが本格的となり、自分が何語族であるかさえ思い出せなくなる。もちろん教師の名前など思い出せるはずもない。ふたたびうとうとする。午後、少し涼しくなる。ここでひと踏ん張り、一気に四年生まで進める。教師の名前を次々と挙げていくことができる。誇らしい気分でそれを繰り返す。いよいよ最後の山場だ。最後の突撃だ。と思ったら、ふたりのアラブ人がすぐそばで喧嘩をはじめる。さもなければヤギが引きつけを起こす。ともかくその日の一大イベントとなるなんらかの気を散らす出来事が起こる。思い出した名前はすべて消し飛び、喉が痛いほどの大あくびが出る。もうすぐ眠る時間だ。予定は明日に伸ばそう。

そんなことを続けている間に、船はいつの間にかスッド湿地にさしかかり、ナイル川を迷路へと変えてしまう果てしのない蘆(あし)の沼に入りこんだ。けれどそのことはほとんど記憶になく、覚えているのは厳しい暑さと蚊の多さ、そして道に迷ってしまったという不快な妄想に悩まされ、不安のあまりずっと膝を抱えて座っていたことだけだ。ありえないことに、わたしは蘆が茂る場所をひとつひとつ見分ける力が自分にあると思いこみ、ここは前に見た場所だと確信した。そして何だ、同じ場所をぐるぐる回っているだけじゃないかと決めつけた。乗客を迷わせておきながら男らしく過ちを認めない水先人を殺してやりたいと何時間も思い詰め、そうかと思うと、水先人が間違いを認め、心配していたとおりの最悪の事態だと白状し、怒ったマフムードたちが偃月刀(えんげつとう)を抜いて気の毒な男の首をしきたりどおりに切り落とし、船を乗っ取り、どちらに向かうかで揉め事が起こり、無秩序の暴力と飢えと混沌のうちにわたしたちは悲惨な、じつに悲惨な死を迎え、沼に消える。そんな不安に身震いした。

しかしもちろん、船はなにごともなくスッド湿地を通過した。

いよいよ、目的地ジューバまであと一息となった。ジューバは、南部で暮らす黒人のスーダン人たちの集団的感情にとって重大な意味をもつ場所だ。ありえない形に二分された大きく広がるスーダンは、どう考えてもふたつの国であるべきだった。アラブ人が暮らす北部のスーダンと、黒人が住む南部のスーダン。しかし現実には、アラブ人が支配する機能不全のひとつの国となっていた。スーダンがふたつの国だと認められたあかつきには、ジューバが南スーダンの首都となるべきだ。何十年もの間くすぶりつづけている内戦は、この提案をめぐるものなのである。ヌビア国、あるいは将来の呼び名が何であれ、この南部の国の美しく優雅な主都となるべきジューバはうだるように暑く、砂埃が舞うなかに小さな小屋や避難民用のテントが立ち並び、一千キロメートルも続く道路のうち、アスファルト舗装された道路は四キロメートルの迂回路だけだった。そして、おそらくこの世界の誰にも理解されない理由でわたしが重大な不安発作を起こしたのはこのジューバだった。また、アフリカでの暮らしのなかで自分が異質な存在であることをもっとも強く意識したのもこのジューバでのことだった。ジューバに到着した最初の夜、わたしはアメリカの南部バプテスト連盟の宣教師らの住居に招かれたのだ。

彼らは船着き場にいて、樽入りの食糧か何かの到着を待っていたのだが、ひと目でわたしを見つけて、自分たちの布教センターに泊らないかと誘ってきた。いやいや、誤解しないでほしい。滞在中に改宗を迫られるようなことはこれっぽっちもなかった。ただわたしには、それまでの数週間をともに過ごした半裸の原住民の誰よりも、この人たちのほうがずっと異質な存在に思えた。全員アメリカ南部出身の年配の夫婦で、長年農業に携わってきた人や、学校のカフェテリアでスープをよそっていた人、シボレーの工場で働いてきた人たちだったが、ある日突然、ジューバへ行ってセンターにこもり、缶詰のチーズ食品を食べなさいという神の声を聞いたのだ。ジューバで暮らす彼らが実際に何をしているのかはわからなかったが、異教徒と握手をして回っているのでないことは、少なくともスーダン人の異教徒に握手を求めていないことは確かだった。リーダー格でもう四年もジューバで暮らすバッドとシャーリーンを含めて、誰ひとりとして町の市場の場所をわたしに教えられる者はいなかった。ザイールとの国境へ続く道がどれであるかも知らなかったし、ジューバと他の町をつなぐ民営のバスがあるかどうかも知らなかった。ジューバの住民には腕が三本あって、光合成をしているかどうかということも。

宣教師たちはこの土地のことを何ひとつ知らなかった。布教センターの敷地から外へ出たことがあるとも思えなかった。波止場の船から食料品の樽を受け取りにいくときは別にして。あるいは、彼らの教会が保有する飛行機がナイロビから運んでくる缶詰の入った荷物を取りに、週に一回空港に行く以外は。ああ、その食べ物ときたら！　彼らの食糧には、ジフィーポップのポップコーンやココアマーシュのチョコレートドリンクで育ったわたしでも心を奪われた。ヴェルヴィータチーズの缶。スパムの缶詰め。チョコレートシロップの缶。そして輸入もののナツメヤシの缶詰まで。ナツメヤシなどここには山ほどあるというのに。ナツメヤシは南スーダンで収穫できる唯一の農産物なのだから。わたしは彼らの施設でくつろぎ、シャワーを浴び、部屋にあった古い『ライフ』を読んだ。夜になるとさらに目新しい体験が待っていた。ビデオ映画というものをはじめて見たのだ。わたしたちは蚊帳をつった戸外のテントのなかに陣取り、発電機を一台余分に回してクリント・イーストウッドが出てくる映画を見た。なんともつじつまの合わない映画だったが、不運なことに、ストーリーを追うのをやめてしまおうと思うほどつじつまが合わないわけではなかった。だからわたしたちはしょっちゅう話がわからなくなり、フィルムを止めて、サングラスの男は本当にロシアのスパイなのか、それともスパイのふりをしているだけなのか、といったことを話しあわなくてはならなかった。

空が白みはじめると、ひとりの女性が途方もなく大きなステレオラジオカセットを大音量にして運んできた。バンジョーの伴奏に合わせて男性合唱が『おおスザンナ』や『あなたは悪い男』、『悲しみは旅行鞄につめて』を力強く歌い上げた。全員が嬉々として立ち上がり、『スワニー川』を陽気に歌いながら缶入りの粉末卵でつくった朝食を食べる準備をはじめた。そのあとすぐに、わたしは彼らに別れを告げた。

ジューバの町を歩いているときに、辺りの風景とは場違いに見えるジューバ大学を見つけた。わたしはそこで不安発作を起こしたのだ。この大学は、北部のアラブ人政府が、意図的な開発の遅れを甘んじて受け入れさせられている南部の黒人たちの機嫌を取る目的で建設したものだったが、学生のほとんどは北部出身のアラブ人だった。ここのところ得体の知れない騒動が多発していて、構内にはほとんど人気がなかった。学生たちは制服姿の誰かに絶妙な強さで頭を殴られ、自宅に送り返されて、マラリアが流行する田舎で大学に戻れる日を待ちわびていた。大学には少数の学生が残ってうろうろしていたが、おそらく難を逃れた反革命主義者たちだ。図書館に入ってみると、司書は机に突っ伏して居眠りしていた。周囲を見回す。壁に塗られた緑のペンキがはがれ、レンガはひび割れていた。まるでアトランティックシティの海水浴場の更衣室のようで、窓ガラスや網戸のない窓から入ってきた砂が降り積もっている様子がさらにそれらしかった。あちらこちらにある本は、ほとんどが英語で書かれていた。いくらかの専門書と、古い機関誌が何冊か——インドの植物学専門誌、『イタリアンアーカイブス・オブ・エクスペリメンタルバイオロジー』等々。そのとき、『ネイチャー』があるのに気づいた。『ネイチャー』はおそらく地球一素晴らしいイギリスの科学雑誌で、しかもたったの三週間前の号だ。信じられない。表紙には「贈呈　イギリス大使館およびスーダン航空」と押印されていた。なるほど、イギリス大使館が金を出してスーダン航空が運んだというわけか。だからこんなところまで届いているのだ。

わたしは、外の世界とつながる術を得たことにわくわくしながら、ぱらぱらと『ネイチャー』をめくってみた。すると、いかにも砂漠風の服を着て、砂だらけの足をしたわたしがそこに見たのは、ニューヘイヴンのある研究者グループが、わたしがアメリカに戻ったら書くつもりだったのと同様の研究論文を発表したという記事で、脳から分泌されるストレスホルモンのうち、あらたに解明されたものについての研究だった。先を越された！　先を越された！　その言葉が頭のなかをぐるぐる回りはじめた。スーダンに来ている間に先を越されたのだ。わたしは過呼吸気味になってきた。こんなところで何をしていたのだ？

どこかで、ここから遥か遠くのどこかで、科学は渦を巻いて進歩していて、いまこのときも白衣を着た人々がお祝いのシャンパンを開けてたがいに祝杯をあげ、バートランド・ラッセルやマダム・キュリーの警句や逸話を披露しあっている。すべてはいまこの瞬間に起きているのだ。威厳に満ちた、老いた微生物学者は、倫理的価値観と生物学を関連づけたお決まりのエッセイの執筆にいそしみ、あらたに准教授となった人々は研究費を使いこんでいる。それなのにわたしときたらどこにいる？　いまだに南スーダンにいて、真菌に感染してむずむずする足を気にしている。何かしなければ、いますぐに！

わたしは公衆電話を探しに駆けだしたが、一番近いものまででも数百キロはあった。誰に電話をかけようとしているのかも、そもそも電話で奇跡を起こしてくれるような人がいるかどうかもわからなかったが、何がなんでも電話をかけなければならない気がしたのだ。わたしはあちこち歩き回り、研究の構想を練り、トビネズミをつかまえて繁殖させ、実験用に使う計画を立てた。持っていたスイス製のアーミーナイフを使って木を削り、試験管を作ったりもした。

そんなある日、大学のキャンパスのはずれで学校に通っている小さな子どもたちに出会った。子どもたちは真面目くさってわたしにお辞儀をし、「ようこそ、お客様」と言いながら一本の花を差し出した。そしてクスクス笑い、手を振りながら走っていった。思い詰めていた気持ちがそれで楽になり、残りのスーダンでの滞在期間中にニューヘイヴンの優秀なライバルたちのことを思い出すことはなかった。

わたしはそれから数日間をジューバで過ごし、スーダンの南端にあるこの町の情報を仕入れた――どんな見どころがあるのか？　現時点で存在しているのはどの道路なのか？　そのうち、反乱軍兵士と政府軍の両方、あるいはどちらかによる攻撃を受ける心配がないのはどれか？　これまでに実際にトラックが走ったのはどの道路か？　海外から来た開発の仕事に携わる人々からは、内戦の最新情報を仕入れることができた。スーダンの空軍が保有するジェット機がエンジントラブルで砂漠に不時着したが、たまたま反乱軍の基地のすぐそばだったという。こいつはいい、捕虜にしてやれ、と反乱軍の兵士たちは思ったが、捕まる前にジェット機は離陸した。反乱軍は苛立ち、鬱屈した反抗的なエネルギーを爆発させて、腹いせに開発援助関係者を十名以上誘拐した。イギリスのお金にして三万ポンドの身代金と、スニーカー、ズボン、そして正確な時間を示すラジオ信号を政府に要求した。ひとりの勇敢なカナダ人パイロットが、自ら人質となることを志願し、連絡係として飛行機で現場に出入りした。彼は拘束されている人々に、政府軍が救出作戦を決行する日時をこっそり漏らした。その夜、人質たちはその瞬間に備えて反乱軍の兵士の飲み水に睡眠薬を仕込んだ。

しかしよくあることで、政府軍の攻撃は二日遅れでおこなわれた。攻撃がはじまると反乱軍はやぶのなかに逃げこんだが、その前に人質を解放し「逃げろ、走れ、ここは危険だ」と言ったという。戦争なんてそんなものだ。

ジューバの町は崩壊寸前で、あらゆる国からの難民であふれかえっていた――アミンのウガンダから、チャド内戦から、メンギストゥのエチオピアから、中央アフリカ共和国の大統領、ボカッサの食人習慣から逃れてきた人々。心優しく、人懐っこい、疲れきった大勢の人々。ときおり見かける、凶暴な顔つきのイギリス人放浪者は、身体のどこかに壊疽を起こした傷があったが、それは決まってザイールで運悪く負った刀傷で、彼らが兵士たちより先にザイールを出ようとした矢先のことだった。彼らはつねに虚勢を張り、ふんぞり返って歩いているが、話すとロンドンなまりがあるのが、とてもちぐはぐに思えた。町の中央にある大きな市場は蚊のたまり場で、農耕民族の女たちが地べたに座ってトマトやナツメヤシ、タマネギ、チャパティ、温めたミルク、砂糖などを売っていた――商品は、女たちの前の地面に広げたショールの上に幾何学的な形に積み上げられていた。ときおりディンカ族も見かけた。ディンカ族はマサイと同じように家畜を育てて生活している人々で、町なかをぶらついていた――背が高く痩せていて、マントを羽織った、超然とした風変わりな人々で、他人を寄せつけないところがあった。よそ者だが危険な人たちで、いつも槍を強く握りしめていた。

刑務所で重大なニュースを耳にした。少し前に、北の政府がイスラムの法であるシャリーアをこの南スーダンにも適応すると発表し、くすぶっていた内戦の火種をふたたび燃え上がらせる大きな原因となったのだ。その日の午後に、盗人の手を切り落とすはじめての公開処刑がおこなわれることになっていた。アニミズムを信仰する人々やキリスト教徒にまでシャリーアを適用しようとすることに腹を立てた南スーダンの黒人たちが続々と集結し、暴動になると予測されていた。わたしは、ショーの見物はパスすることにした。

しかしジューバで何よりも目立っていたのは全長四キロメートルのアスファルト道路だった。この道路には、海外のさまざまな機関が所有するエアコン完備の大型車ばかりが、絶え間なく、意味なく走っていたが、彼らはジューバの存在理由の四分の三の生みの親であり、捨てられたスパムの缶の大部分の生みの親でもあった。アメリカの援助関係者、イギリスの救援団体、国連難民高等弁務官、宣教師、ノルウェイの援助関係者、聖書翻訳協会員。その全員がこの四キロの舗装道路をのべつまくなしに車で行き来して、お互いの家を訪問し、酒を酌み交わし、缶入りのチーズ食品を食べ、互いの神経を逆なでしあっていた。あの頃、ジューバの中心街でスーダン人が乗った車を見たことはなかったと思う。

カティル――白い服の人々

　残念ながら、誰の車であれ、わたしが希望する方角に向かう車はなさそうだった。行きたかったのは、ザイールとの国境地帯にあるチンパンジーが棲む森だった。その森とそこに棲むチンパンジーのことは誰でも知っていたが、誰かがそこに行ったと聞いたことがある人はいなかった。そこでわたしは、第二希望で手を打つことにした――ウガンダとの国境沿いにあるイマトンという山地だ。この山地にはスーダンの最高峰が含まれ、聞くところによると、縦八十キロメートル横百キロメートルの熱帯多雨林の台地が砂漠の上に浮かぶように広がっているらしい。森のはずれには材木切り出し場があり、その狭い敷地は南スーダンでおそらくもっとも（そして唯一）成功した事業所となっている。だからそこへ続く道路があり、ジューバからさまざまな物資を届けに行くトラックがあったのだ。

　わたしはトラックの荷台に自分の場所を確保し、うまい具合に腰を落ち着けた。荷台は混雑していたが、トウモロコシ粉入りの麻袋がちょうどいいクッションになってくれた。今回の長旅のために持参したトーマス・マンの『ヨセフとその兄弟』というむやみに分厚い本をいい気分で取り出し、ヨセフとその兄弟たちが長旅に出る際にドライタマリンドの麻袋をどんなふうにラクダの背に縛りつけたか、ラクダの鞍を飾る結び糸細工がどれほど複雑に編まれたものだったかについての延々と続く描写を読みはじめた。なぜか夢中になって読み進めていたが、ふと気がつくと荷台はすでに押し合いへし合いの状態となり、しかもどこかに停車したままだった。もう日が暮れていた。そしてガソリンがなかった。トラックは、ジューバで唯一の（もちろん、援助組織のために作られた会員制のガソリンスタンドは別にして）ガソリンスタンドの前にできた列に並んでいたのだった。わたしたちのトラックは列の七番目当たりにいたが、その日到着した古びたピックアップトラックが運んできたのはガソリン一樽分だけで、三台のトラックに給油しておしまいとなった。夜になると、荷台の人々は全員車を降り、トラックの周囲の砂に埋もれて眠り、明け方にはそれぞれの持ち場に戻ってイマトンを目指して疾走する旅に備えた。ふたたび一日が過ぎ、わたしたちのトラックは前から二番目まで進んだ。そしてついに翌日、トラックはガソリンを満タンにして出発した。この時点で荷台の人々の数は大幅に増え、全員が片足で荷台に立ち、金属性の持ち手にかろうじてかかる指先で身体を支え、よろめく老人たちやそれ以外の何かによって何度もあばら骨に肘鉄を食らわされた。誰もが、材木切り出し場への山のような荷物の間に押し込められていた。ところがトラックは百メートルも走らずに、ナイル川にかかる橋の手前で停車した。乗っていたすべての人と荷物が、軍の検閲のために降ろされた。荷物の袋は、なかに人が潜んでいないことを確かめるために槍で突き回され、アラブ人の兵士が、嫌がるひとりの女性をなぜか平手うちにしていた。わたしは、怖いほど真剣な表情をした兵士に、どこの町から来たのか、その町の名前を言えと命じられた。わたしがそのテストに合格すると、アラブ人兵士は隣にいた男に質問をはじめた。

ようやく出発を許され、わたしたちはそれぞれ、検問所でトラックを降りる前と寸分違わぬ位置に奇跡のように乗りこんだ。そのあとトラックは、摂氏四十三度の埃っぽい道をガタガタ揺れながら十二時間も走りつづけて、二百キロ進んだ。灼熱の太陽を浴び、でこぼこの道なき道を激しく揺られていく。荷台の乗客たちはもはや限界に近く、日よけもないなかで、子どもたちはところ構わず嘔吐しつづけた。金属製の持ち手は、一瞬たりとも触れないほど熱くなっていたが、それでも、人々はトラックが揺れるたびに必死で持ち手につかまった。わたしは砂漠用のショールを頭からかぶり、水筒の水の減り具合を慎重に見守っていた。予想以上に早いペースで飲んでしまったのだ。頭が痛くなりはじめ、こめかみの血管がリズミカルに脈打ちはじめた。気がつくと呼吸も早くなっていた。トラックが掘り抜き井戸のところで一時停車すると、わたしは砂漠の水に関する基本的ルールを無視する行動をとった。それは、砂漠では喉の乾きがなくなるまで水を飲んではいけない、不衛生な水のせいでお腹を壊すから、というものだ。それなのにわたしは井戸水をごくごく飲んでしまい十五分もすると顔色が青くなり、吐き気がひどくてフラフラになっていた。目の奥が痛みだし、そけい部が痛みをともなって脈打ちはじめた。それから六時間もの間、わたしは吐き気を紛らわし、なんとか時間をやり過ごして叫び声をあげないように努力した。トーマス・マンなど読めるはずもなかった。荷台は身動きがとれないほどぎゅうぎゅう詰めで、腕を上げることもできなかったのだから。するとまたもや、幼稚園のときの教師の名前の神聖なリストが頭に浮かんできた。翌年に予定されている論文発表の最初の二段落分を頭のなかで繰り返し暗唱して何時間かをつぶした。ちょっと思いついて、ヒヒの社会組織についての講義を考えてみたが、まったく考えがまとまらなかった。一時期思いを寄せていた指導教員の研究室での夏休みのアルバイトを思い描いてみようとしたが、それにも集中できなかった——あまりにも疲れ果てていたし、あの状況でそんなことを考えるのはあまりにも場違いで、わたしが望んでいたような欲求不満を引き起こす妄想に浸ることなどできなかったからだ。

結局、すぐそばに座っていた部族民の頰を眺めて過ごすことになった。ジューバを出て奥地へと入っていく車はさらに人を詰め込み、彼らはカクワ族で、その様子は奥地へ進むにつれてどんどん未開人風になっていった。人里離れた場所で暮らす粗野な裸の男たちは、頭を黄土で染め、唇にはプラグを吊るし、その身体に刻まれた瘢痕模様もケニアでは見たことがないデザインだった。鼻梁のない人が多く、これも乱暴な通過儀礼のひとつかと思ったら、らい病のせいだとあとでわかった。耳のふちがギザギザになった者たちがいた。甲状腺腫が認められる者もいた。ほとんどの人が、七本足のヒトデをかたどった装飾性の高い複雑な模様を頰に入れていた――頰の部分の肌に傷をつけ、傷口に砂を埋めこむことによって模様を浮き彫りにしているのだ。わたしは近くにいたひとりの男の頰の模様をしげしげと眺め、ヒトデの足の数を何度も数え直した。いや、七本のはずはない、きっと六本だ。そうやってもう一度数える気になるように仕向けて時間をつぶそうとした。頰に彫られた模様は生きてうごめいているように見えたが、おそらくそれは、めまいがして頭がくらくらしてきたせいだ――おかげでヒトデの足を正確に数えることができず、さらに時間つぶしのための数え直しをする理由ができた。けれども、時間がのろのろと過ぎ、吐き気と喉の乾きと差し込むような腹の痛みが交錯する薄れかけた意識のなかで、わたしはほとんどずっと運転手を殺したいと思っていた。車がでこぼこに乗り上げて大きく揺れるたびに、車が停止するたびに。

吐き気の苦しみのなかで、わたしは南の方角に大きくそびえる山並みを見つけた。イマトン山地だ。悲惨な状況にあったにもかかわらず喜びがこみあげた。朝の五時頃に車はトリトの町に着いた。大通りに面したかなり大きな町だ。乗客のほとんどがここで降り、わたしが観察していた頰に模様のある男も、その日の午後じゅう、わたしの足の上に立っていた不届き者も車を降りた。トラックに残ったのはわたしを入れて十人ほどで、みな突然広くなった空間に戸惑っていた。おずおずとお互いの身体を離し、麻袋の上に寝転んで伸びをした。そしてそのあと奇跡が起こった。トラックはトリトの町を出て、そのまままっすぐ南の山あいを目指して走っていた。車が山道を登りはじめると急に涼しくなった。草地や低木のやぶが現れた。木立も見える。太陽は低い位置にある。どういうわけか、どこからともなくそよ風が吹いてきた。風が吹いてきた！　全員が顔を見合わせ、笑いだした。自然と、みながわたしに握手を求めてきた。夜明け前からずっと隣り合ってトラックに揺られてきた人々が、突然お互いの存在を認めあったのだ。日暮れどき、トラックはすでに山の中腹にいて、タマネギの袋に座っていた母親たちが歌いはじめた。わたしは荷台に寝そべって空の星や木々を眺めていた。まるで奇跡だった。人々の汗、いまでは首をすくめてよけなくてはならない木の枝、身体にしみついたヤギの糞の臭い――突然それらがひとつに合わさり、サマーキャンプにきているような気になった。ユダヤ人コミュニティハウスのデイキャンプで知り合った友人たちと、キャッツキル山地の観光牧場に一泊旅行に来たのだ――これははじめての遠乗りだ。

わたしたちは身体を揺すり、うたた寝し、歌い、握手をし、忘れていた水を発見した。そしてわたしは、トラックに乗っているすべての女性に恋していた。トラックは、森林伐採の町カティルへ、山懐に抱かれた深い森のなかへと滑りこみ、わたしは脱水とあまりの嬉しさのせいで有頂天になっていた。

友人たち全員に大きく手を振って別れた。わたしは森に微笑みかけた。ずんずん村に入っていくとカティルの村の住民に出会った。はじめて見た住民は狩猟用の槍を手にした老人で、びっくりするほど顔がゆがんでいた。首にかけたロープの先にリードバックの角で作ったフルートを下げている。老人はほとんど飛び跳ねるようにしてわたしに近づいてきた。わたしたちは握手した。老人はオオとかアアとか言ってお辞儀をし、踊り、わたしがフルートを指差して演奏するチャンスをつくってやると、嬉しさのあまり卒倒しそうになった。老人は顔をもみくちゃにすると、角の開口部に、まるでソーダの瓶でも吹くように息を吹き込み、指を巧みに使って四つの音を出した。簡単な曲を演奏し、それから歌詞をつけて歌ったが、すべてダム・デ・ダムではじまった。

ダム・デ・ダム……トリト！

ダム・デ・ダム……ジューバ！

ダム・デ・ダム……ハルツーム！

ダム・デ・ダム……スーダン！

老人はびっくりするほど元気いっぱいで、歌っているときもまったくじっとしていられなかった。二度目はわたしも一緒に歌い、まるで若いときによく一緒に歌った歌みたいに、ふたり仲良くくちずさんだ。最後にお互いにもう一度お辞儀をし、老人は踊りながら帰っていった。

間違いなく幸先のいいスタートだった。わたしはまず、届け出のために交番に向かった。警官は白髪頭の老人で、パジャマかレジャースーツ、はたまた刑務所の囚人からの盗品かと思うような緑と黒の縞模様の色鮮やかな洋服を着ていた。交番の外に年齢不詳のしわくちゃのお婆さんが座っていたが、他には誰の姿も見かけなかった。わたしは交番に入り、パスポートとジューバで取得した旅行許可証を警官に示した。警官は小さくうなり、目を細めてパスポートを眺めていたが、横向きにしたり逆さまにしたりするだけで、これをどうすればいいのかわからないようだった。やがてようやく口を開いた。

「パスポートを持っているかね？」

アフリカでは時々こういう愉快な場面に遭遇することがあり、こうなるとわたしは、もう我慢できなくなる。

「いいえ、パスポートは持っていません」とわたしは真剣そのものの顔で答えた。

「それはいかん。それは重大な問題だ。パスポートはどこだね？」よし、完璧だ。わたしは警官の目をのぞきこんだ。

「あなたがいま持っているのがそうです」。さあ、次はあなたの番ですよ、おまわりさん。どう面目を保つおつもりかな？　しかし警官は筋金入りのプロだった――今度は真面目くさってパスポートを睨みつけ、わざわざページをめくって写真を確認し、目の前のわたしと見くらべた。そして最後に、さっきの失敗を挽回する台詞を返した。

「なるほど、このパスポートはたしかにあなたのものだ。スーダンに滞在していい」

ふたりともほっとし、これで一件落着。ところが警官が突然わたしに突進してきて、「さあ、いますぐ行こう」と言ったのだ。え、いったいわたしが何をしたと言うのだ？　しかしそれは夕食への誘いだった。交番の外にいた老婆は彼の妻で、豆とキャベツの夕食をごちそうしてくれ、水は夢のようにたっぷりあった。わたしがお礼を言うと、「あなたはうちのお客さんだ。ありがとうはいらないよ。お母さんにありがとうって言うかい？」という返事が返ってきた。

警官の息子で二十歳くらいのジョゼフも姿を見せた。ジョゼフは学校の教師で、ジューバの高校を卒業したばかりで、だから教師にぴったりだったのだ。ジョゼフは清潔な白いシャツを着ていた。さきほどから、白いシャツを着たたくさんの若い男たちが通りを歩いていくのが、いろりの炎に照らし出されて見えていた。白いブラウスを着た女性たちもいた。「あなたは運がいい、今日はダンスパーティだから」とジョゼフが言った。何のお祝いですか？　「何のお祝いでもありません。わたしたちは毎晩踊っていますから。だからここに来た人はいつでも運がいいのです」。そういえば、この村を最初に歩いてみたとき、音楽や太鼓の音がしていたのをふいに思い出した。

さらに料理を食べ、たっぷり水を飲んでから、ジョゼフとわたしはダンスに出かけた。森のなかの一本道を歩いていくと、またまた多くの白いシャツの人に出会った。音楽がどんどん大きくなってきたと思うと広々とした空き地が現れ、そこは何百人もの白いシャツを着た男女であふれ返っていた。その瞬間、わたしはすべてを理解した——さっきから目にしてきたのは、砂漠の高地特有の多幸感だったのだ。ケニア北部の、陽炎の立つ猛烈に熱い砂漠地帯には、ところどころに山地が、高台がある。その頂上は、より高く、より涼しくて、おそらくは低木のやぶもある。大きな高台なら森のようなものさえある。そしてなぜか、そこにはいつも水がある——掘り抜き井戸や泉が。そしてどの高原でも、そこに住む人々は、いまでは思い出せないほど遠い昔に、よろめきながらこの高原にやってきた人たちだった——戦争や飢饉、疫病から逃れるために。人の住めない山の上に何があるかはまったくわからなかったが、他に行くところがなかったのだ。必死で登ったその先に見つけたのは天国だった。涼しく、木陰があり、そして水があった！わたしがこれまで出会った砂漠の高原の住人は、ひとり残らず浮かれていて、能天気で、自分に与えられた幸運に酔いしれていた。昔訪れたエチオピアとの国境付近の高原は、泉の冷たい水が高原じゅうをうるおしてトゥルカナ湖に注ぎこみ、住民すべてが水のなかで暮らしているようなものだった。たとえば川岸を歩いていくと、四十メートルおきに水浴びしている人々の一団に出会った。一緒に水浴びしない？　と彼らは大声で誘った。水飲まない？　まさに天国だ。そしてこのカティルには涼しい気候と木陰と水があり、そのうえ南スーダンで唯一の安定的にお金が入ってくる仕事があった。だから毎晩のように、誰もが踊り狂っていたのだ。

空き地にはドラム奏者が何人かとひとりの太鼓腹の男がいて、男が中空の丸太に息を吹き込むと、低い音が辺りに響き渡った。ダンスは女性先導の儀式だった。若い男たちは内側に円をつくり、その場で踊っていた。若い女たちは、その外側に円をつくり、回りながら踊りつづける。やがて、ダンスの円の外で見守っていた老人がなんの前触れもなく突然「オレオ！　オレオ！」と叫び、それを合図に女性たちはパートナーとなるべき男性をつかまえるのだ。そのあとは、びっくりするほど控えめな、日曜学校のダンスのような踊りが続き、ペアになった男女が円を描いて踊る。女性がステップを考え、男性はそれについていくのだが、少しずつ難易度が増していく。しばらくすると、人々が（たいていは選ばれなかった男たちだ）苛ついたように「オーレーオ！」と叫びはじめ、やがてあの老人がそれに同調すると、女性たちはふたたび円になって回りはじめ、相手探しが再開される。

ジョゼフはすっかり夢中になっていた。小道具代わりにわたしから懐中電灯を借り、内側の動かない円にわたしと隣りあって並んで、小刻みに身体を揺らしたり上半身を揺すったりし、女性の注意を引こうとして、懐中電灯で自分の腕や胸、股の部分を照らし出した。そして「ヤーヤー。オーレーオ！　レッツゴー、オーレーオー！」と大声で叫びつづけたが関心を向ける者はなく、そのうち老人が合図の声を上げた。おかしな話だが、わたしは自分が選ばれないのではないかと心配していた。ところがいざパートナー選びがはじまると、クスクス笑いながらわたしを選びにくる娘たちが何人もいて、それはそれで苛立たしく嫌な気分だった。火星人のように物珍しい存在だからおもしろがって選ばれただけだとわかり切っていたからだ。「今夜、君はこのなかの誰かと寝ることになるよ。お嫁さんが見つかるよ」とジョゼフがわたしの耳元で叫んだ。そうだろうとも。ここではどんなことも起こりうる。水と日陰があるかぎり、ここは多幸感に満ちあふれた土地なのだ。オーレーオー、オーレーオー、と何時間も踊りは続き、ジョゼフは親しげにわたしの背中をたたき、人々はわたしに挨拶して握手を求めた。ダンスの合間に、蓋つきの壺に入った水が回され、太鼓のリズムに乗ってリズミカルな低音の旋律が何度も何度も繰り返し流れ、清潔な白い衣装をまとったすべての人々が、今日もまた下の砂漠ではなくこの土地で暮らせたことをお祝いするのだった。

森のなかの村

しん、と静まり返った夜明け。森にはもやが立ちこめている。どこかに潜むレイヨウや鳥の気配。人々が小屋から出てくる。四方を取り囲む尖った山々。わたしが便乗した伐採所のトラックは、カティルを出て切り開かれたばかりの断崖を見下ろす泥道の端をゆっくりと進み、山の上にある伐採中の森の一画に向かった。作業をしている男たちはみな手動の工具を手に、あちこちで木を切り倒している。そこは泥道の終点であり、木を伐採してできた空き地の端であった。その先は、どちらを向いても八百キロ四方の森が広がっていた。どこまでも広がる高台、うっそうと茂る熱帯多雨林が果てしなく続き、ジャングルの彼方にそびえ立つのは標高三千メートルの花崗岩でできた山の頂で、そこにはサルやホーホー鳴く鳥、そして森の狩猟民族が住んでいる。ところどころ山が途切れている場所は峠となって、遥か二千メートル下に広がる砂漠を見下ろすことができる。まるで、地獄のような砂漠という海に浮かぶ、瑞々しい新緑で覆われた巨大な船に乗っている気分だった。

わたしは、空き地の端のちょうど森がはじまるあたりにテントを張った。これから探検だ。一番の目的地はもっとも高い山の頂上で、その麓までは森のなかを二十五キロほど歩かなければならなかった。すでに山頂は森の彼方に浮かび上がるように姿を見せていて、切り立った岩肌が恐ろしげにそびえ立っていた。

地図は持っていなかった、地図はなかったのだ。誰も行ったことがない場所なので、行き先を示す案内標識もなかった。あちこちに細い小道があるだけで、それはおそらく森の狩人たちが作ったものだ。森の狩猟民族たちは、伐採所の男たちと取り引きするために時々姿を現す、腰布をつけた小柄で物静かな人々で、取り引きが終わるとすばやく森のなかに姿を消してしまうのだった。

わたしは、道に迷って森で遭難する不安を減らすために、ある方法を編み出した。ハイキング初日、わたしは最初に選んだ道を小一時間歩いて大きな分かれ道にたどり着いた。分かれ道の周辺の道を何度も行ったり来たりして、十字路の様子と、周辺の木立の配置を完璧に頭にいれ、どちらの方角から見ても、選んだ道（おそらく頂上へと続くと思われる道）がわかるようになるまでその場に留まった。十字路に座ってその先の道の地図を描き、十字路と周囲の木立の絵を描いた。そのあとしばらく縦笛を吹き、その日の仕事はおしまいにして、引き返した。

その翌日、昨日の十字路はさっそうと通過して、さらにふたつ先の十字路まで進んだところで、心配でたまらなくなったので引き返してふたつの十字路周辺のおさらいをした。すると、その日に通ってみたあまり重要でない小道の他はかなりよく覚えていることがわかってほっとした。希望が見えてきた。毎日少しずつ山に近づいていたし、森の道にも精通してきた。

それにしても、森はうっそうとして、木々のあまりの茂りようはめまいがするほどだった。道は大声で叫びたくなるほど入り組んでいたし、暗く、じめじめして日が当たらなかった。高さ六メートルのシダ、ジャングルにつきもののぶら下がれる蔓、土ではなく植物の根や腐った落ち葉の上を歩かねばならない細い小道。午後には毎日気温を下げてくれる雨が降り、立ったまま空に向けている顔に当たる雨はやさしく、わたしを元気づけてくれた。踏みつけた足の下で崩れる腐敗物の感触と臭い。道を進んでいくと、しょっちゅう深い峡谷が現れ、それを下った先には小川が流れているはずだが、巨大なシダに隠れて水音しか聞こえなかった。

おそらく五日目、森のなかの小道を十キロほど進んだところで、最初の村を発見した。そこは狭い空き地だった。斜面にはトウモロコシだと思われる畑が広がり、森は途切れたが花崗岩の山はまだはじまらない、そんな場所だ。とても簡素な作りの小屋が四つ。おそらく住人は十人ほどだろう——痩せた、筋肉質の引き締まった身体をもつもの静かな人々で、動物の皮でできた着物を身につけていた。なかには唇にプラグをぶら下げている者もいた。女性たちは長いパイプを吸っていた。身を屈めて挨拶してくれたが言葉は発しなかった。わたしは気まずい思いでしばらく座っていたが、これまでよりさらに大きくそびえ立つ山をさして、あの山に登りたいのだと身振り手振りで伝えると、住人たちはそこへ通じる道を指さして教えてくれた。そして、いざ出発しようと思ったときに、十歳くらいの男の子が連れてこられた。男の子は結膜炎をわずらっていた。住人たちは子どもの目を手振りで示してからわたしを指さした。わたしに何かしろと言うのか？　わたしが白人だからといって、あるいはよそ者だから、もしくは部外者だからというだけで、いったい全体どうして彼らはわたしなら何とかできると思うのだろう！　実際わたしは、どうすればいいか少しは知っていた。抗生物質入り軟膏とテトラサイクリンを持っていたので、その両方を使うことにした。彼らに川の水を汲んでこさせ、子どもには手を洗わせ、父親にも子どもに触る前に自分の手を洗わせた。そして軟膏をつけた。身振り手振りで、来週はもっと持ってくると伝えた。

こうして自分の村ができた。その日から、わたしは毎日必ずこの村を通って山までの道を少しずつ開拓していった。結膜炎の子どもには毎日軟膏を塗ってやり、抗生物質を与えた。太ももに深い傷を負った男が連れてこられ、それも治療した。恐ろしげな結核性の咳をしている女性を連れてきたときは、打つ手はないとやんわりと伝え、彼らも諦めたようだった。村人はしだいによくしゃべるようになり、トウモロコシを届けてくれたりした。プリンカー——楽器の一種——を持ってきた者もいた。小さな木製の箱に長さの異なる六枚の金属の板が取りつけられていて、その板をかき鳴らすと金属的な音が出るのだ。彼らは恍惚とした様子でこの楽器を片手で奏でたが、正確に刻まれる変幻自在のリズムとその旋律はわたしにはとても理解できないものだった。わたしはお返しにリコーダーを吹いた。そんなある日、回り道して彼らのサル狩りにつきあうことになった。わたしたちは森のなかを這うように進んだ。低木の茂みをやすやすと抜けていく彼らを見ていると、身長百六十八センチの自分が、不器用で役立たずの大男になったように思われた。辺りの木の上にいるのはコロブスというサルだった。もちろんわたしには、サルを絶滅に追いこむこうした行為を許しがたく思う気持ちがあったが、彼らがサルをつかまえそうになると、ついつい期待してしまうことがしょっちゅうあった。そのとき、ひとりの男が矢を放ち、木の枝が折れる嫌な音と、木の枝を伝って逃げる他のサルがあげる金切り声が響き、一頭のサルが撃ち落とされた。わたしたちは獲物のサルを持ち帰った。サルは皮を剝がれ、深鍋でゆでられた。サブアダルトのオスで、片方の手が鍋から突き出ている。ふと気づくと、家のなかにはサルの皮の敷物が敷かれ、村人たちが着ているのもサルの毛皮の着物だった。サルの肉を食べるのは丁寧に断ったがその場に残り、村人たちが食べている様子を、吐き気を催しながら高ぶる思いで見ていた。

さらに何日か過ぎて山は近くなり、子どもの目もよくなったように思われた。村人全員の父親になったような、抗生物質の神様になったような気分だった。十日目ぐらいに、山の真下にある次の村に到着。間近で見る山は、これまでに見たなかでももっとも不吉な山に見えた。ごつごつしてさまざまな岩が複雑に入り交じった黒々とした山肌が無言でのしかかるように大きくそびえ立ち、没落したジャングルの帝国ジンジの要塞さながらにジャングルを突き破ってまっすぐそそり立っている。そして、ジャングルの最後の峡谷のはずれにあったのがその小さな村で、まるで、一千年前のジンジ帝国の最後の皇帝に仕えた祖先が果たした伝統的な仕事を受け継いで、いまも山へと続く小道を守っているかのように山裾にぴったり寄り添っていた。

その村に着いてみると、村人は懐かしい人々だった。わたしがシュヴァイツアーのまねごとをした村の住人は山あいに住む土着の狩猟民族で、ずっと昔からそこに住む、民族的にもはじめて出会った人々だった。しかしこのふたつ目の村はどうやら避難民の集まりらしかった――内戦が激化した十年ほど前に砂漠から逃げてきた人々だ。民族的にはトゥカ族で、国境のすぐ先のケニアの砂漠地帯で暮らすトゥルカナ族に非常に近い。わが家のような懐かしさ――リッププラグも首輪も見慣れた光景だ。お腹が突きだした子どもたちも、ひどい咳も、化膿した傷口も。言葉も五つ六つはわかるものがあり、わたしと住民たちは出会ってすぐに意気投合した。まるで故郷に戻ったような気分。すぐに、二日後にもう一度来る約束まで交わした。カシアノという男が、山の頂上まで案内してくれるという。そのとうてい登れそうにない岩山は、村人が住む小屋のすぐ後ろにある森を突き破ってまっすぐ高くそびえ立っていた。

二日後の午後遅くにその村に戻った。カシアノはわたしに、テントではなく彼の小屋で寝るように強く勧めた。自分は隣にある兄の小屋で寝るという。

村に着いたときから気づいていたことだが、十年前にここに移り住むまで、何世紀も砂漠で暮らす民族だったこのふたつ目の村の住民たちは、新しい環境での暮らしにまだ十分適応できていなかった。というのは、彼らは家のなかで火を焚き、たしかに山間部の寒さをしのぐのに火は必要だったが、砂漠で暮らしていた頃と家の建て方を変えていなかった――つまり完全に密閉された家だった。だから、室内に恐ろしいほど煙が充満してしまうのだ。煙のおかげで、村には目を充血させた人や結核性の咳をしている人がうようよいた。そこでわたしは、カシアノが出ていくやいなや、彼が一晩じゅう絶やさないように準備していった火を吹き消した――寝袋があるから十分温かいし、煙を吸うと気分が悪くなる。わたしはそのまま眠ってしまった。

真夜中、わたしは村人が一晩じゅう火を絶やさないのには別の理由があったことを知ることになった。わたしは、そのあと一生わたしに寒気を催させることになるある物音に気づいて目を覚ました。そしてああ、雨だなと思った。それから、ああ、雨が身体に当たっている、と思った——寝袋にも、顔にも雨粒があたる感触があった。そして、いや、自分は小屋のなかで寝ていたんだ、と思い出した。とたんに完全に目が覚めた。何かが、わたしの身体を覆い尽くすように這い回っているのだ。髪の毛がごそごそ動いていた。懐中電灯で周囲を照らしてみた。焚き火の煙には草葺き屋根をいぶす意味もあったのだ。それが巨大ゴキブリよけになっていた。煙がなくなったために、巨大ゴキブリは小屋のなかになだれこみ、トウモロコシでできた食品の詰まった麻袋のすべてにたかっていた。けれども、本当の災難はこんなものではなかった。ゴキブリを追って軍隊アリがやってきたからだ。

軍隊アリは、間違いなくアフリカじゅうで人をもっともぞっとさせ、冷静さを失わせ、パニックに陥らせる唯一の生物だ。やつらがそばに来ただけで、誰もが恐怖のあまりに身体を引きつらせ、うめき、震え、興奮して舞踏病患者のように跳ね回る。軍隊アリは群れでやってきて、広大な土地を埋め尽くす。巨大なアリでその牙には肉をちぎり取るほどの威力がある。軍隊アリの群れは静かにあなたの身体じゅうを這い回っているが、そのうちの一匹がひと噛みすると、フェロモンの作用で群れじゅうに危険を知らせる合図が伝わり、一斉に攻撃を仕掛けてくるのだ。アリたちが狙うのは、まぶたや小鼻など柔らかい部分だ。何にでも容赦なく攻撃をしかけ、奥地の病院では自分で逃げることのできない身体の不自由な病人を殺してしまうこともある。一度皮膚に噛みつくと、ものすごく強い力でしがみつくので、食いついたアリを引きはがそうとするとアリの胴体がちぎれて、アリの頭と皮膚に食いこんだ牙だけが残ってしまう。マサイはこれを傷口の縫合に利用している――傷口が大きく開いてしまうと、誰かが軍隊アリをつかまえてきて、手で閉じた傷口をあの嫌らしい牙で嚙ませる。そしてすばやくアリの身体をねじ切る方法で、アリの頭の並んだ縫い目ができあがるというわけだ。

けれども、軍隊アリの最高におぞましいところは、攻撃するときにシューと音を立てることだ。暗闇のなか、すぐそばの地面を這い回る軍隊アリの群れがたてるシューという音はまさに戦慄の響きなのだ。

小屋の中は軍隊アリであふれかえり、草葺き屋根からはゴキブリの雨がわたしの身体に降り注いでいた。しかしアリたちの標的はわたしではなかった。そのときはまだ。軍隊アリの群れは数えきれないほどのゴキブリの手足をもぐ作業に追われていた。トウモロコシの麻袋のすべてに無数のゴキブリがたかっていたが、さらに恐ろしいのは、アリによる立体的な橋ができていたことで、アリたちは互いの身体に抱きつくようにして床から袋までつながる橋をつくり、自分たちの十倍はあるゴキブリに嚙みついていた。アリはわたしの上を歩いていたが、いまのところ、わたしはただの調度と見なされていた。

逃げ出さなければならない。動けば、床を這うアリの上を踏みつければ、それをきっかけに身体にたかっているすべてのアリが攻撃をはじめるだろう。しかし他に選択肢はなかった。唯一わからないのは、アリの縦列が小屋の正面を包囲しているかどうかだった。もしもそうなら、わたしは夜のジャングルに駆けこみ、アリたちを振り切れるところまで走りつづけなければならない。

タイミングをはかり、ちょっとためらい、行動を起こした。二歩目を踏みだそうとしたとたんに身体に火がついた。炎が、小さな炎が、身体中を覆った。わたしは身体中をたたき、悲鳴をあげ、食いついたアリを引きはがそうとにかく動きつづけた。まぶたにも、唇にもアリがたかり、なんと股にも大量のアリが！　もうたまらん。わたしは小屋から飛び出して、叫びながら着ていたものを脱ぎ捨て、地面を転げ回った。ありがたいことに、アリの群れの進入路は小屋の反対側だった。腕を振り回し、ぎゃっと叫び、アリを引きはがし、痙攣でも起こしているようにぴょんぴょん飛びはね、地面に身体のあちこちを打ちつけて、食いついているアリを潰そうとした。カシアノや村じゅうの人たちが表に出てきて、思ったとおりわたしの窮状をおもしろがった。最後の一匹を身体からつまみ取り、脱ぎ捨てた服を着てから、わたしはおずおずと自分のしたことを説明した。するとカシアノは、アリを恐れる様子もなく急いで自分の家に入って火を熾し、するとアリの群れも、生き残ったゴキブリたちも、潮が引くように森へと帰っていった。

夜が明けると、わたしたちは山を目指して出発した。裸足のカシアノが森の木の枝を鉈で払って道をつくりながら進んでいくが、それは前に誰かが通った道がないからで、やがて目の前に本物の岩壁が現れた。そこからは岩壁を登ったが、壁は垂直といってもよかった。足場が不安定で、大きな岩についた溝に足をかけてよじ登ると、その溝からはがれた岩のかけらがバラバラと下に落ちた。とても無理だと思ったが、カシアノは岩登りに熟達しているようだった。一時間たち、二時間たち、ヘトヘトになり、汗だくで、楽しくなってきた頃に、ついに頂上にたどり着いた。スーダンの最高峰だ。見下ろすと目もくらむような景色が広がっている――そびえ立ついくつもの花崗岩の岩山の頂上の周囲を鳥たちが旋回していた。遥か下方の森は、わき上がるもやに霞んでいる。そしてずっと遠くのほうに砂漠が広がっていた。

山の頂上の、一番高い場所に石塚があった。ピラミッド形で、中が空洞になっている。そのときカシアノが無礼と言ってもいいほどのすばやい身振りで、わたしを石塚から追い払った。そして黙って、恭しくその場にひざまずいた。耳の後ろから、髪に隠れて見えなかった小さな鳥の羽を取り出し、石塚の中央に置いた。その瞬間、わたしは彼と同じすべてのアニミズム信仰者たちを心から羨ましく思った。

ケニアへ

そろそろ出発するべき時がきていた。出発しようとするべき時がきたと言ったほうがいいだろう。このあたりではなかなか交通手段が見つからないので、出発の何週間も前から準備する必要があるのだ。わたしは本線まで戻り、まっすぐケニアに戻るトラックか、ウガンダ経由でケニアに戻るトラックを探そうと考えた。

わたしは天国の地をあとにし、山を下ってトリトまで行く丸太運搬トラクターに乗せてもらった。その後は、ウィンピーという会社のトラック操車場で待機することにしたが、それがトリトで唯一有効な車探しの手段だったからだ。ウィンピーはイギリスの道路建設会社で、イギリス政府がスーダンへの贈り物として実施するジューバとケニアを結ぶ新たな道路建設の仕事を請け負っていた。ウィンピーはもう何年間も、砂漠の暮らしや、現地の部族民の襲撃、雨期に耐えながら、この地に道路を通そうと努力していた。だからこのウィンピーのトラック操車場は一番活気のある場所なのだ。

そこは予想以上に騒々しい場所だった——イギリス人のマネージャーがアラブ人の現場監督を怒鳴りつけ、現場監督は黒人の労働者を罵倒し、フォークリフトや削岩機、地ならし機がガタガタ揺れながら進んでいた。わたしは、ずっと遠くのほうにいる人々に目をつけた——それは六人のソマリで、ケニアナンバーの二台の石油タンカーの間の地面に輪になって座り、古い油の缶で入れたコーヒーを飲んでいた。東アフリカや中央アフリカでは、本物の長距離トラック運転手、つまりケニアのインド洋に面する港町モンバサで石油タンカーに乗りこみ、内戦や革命の騒動にわく各地を三か月間走りつづけ、コンゴで積み荷を降ろしてふたたびモンバサに戻る仕事を引き受ける、このタフでどうかしている人々は、みなソマリと相場が決まっていた。もともと砂漠で遊牧生活をしていた部族民である彼らが、現代の仕事として長距離トラック運転手を選んだのは、理にかなった転身だとも言える。彼らは十分な体力と回復力を持ち合わせており、六か月かけて大陸横断する配達の仕事を何とも思わないからだ。トラックの乗員は男ばかり二、三名で、運転手がひとりとあとは雑用係だ。質素でもの静かなソマリのトラックには、ラクダの乳と何箱ものスパゲッティ（イタリア領ソマリランドとしての植民地時代に培われた食の好みだ）、そして嚙むと向精神性の効果がある植物が山ほど詰めこまれている。ほかにはお祈り用マットと、銃、そしてもちろん他にもこっそり持ちこまれるものがあるはずだ。これがソマリのトラック運転手たちだ。

わたしはこのソマリ族の一団に声をかけることにし、一番年長のヤギ髭をはやし、ソマリには珍しい太鼓腹の中年男に近づいた。スワヒリ語で、車に乗せてくれる人を探している、あなた方はケニアに行きますか？　と尋ねた。しかし男はコーヒーから目も上げずに、失せろ、と告げた。わたしは操車場の彼らとは反対側の端に戻り、砂の上に座って本を取り出し、ヨセフの上着の刺繡の素晴らしさを説明する三十五ページもの記述を読みふけった。

四、五時間が過ぎたが、彼らはまだコーヒーを飲みながら同じ場所に座り、すぐそばを行き交うトラックを気にする様子もない。いまはトランプをしていた。わたしはもう一度頼んでみた。ケニアに向かう他のドライバーでもいいんです。知りませんか？　失せろと言ったはずだ、と男はまた繰り返した。またもや読書に戻る。それから二時間ほどたった頃、その年長の男が足を引きずるようにしてわたしのところにやってきて、まるで最後の警告でもするかのような声で、いいぞ、ケニアまで乗せてやる。ただしただじゃない、わかったな、と告げた。しばらく値段交渉をした結果、満足な値段で話がついた。出発はいつです？　今夜だ、と答えると男は足を引きずりながら仲間のところへ戻ったので、わたしはまた本を読みはじめた。数分後、一番年下の雑用係が近づいてきて、黙ってコーヒーとスパゲッティの入った椀を差し出した。「あっちはここほど日差しが強くない」と言い、仲間に入るよう身振りで促した。

そこでわたしはソマリの男たちの輪に加わった。全部で六人――アブダル、アブダル、アブダラ、アフメット、エフメット、そしてアリだ。アブダルとエフメットは二台の石油タンカーのそれぞれの運転手だった。アフメットとアリが交替の運転手、若いほうのアブダルとアブダラは、雑用係だ。彼らは強い絆で結ばれた運転チームであり、モンバサから三か月かけてジューバまで石油を運んできた道を、これから引き返そうとしていた。よく聞いてみると、六人ともソマリアの同じ村の出身だということで、おそらく彼らだけが生き残ったものと思われた。彼らの村は、アフリカの角と呼ばれる地域にあり、人知れず永遠に繰り返されている内戦のひとつによって壊滅状態となり、この六人だけが戦火を逃れケニアのモンバサまで歩いてきたのだ。自分たちを受け入れてくれたケニアに感謝するのが当然と思われるが、彼らはわたしの地図を勝手に持ち出し、ケニアの北東部の一画すべてについて、ここはソマリアの領土であると言って印をつけた。ソマリア政府も彼らと同じ見解を意図的に公表しており、そのせいで二国間の戦争が勃発しそうになったことも一度や二度ではなかった。

男たちはみなみすぼらしく、口数が少なかった。いや、ふたりの若い雑用係は違った。若いほうのアブダルが他の四人と違っていたところは、みすぼらしいがおしゃべりだったところだ――声が大きく、よくしゃべり、自慢げだった。自分より上手のペテン師にいつもだまされているケチなペテン師、という風情だった。少年アブダラのほうは六人の最年少であり、おそらく年齢は十六歳で、四人とはもっとも違っていた――無口で大人しく、虐げられて怯えているような、奇妙な雰囲気をもっており、目はどんよりと眠そうで、人に好かれたがっているのが手に取るようにわかった。アブダラはわたしの隣に腰を下ろし、まるで同族の者たちから救い出してもらうことを期待しているかのような、希望に満ちた目でわたしに笑いかけた。

午後も遅くなったが、カードゲームはまだ続いていた。わたしたちはまたコーヒーを飲んだ。わたしはふだんはコーヒーを飲まず、彼らが入れるコーヒーは気分が悪くなるほど濃かったが、飲まなければ殴られるのではないかと思った。夜になってもさらにカードゲームが続き、コーヒーが湧かされ、スパゲッティが出された。日が暮れてもトラックが行き交う喧噪は昼間と変わらなかったが、みなが眠る準備をはじめた。今晩出発するはずでは？　とわたしは尋ねた。するとエフメットが威嚇するように身を乗りだしてきて、何か急ぎの用でもあるのか？　と尋ねた。いえいえ。よし。では明日はケニア、あすはナイロビへ向かう、と言ったものの、そんなことは夢にも思っていないようだ。エフメットはわたしにお休みと言い嬉しそうに笑った。年長のアブダルとエフメットは運転台のベッドで眠った。アフメットとアリはトラックの下で眠った。若いアブダルと少年アブダラ、そしてわたしは操車場の砂の上に敷いたマットで眠った。

翌朝、わたしたちはみな早起きしたが、ソマリの男たちはさっさと輪になってカードゲームをしながらコーヒーを飲みはじめた。退屈と苛立ちを持て余したわたしは、ヨセフと兄弟たちの冒険の物語を読むことにしたが、ヨセフの兄弟たちの姿は、ソマリの男たちのことをよけいに思い出させた。午後三時頃に少年アブダラがぶらぶらやってきた。コーヒーとカード遊びにうんざりしてしまったに違いなく、アブダラはわたしの隣に腰を下ろした。しばらくして、わたしはリコーダーを吹き、アブダラは驚くほど素晴らしいソマリの歌の数々をわたしに教えようとした。ジャズっぽいもの、短い歌、抑揚のほとんどない単調な繰り返し、リズミカルな断章、静かにささやくような歌。わたしも負けじと、「雌馬がからす麦食べた、誰が食べたからす麦」を猛スピードで吹いてみせた。アブダラは感心したようだった。若いほうのアブダルがやってきて隣に座った。アブダラの女々しい歌を冷やかしにきた、というのが表向きの理由だったが、自分もすぐにソマリの歌や『サタデーナイト・フィーバー』のお気に入りのナンバーを歌いはじめた。

コーヒーがさらに湧かされ、スパゲッティがさらに茹でられてまた一日が過ぎた。その夜もまたマットの上で眠った。前夜と同じように、寝ているわたしたちの頭のすぐそばをトラックが一晩じゅうガタゴトと通りすぎ、りんを発光させた黄色いクリーグライトが灯され、レッカー車がやかましい音を立てて通りすぎるたびに、周辺何百キロにひとつしかない泥の水たまりの水をわたしたち目がけて跳ね上げていった。夜が明けると、男たちはまたもやカードゲームをするために集まった。彼らには、モンバサに戻る三か月間の辛い旅をはじめる気などほとんどなく、永遠にここに留まっていたいと思っているのは明らかだった。しかし、この日は運よく、操車場を管理するイギリス人のひとりが彼らをどなりつけてくれた。「とっととここから出ていけ、この汚らしいソマリめ。さもなけりゃひどい目に遭うことになるぞ」。イギリス人への殺人的な罵りの言葉を相手に聞こえないようにひとしきり吐いたあと、わたしたちは出発した。

冒険のはじまり、トラックはケニアを目指して砂漠を猛スピードで走りだした！　わたしはエンジンルームの外枠の上に座り、何を見ても上機嫌で快活に笑っていた。そう、わたしたちはどんどん進んでいた。トリトの町の東の端にある、この町最後の店に到着した。全員でどやどやと店に入り、新しいサンダルやクシを買う。年長の運転手のアブダルが、ものすごく奇妙な瓶に入った香水を買い、儀式めいた手つきでムカムカするような香りのその中身を、わたしを含めた全員の身体にふりかけた。清めの儀式。そう、これからはじまる長旅を祝福する儀式なのだ。それが終わるとみなで店に隣接する木立の下に移動し、座りこんでカードゲームを再開した。絶望的な気分だった。しかし二十分後にまたもやイギリス人が現れて、男たちをトラックへと追い立てたので、わたしたちはすぐ出発した。辺りの風景から考えても、これがこの長旅で最後に見る木立となるのは明らかで、だから車を先に進めたほうがいいのだ。

砂漠の砂の上をよろめき、ガタガタ揺れながら進むわたしたちのトラックは、それぞれ石油タンカーを二台連結して引いていた。砂漠は荒涼として寂しく、時々道がどこにあるかわからなくなることさえあった。午後、日差しが耐えられないほど強くなると、車体の下にもぐって昼寝をした。夕方になると車を停めてコーヒーとスパゲッティで休憩した。身体の表面にカフェインとでんぷんの層ができてきたように思えて、食事のたびにうんざりした気分になったが、みな一向に気にならないようだった。しかし今夜は、出発のお祝いに特別のごちそうが準備された。こういう場合は、年長のアブダルが、スパゲッティに大量の砂糖と上等のラクダの乳を混ぜる栄えある役目を任せられる。灯油コンロの上で温められたスパゲッティの一本一本に砂糖入りミルクの膜がはり、ひと噛みするたびにいつもよりさらに気分が悪くなった。わたしたちは、両隣の人の太ももに膝をのせるようにするソマリ式の方法で輪になって座り、真ん中においた鍋から右手でスパゲッティをすくって食べた。それからそれぞれの寝床に向かった。

まだ二、三時間しか眠っていないような気がした。そして実際、二、三時間しか眠っていなかった——夜の十時にアフメットに揺り起こされたのだ。急げ、出発だ。トラックはもうエンジンをかけていた。わたしは寝袋を丸め、荷物をつかんで車に飛び乗った。何を急いでるんです？　車を出すのにちょうどいい時間だからさ、とアブダルが答えた。数日前から、男たちの体内時計に何やら恐ろしいことが起きていることはわかっていた。昼夜の区別がまるでなくなっているようなのだ。男たちは真夜中まで車を走らせ、それから眠るようになった。夜明けより一時間も早く起きて出発し、昼間に二回の仮眠をとり、そのあと夜半まで車で走り、車を停めて二時間うたた寝する、という調子だった。唯一決まっているのは一日に五回車を停めることで、そのときは全員がどやどやと車を降り、お祈り用のマットを敷いて、メッカの方角を向いて祈る。男たちのこのとんでもないスケジュールはまったく理解できないと思ったが、しだいにわたしも頭が混乱しはじめた。なにしろ、「今日こそケニアだ」と請けあうアブダルの言葉を信じて出発しても、トラックは砂に埋もれ、砂をまき散らしながら、おそらく一日十キロメートルほどの距離をよろよろと進むだけだったからだ。

もうひとつわかったのは、彼らが残忍な悪党だったということだ。少年アブダラをのぞいては。小さな村を見つけると、男たちは必ずそのうちの一軒に押し入り、この上なく貧しい暮らしをしている住人から食糧を脅し取った。五人は（アブダラはわたしと一緒に待っていたが、ふだん以上に怯えた様子だった）崩れかけた小さな小屋に押し入り、衰弱し、びくびくしているその家の住人からタマネギを三個奪い取った。さもなければキャベツかオレンジを。出発から三日目にはヤギを奪ったこともある――ぼろぼろのズボンだけを身につけた住人が、怯え、怒りながら一頭しかいないヤギに抱きつき、離すまいとするのを、アリとアフメットが散々に殴りつけた。住人たちは哀れなほど生活に困っている人々で、運転手らはたまたま通りがかったからというだけの理由で彼らを脅し、略奪して、欲しいものを奪い取っている。わたしは嫌な気分になり、彼らが盗んできたものなど一切食べたくなかったが、彼らの気分を害するのも怖かった。アブダラもわたしと同じ気まずさを味わっているようだった。アリとアフメットがヤギの飼い主を殴りつけている間、アブダラはそちらを見ないようにし、ささやくような小声で、モンバサを出るときに十分な食糧を渡されなかったんだ、とつぶやいた。こうなった言い訳を探しているかのように。

この地に蔓延する暴力は、アラブ人とアフリカ人の間に永遠に存在しつづける敵愾心のせいだと思われた。おそらく遠い昔からずっと、ソマリの祖先たちは、スーダン人の祖先たちを奴隷として駆り集める侵略者側の人間だったのだ。アラブ人が支配するザンジバルの奴隷市場は、なんと今世紀まで開かれていたのだから。ソマリは、内陸に住む黒人に対して激しい軽蔑の念を抱いていて、その思いは骨の髄までしみこんでいるようだった。「あいつらスーダン人は動物みたいだ」、エフメットは、村人の家を襲ってなけなしのキャベツ二個を奪ったあとで、クスクス笑いながらそう言った。

またソマリは、仲間に対しても暴力をふるった。彼らは、わたしが知っているアラブ人同様、とても愛情深かった——話しかけると好意のしるしに手を握ってくるし、隣の人の腿に膝をのせるようにして座る——が、同時にひどく攻撃的でもあった。毎日、食事のために車を停めるたびに必ず喧嘩がはじまった。アフメットがトラックの車体の下で灯油コンロに火をつけようとすると、そんなやり方じゃだめだと誰かが文句をつけて、それで喧嘩がはじまった。エフメットはしょっちゅう砂漠の砂地で車を立ち往生させ、そのたびにタンカーと運転台の連結部をはずすはめになった。するとアブダルがエフメットがおかしな道を選ぶからだと非難し、するとまた喧嘩になった。やがてわたしは、彼らの喧嘩が一種の儀式的なものであることに気づいた。二台のトラックは必ず平行に停められ、全員がその間に集まって、食事、コーヒー、カードゲームがはじまる。そのうち緊迫した瞬間がやってきて、誰かふたりが喧嘩をはじめる。すばやい動きで容赦なくつかみあい、蹴りあう。負けたほうは必ず、面目を保つための最後の手段に出る——ひどく打算的で愚かで、残虐なアフメットは、若いほうのアブダルに攻撃をしかけ、速攻のパンチで砂の上に吹っ飛ばし、勝ち誇ったように立ち去る。アブダルは跳ね起き、手にはブーツナイフが握られている。儀式はまだまだ続く。みながその場にどやどやと集まってきて、アブダルを力づくで押さえつけ、ナイフを取りあげる——アブダルはアフメットを殺してしまうところだったが、多勢に無勢ではどうしようもなく、これでアブダルの面目も立つというものだ。若いアブダルは、遠くはなれた木の下でひとり不機嫌そうにしている。無言で食事が用意される。男たちは食べはじめるが、アブダルはまだむくれている。年長の男のどちらか、つまりアブダルかエフメットが、冗談か、なだめる言葉を大声で投げかけ、すると若いアブダルも男たちの輪に戻ってくる。

この儀式的行動が食事のたびに、停車するたびに繰り広げられた。戦いの儀式だが、ふつうの儀式とは違った——二回に一回は血が流れた。少年アブダラだけはこの儀式から除外されていた。そしてわたしも。やがて、自分がこれほど丁寧に、親切に扱われるのは、その裏に隠されたとんでもなく大きなトラブルに巻き込まれている証拠ではないか、という気がしてきた。ある日、車を停めると、誰もが上機嫌でいつになくはしゃいでおり、エフメットが後ろからわたしを羽交い締めにし、笑いながら地面に押さえこんだ。わたしも笑い、逃れようとじたばたしたがまるで歯がたたず、内心ひどく恐ろしかった。しかし何よりも妙なのは、わたしだけが完全に特別扱いされていることだった。彼らが珍しく盗みをせずに何かを買ったときに、わたしがお金を支払おうとすると、みなが不愉快そうにわたしにお金をしまわせた。食事のときは必ずわたしに最初に食べるように勧めた。彼らの態度はあまりにも思いやりと優しさにあふれすぎていて、これはきっと昔ながらのソマリの習慣で、砂糖がけのスパゲッティをたっぷり食べさせ、太らせておいて、満月の夜がきたら喉をバッサリ掻き切るつもりなのではないかと思った。そしてこの恐怖心は生半可なものではなかった。ソマリの男たちが何を考えているのかがわからないせいで、ふたつの国の間に横たわる砂漠の無人地帯で、彼らがスーダン人を脅し、殴って略奪する姿や、おぞましい怒りを爆発させて互いにナイフを向け合う姿、そしてスパゲッティの鍋をうやうやしくわたしの前に押し出す様子を見ながら、わたしは日に日に不安を募らせていった。

それから数日後、はっきりと定められていない国境の西側のどこかを、アブダルが運転するトラックが走っていた。そこは橋で、長さはおよそ六百メートルあり、一年のうち、おそらく雨期の二日間は深い川になるが、いまはただの深い谷となっている場所にかかっていた。コンクリート舗装された道の先に続く道路は、左側が水流にえぐられており、アブダルはその浸蝕された箇所に近づきすぎた。そして車体は、胸が苦しくなるほどゆっくりと左へ傾いていった——ワーッと誰もが大声をだした——身体が横に傾いていくなか、アブダルはハンドルを右に切ろうとしたが、それは無駄な努力だった。わたしたちはさらに左へ傾き、そしてゆっくりと横転した。全員が足を踏ん張り、考える時間さえあった。窓から飛び降りろ。だめだ、窓から飛び降りるんじゃない。頭がねじ切れちまうぞ。そして気がついたときには、わたしたちが乗ったトラックは倒れて横向きになり、そのあと完全に逆さまになった。

わたしたちは車内から這い出て、自分たちが置かれている状況を調べた。運転台は逆さまになり、一台目のタンカーは横向きに倒れ、二台目のタンカーは橋の上で縦長に直立していた。自分が乗っていた車の車台に砂漠の太陽が照りつけているのを見るのは、なんてうんざりするものなのだろう。わたしたちは、エフメットの運転台と後続のふたつのタンカーを切り離した。エフメットのトラックはすでに橋を渡り切っており、連結を切るには七人全員の力が必要だった。エフメットは、アブダルのトラックの運転台を牽引しようとしたが、エフメットの運転台も傾き、横転した。つくづく疲れ果てた。

ソマリの男たちは無理もないと思える行動をとった。エフメットがアブダルの運転のまずさをなじり、ふたりは喧嘩をはじめた。アリ、アフメット、若いアブダルも殴りあいをはじめた。少年アブダラとわたしはすくみ上がっていた。そのあとすべてが終わって静寂が訪れ、わたしたちは砂漠の熱さにくらくらしながら座っていた。もはや涼める日陰もなかった。タンカーの蔭は危険すぎたからだ。誰もが恐ろしく張りつめた気分だった。時々、手をシャベル代わりにしてタイヤの周囲の砂を掘るような、意味のないこともした。わたしたちを襲ったこの苦境がもたらした暗黙の了解によって、わたしたちは何も食べなくなった。誰もがどんどん怒りっぽくなっていった。喉が渇いていたが、水はほとんど残っていないようだった。アリは、すぐそばに毒アリがいるのに気づいたが、それに刺されれば五分で足の感覚がなくなり、一時間でズキズキする痛みに襲われる。サソリも姿を現した。夕方近くにアブダルとエフメットがまた喧嘩をはじめた。みなが正体のわからない不安に怯えているように見えた。

翌朝もまだその場に留まっていたが、少年アブダラがみなの不安の正体を打ち明けた。それはトポサ族だった。トポサは国境付近に住む血気盛んな部族で、なんとソマリのトラック運転手を襲撃して暮らしを立てていた。もともとトポサは政府軍の支配下にあったが、北方で起きた内戦を制圧するために軍が国境付近からの撤退を余儀なくされると、好き勝手に暴れ回るようになったのだ。彼らは銃を持っており（軍隊を襲撃して略奪した）、大人数で襲撃をしかけてすべてを奪い、ソマリのトラック運転手を銃撃し、石油タンカーに火をつける。奇妙なことに、二十世紀の小火器には精通しているにもかかわらず、走る車はトポサにとって依然として恐ろしいものであるらしかった。だから、彼らが襲撃するのは立ち往生している車か、野営のために停車中の車だけ——これが、ソマリの運転手たちの体内時計を無視した、狂ったような走りっぷりの理由だったのだ。ソマリの男たちを、寝る間も惜しむ運転へと駆り立てたものの正体が、トポサが近くに潜んでいるかもしれないという暗黙の了解だったのか、仲間内ではトポサへの不安を話しあっていたが、思いやりからわたしには伏せられていたのか、あるいは単に不安が嵩じたときの衝動的な行動だったのかはわからない。いずれにせよ、この周辺のどこかにソマリを襲撃する誰かが潜んでいるのかと思うとめまいがしてきた。嘘のような話で、ごっこ遊びでもしているかのようだが、ソマリの男たちがここまでトポサを恐れている姿を見れば、わたしも恐れを感じないわけにはいかなかった。

誰もがものすごくピリピリしていた。仲間内の罵りあいが絶えなかったが、やがてそれにも疲れると、みな座りこみ、憂鬱そうにぼんやりとし、時々毒アリを避けて別の場所に移動した。アフメットが銃を取り出したが、役に立つとは思えなかった。アブダラはわたしと同じくらい気分が悪そうだった。

昼すぎ、わたしたちのもっとも見晴らしのいい見張り場所、エフメットのタンカーの上で黙々と見張りを続けていたアリが、砂漠の方角をじっと見ていたと思うと、誰かこの場所を見つけた者がいて、遠くに見えている丘陵地帯のほうに急いで向かったと報告した。トポサに違いなかった。わたしたちがここで立ち往生していることを、村に知らせに戻ったのだ。

もう何がなにやらわからなかった。アリとアフメットは、銃を構えて守備位置についた。エフメットは、渾身の力をこめて、なんとかトラックをこの峡谷から抜けださせようと努力した。少年アブダラは、後方のタンカーの下に隠れた。みな呼吸が浅くなり、襲撃に備えて何かしなければと焦るのだが、できることは何もないとわかってもいた。頭に浮かんでくるのは、ずっと読んでいたトーマス・マンの小説の最後の一節ばかり――ヨセフの兄弟たちがヨセフを襲って、奴隷市場に売り払い、血染めの着物だけを父親ヤコブのもとに届ける（それを見た者は、ヨセフはライオンにでも食われてしまったのか、と思うだろうが、真相はわからない）。そしてヤコブは、年老いたヤコブは、息子の身に何があったのか知る術もないことに苦しみ、悩みつづけるのだ。そのときわたしは、死ぬのが怖くて慌てているわけではないことに気づいた。わたしが恐れていたのは、自分の遺体が見つかることはなく、両親は息子の身に何があったのか永遠に知ることはない、ということだった――わたしは完全に姿を消してしまうのだ。跡形もなく。

わたしはその場に座りこんで膝を抱え、ほとんど泣きそうになりながら高齢の父親のことを考えていた。少年アブダラは、橋の下に隠れた。他の男たちは、喧嘩をはじめた。アフメットが若いアブダルを殴りつけている。エフメットとアリは年長のアブダルを痛めつけ、アリは、銃の台尻でアブダルを脅していた。まさに大混乱、まったくめちゃくちゃの状態で、トポサはいまにもここへやってくるかもしれなかった。ベイカーのエンジン音を聞いたのはちょうどそのときだった。

わたしたちは、それが遠くを走っているのを見つけた。ケニアの方角から、わたしたちのいる場所に向かって、ゆっくりと落ち着いた徐行で近づいてきていた。それは巨大なトラクターだった。「ベイカーだ」とエフメットが年長のアブダルの首に両手をかけたまま叫んだ。「ベイカーだ」とソマリの男たち全員が跳ね起きて叫んだ。「ベイカーだ」とわたしも大声をあげ、少年アブダラと抱き合った。

喜びに沸く男たちの言葉からすぐにわかったのは、ベイカーとはウィンピー社が所有する一番大きなトラクターの運転手で、彼の仕事は、建設途中のまだ完成していない道路を行き来して、道路のあちこちで立ち往生している会社のトラックを救助することだった。トラクターはものすごく大きく、防弾ガラス仕様になっていた。ショットガンを肩にかけたウガンダからの難民の男とともに、彼らは国境付近とトリトを結ぶ道路を巡回し、エンストや横転で動けなくなったトラックを牽引して回っていた。

ベイカーは周囲を歩き回ってわたしたちが置かれた状況を把握し「大丈夫、問題ない」と言った。ベイカーは背が高くがっしりした、漆黒の肌をもつスーダン人で濃い髭をはやしていた。わたしはひと目で彼が好きになった。ベイカーはエフメットのトラックの運転台に鎖を取りつけると、ほんの一瞬で道路に引き上げた。そのあと鎖をはずし、また取りつけるのに十五分かけただけで、アブダルのトラックの運転台とタンカーも元どおり道路に並べられた。

ウガンダ人がチェーンを巻いて片付けていたとき、わたしは自分の心がすでに決まっていることを知った。意識して考えたわけではなく、決断しなければならないことがあることにも気づいていなかったのだが。わたしはベイカーの近くににじり寄った。トリトまで乗せていってもらえませんか？　怯えながら暮らす毎日に疲れ果てたわたしは、ベイカーに感銘を受け、ベイカーこそ、わたしを安心させてくれる、この世でもっとも頼りになる人だと決めたのだ。助けて欲しいと必死で頼むなんて、変に思われただろうか、とわたしは考えた。しかし彼にとっては日常茶飯事だったようだ。いいとも、とベイカーは妙にくだけた英語で答えた。荷物をまとめ、ソマリの運転手たちに告げる段になって不安になり、恩知らずだとか何とかいう理由で殴られそうになったらベイカーは助けてくれるだろうかと考えた。けれども、予想に反して彼らはがっかりしたようで、アブダルとの約束の料金を支払おうとすると、そんなものいらないというように手を振った。殴る気などなかったのだとわかると、わたしの胸にも彼らへの熱い思いがこみ上げてきた。

わたしたちは出発し、車はふたたび西へ向けて走り出し、ソマリの運転手たちの姿も見えなくなった。ベイカーのトラクターは一定のスピードで走りつづけた。どのぐらい進めそうか、今夜の宿泊地はどこになりそうかと尋ねると、「さあね。いまは時速十五キロ程度で走っている。でも、この先の川を渡るのにどのくらいかかるか、それに他に立ち往生しているトラックがあるかどうかによって変わってくるよ」という答えが返ってきた。胸のすくような答えだった——着けるはずもないのに「今夜はトリトだ」と断言したりせず、嘘もつかず、人を混乱させるようなことも言わなかった。ベイカーは「わからんね」と言い、起こりうる不測の事態について、とてもわかりやすく説明してくれた。わたしはベイカーのことがもっと好きになった。

車が五キロほど進んで、わたしも落ち着きを取り戻してきたころに、車体後部に着いているチェーンが緩んでいるのがわかった。大した問題ではなく、ベイカーとウガンダ人のふたりで数分あれば直せるらしい。運転台から降りしなに、ベイカーは運転席の下に手を入れ、ほら、やるよ、と言いながらマンゴーをひとつわたしに向かって放り投げた。もうひとつはウガンダ人に、あとのひとつは自分のためのマンゴーだった。ふたりはチェーンをきつく巻き直すために車の後部へ行った。わたしはトラクターの運転台にもたれかかった。そこは蔭になっていた。

いつかわたしもすっかり年を取り、そのときわたしの人生にはさまざまな思いや感情、感動がちりばめられていることだろう。けれども、この先どれだけ多くの経験を積み重ねたとしても、このあとの一瞬のことをわたしはいつでも、この上ない喜びと感謝の気持ちで思い出すに違いない。マンゴーをひと嚙みし、その果汁が口いっぱいに広がったその瞬間、わたしの目から涙があふれだした。数日来の不安からようやく解放された安心感だった。

後記　この数年後にはスーダン南部と北部の間のちょっとした小競り合いは、南部での容赦のない本格的な戦争へと発展し、二百万人の市民が犠牲となったが死因のほとんどは飢餓であった。さらに何百万人もの難民が生まれ、多くの子どもたちが孤児となったが、西洋社会に認知されることはほとんどなかった。ウィンピー社による建築途中の道路は破壊され、彼らをはじめ、事実上すべての西欧人居住者が南スーダンから閉め出された。ジューバとトリトは政府軍か反対勢力のどちらかによって占領されている状態が続き、したがってつねに占領していない側の勢力による兵糧攻めと飢餓に悩まされた。トポサ族はスーダンとケニアの国境付近を荒らすおもな略奪者となり、彼らはとくに難民キャンプを標的とした。そして、さまざまな救済組織からの報告がなされているとおり、北部のアラブ人による南部の黒人の奴隷化と売買がふたたび広まっている。

現在も継続している戦争について、時々報道される記事を読むとき、わたしはいつも、イマトン高原の片隅にある伐木搬出をおこなう小さな村、カティルのことが、カティルについての悪いニュースが載っていないかと探してしまう。そういうニュースがなければ、あの人々はいまも毎晩白いシャツや白いブラウスを着て踊っているということで、ということは、そこから何千メートルも高地の森のなかに隠れるように存在するわたしの村も健在で、村人たちはいまも、はるか下方の焦土と化した土地とは無縁の、サルを狩り、トウモロコシを栽培する暮らしを続けているはずだ。こんなふうにありえないことを思い描いて、自分を慰めている。

第Ⅲ部　頼りない大人の時代

13 ヒヒの群れ——政権が不安定だった頃

オスのヒヒに勤勉という言葉は似合わない。自分の欲望を抑えられないし、公共心もない。ついでに言えば、頼りがいもない。そういうわけで、すばらしい協力体制でサウルを失脚させた暫定政権はその日の午後には破綻して派閥化し、互いの名誉と身体を傷つけあう争いへと発展していった。

そのあと、群れは何か月ものあいだ混乱状態だった。ヨシュア、マナセ、レビ、ネブカドネザル、ダニエル、そしてベニヤミンは、あきらかに上位集団ではあった。たとえば社会的相互作用を見てみると、ダニエルの幼なじみであるダビデのようなサブアダルトに対しては彼ら全員が支配的に振る舞っていた。ところが自分たち上位集団内の順位に関してはまるで自覚がない様子なのだ。順位は毎日百八十度入れ替わった。たとえばレビがダニエルとの戦いに勝ち、その日の午後は何十回となくダニエルより上位であることを見せつけていても、翌日には支配関係が逆転していた。マナセがネブカドネザルより優位に立つ関係が何か月も続いているように見えていても、マナセが実際にネブカドネザルとの戦いに勝つ割合はたったの五十一パーセントで、安定している群れの場合の九十五パーセントとはくらべものにならない。群れは無政府状態に陥っていた。誰もが画策し、連合を形成するために何時間も費やしていたが、その力が試される最初の試練が終わるやいなや、関係は破綻した。そして、連合が解消されると、その四十パーセント近くにおいて、以前の協力相手が、今度はライバルの側につくようになった。争いの回数はピークに達し、怪我を負う率も同じくらい高まった。しっかり食べる者がいなくなり、毛繕いをする姿が見られなくなり、セックスへの感心も薄れた。公共事業計画が途中で頓挫し、郵便サービスが当てにならなくなった。

　このシーズンの終わり頃には、状況はある程度落ち着き、群れ内の順位も安定したが、その後の三年間に現れた最優位のオスは頼りない者ばかりで、みな在位期間は短かった。その頃の状況がどれだけひどかったかがよくわかる話がある。あるとき、とうとうベニヤミンが群れの最上位に上りつめた。これは一種のまぐれで、ほんの短い間だけ群れを支配し、発情期のピークを迎えたデボラと一度関係をもち、マナセとやり合って勝利したが、これも偶然の産物だった。予想どおり、こうした闘争的な世界の中心に身を置く暮らしは、ベニヤミンの得意とするところではなかった。ベニヤミンは挫折を味わい、いつもピリピリしていた。自分から誰かを脅しておいて、逃げ出した。問題が起きるとデボラの蔭に隠れた。マナセに脅されたベニヤミンが、ワルキューレのように強いデボラをさらおうとして、進化理論にいかに精通していないかを露呈したこともある。さらわれそうになったデボラは、ベニヤミンをひっぱたいた。ベニヤミンは苛立ってシマウマを追い回し、ある非常に緊迫した相互作用の後、午後じゅうずっと木の上から降りてこず、枝が折れるまでジャンプを繰り返していたこともある。またある日のこと、ベニヤミンは反対側を向いて昼寝をしているマナセに近づいていき、その背中に向かって威嚇のあくびをしてみせた。ところがマナセが身体の向きを変えて目を開け、威嚇しているところを見られそうになると、あわてて逃げ出したのだ。

　ベニヤミンは群れの仲間から信頼されるタイプでもなかった。ある午後のこと、移動中だった群れがふたつのやぶの間の狭い通路から現れた。先頭はベニヤミンだ。ところで、オスのヒヒは、順位にかかわらず群れの移動を先導することがほとんどない。もっとはっきり言えば、オスの後ろをついていこうとする者はほとんどいない。オスたちは、自分が何をしようとしているのかわからない。群れに加わってからそう長くないからだ。ヒヒの群れがついていくのは、年取ったメスのヒヒなのだ。とにかくベニヤミンは、ふたつのやぶの間から意気揚々と現れた。後ろは一度も振り返らずに。ちょうどそのとき、ふたりの女家長、リアとナオミが茂みに引き返すことを決め、誰もがその後に続いた。ベニヤミンは得意の絶頂でジープの側を通り過ぎ、そしてようやく後ろを振り返った。びっくり仰天、いったいみんなはどこに行ったんだ⁉ ベニヤミンは辺りを駆け回って仲間を捜し、過呼吸になり、ショックのあまり頭が混乱してしまったのか、戻ってくると、わたしのジープの下に六十頭あまりの仲間が潜んでいるのではないかと探しはじめた。

ベニヤミンは自分の地位を守るためにヨシュアと連合を形成し、ヨシュアはベニヤミンが最優位の地位を維持する手助けをした。ところが、ベニヤミンのやる気のなさは強い感染力をもっていたようで、すぐに、ふたりそろって毛並みはモジャモジャ、落ち着きのない様子で辺りをフラフラするようになった。マナセは、このふたりを追いつめようとするおもな挑戦者だったが、彼にとって不運なことは、たとえベニヤミンたちのような妙な連合でも、堅実な協力関係にある者たちにひとりで立ち向かうのはとても難しかったということだ。よく見かけたのは、ベニヤミンがメスと交尾している間、マナセが隙をうかがいながら無言で二頭のすぐそばを回っている姿だった。そして、マナセより一歩内側を、異様なほど活動的に、ときおりつまずきながら回っているのはヨシュアで、マナセの攻撃を防ぐ役割をどうにか果たしていた。しかし最後には、マナセの威嚇に耐えられなくなって、ベニヤミンとヨシュアはその場から逃げ出す。おなじみの麦わら帽子とダンボール製のスーツケースをひっつかみ、うんざりしている女性を連れて、森のなかで別の場所を探すのだ。そして数日後、今度はヨシュアが誰かと交尾する番で、ベニヤミンはヨシュアのためにちっとも巧妙でも戦術的でもない支援策を決行する。

愉快なふたり組だったが、この連合はそう長くは続かなかった。ベニヤミン自身もヨシュアとの協力関係も三週間で完全に精神的破綻へと追いこまれたが、政権転覆の公然としたもくろみがあったわけではなく、むしろ、ベニヤミンが疲れ果てて政権を放棄した、というほうが当たっていた。こうしてマナセが最優位のオスとなり、そのすぐあとに早熟なダニエルが続いた。その後も、ヒヒの群れの状況はますます混沌として急転換し、群れに加わったばかりのナサニエルが一気に最優位の地位に上りつめる、という事態を引き起こした。ナサニエルはとにかく身体が大きくて、わたしが吹き矢で眠らせたなかでも、もっとも大きく、もっとも重いヒヒだった——しかしその心根には攻撃性や野心はみじんもなかった。ただ身体が大きいというだけの理由で、誰もが彼を恐れて最優位の地位をゆずりわたした。けれども実際のところは、ナサニエルは身体ばかり大きい毛虫のような存在で、たくましい腕で赤ちゃんをやさしく抱きかかえたり、いい子にしていた子どもたちにグミキャンデーを配るのが一番似合っていると思われた。ナサニエルはいろいろな意味で、不愉快な社会的対立を避けて暮らし、レイチェルと友だちづきあいをしているイサクの心の友だった。ナサニエルは多くのメスと時間をかけずに次々と交尾して妊娠させ、そのあとすぐに、男どうしの馬鹿げた争いに見切りをつけた。自ら進んで最優位のオスの地位をしりぞき、引退後は自分の子どもたちと遊んで過ごすようになった。その後、ナサニエルがグミキャンデーを配っているところを見かけることはなかったが、赤ん坊のヒヒを空中に投げ上げて受け止めるのがとてもうまくなり、時々、身体によじ上ってくる子どもたちの重さで、その巨体を地面に押しつけたまま立ち上がれなくなりかけた。

政権が安定しなかったこの時代は、こんなふうに最優位のオスがころころ入れ替わった。そして、抜け目のないメスにとっては、その混乱につけこめる絶好のチャンスでもあった。ヒヒたちの交尾を観察していると必ず浮かんでくる疑問は、メスには誰と交尾するかについてのなんらかの選択権があるのだろうか、ということだ。昔の霊長類学の世界では、選択権はないだろうと考えられていた。一九六〇年代のものすごくわかりやすい模式的仮説によると、群れに発情期を迎えたメスが一頭しかいなければ最優位のオスがそのメスと交尾する。ある日の発情期のメスが二頭なら最優位のオスとナンバーツーに交尾の権利がある。発情期のメスが三頭なら……というふうだ。しかしこれは、メスにとっては必ずしもそれほど喜ばしいことではないだろう。あなたならどちらと過ごしたいと思うだろう——暴力的なネブカドネザル（いまや高位のオスだ）と順位の低いイサクでは？　尋ねるまでもないことだろう。そして、メスのヒヒたちの男性の好みも、まったくまともであることがわかり、たとえば暴力で支配しようとする男と出かけたいとは思わないのだ。けれども、自分の倍ほどの大きさのオスが相手の場合は、いたしかたない。最優位のオスが大きな権力をもち、地位が安定していて、そのメスに関心をもっているなら、メスはそのオスと一緒になることを選ぶだろう。好むと好まざるとにかかわらず。けれども、最優位のオスにつけこむ隙がある場合、頭のいいメスはすぐに気づく。そして、たとえばオスがマウントしようとしてもじっとしていない。あるいは、周囲を警戒しながら交尾していたオスが疲労や空腹を感じて休もうとしたり何か食べようとすると、その隙に立ち去ってしまう。そしてときには、露骨な消耗戦に持ちこむこともある。ある日のこと、発情期を迎えたレイチェルがヨシュアと交尾していると、マナセが邪魔しにやってきて、それを見たベニヤミンがふたりの間に立ちはだかった。レイチェルが彼ら三人の誰にも関心を持っていないのは明らかだった。そこで彼女は、わざとマナセに近づいて、ヨシュアがマナセと彼女の間に割って入るようにし向け、さらにベニヤミンをマナセとヨシュアの間に立ちはだからせた。それを何時間も繰り返して、ヨシュアがレイチェルを手放すか、緊迫した関係を終わりにしたくてマナセが引き下がるのを待った。そしてどちらかが手を引くと、レイチェルはまたもやマナセに近づいていった。この作戦は当然三人を苛立たせ、とうとう野原での決闘に発展した。その隙に、レイチェルはイサクとのひとときを楽しんだのだ。

この頃の群れの状況は、近隣の他のヒヒの群れにとっても好都合だった。群れのオスの半数は、怪我をしているか、落ち込んでいるか、戦いの作戦を練る気力がないか、午前中のいさかいのことで頭にきていて、誰とも手を組む気になれないかのいずれかだった。そんなとき、ある近隣の群れが時々やってきて、おそらくはっきりとした理由のないただの嫌がらせのために、わたしの群れを森から追い出そうとするようになった。百五十頭のヒヒたちが、叫び、吠え、追いかけ、攻撃するふりをし、身をかわしながら、森のなかを駆け抜ける光景はまさに見物だっただろう──わたしのチームをひいきにしている人にとってはがっかりする光景だったかもしれないが。というのも、わたしの群れのヒヒたちは、敵をうまく打ち倒すことができなかったからだ。マナセとネブカドネザルなら、侵入してきたヒヒの二、三頭を森からたたき出す獰猛な姿を見せつけることもできたはずだが、彼らはふたりで喧嘩しているほうを選んだ。ヨシュアが、この騒ぎに加わるためにデボラとの交尾を一時中断すると、それを見たナサニエルは、隣の群れのヒヒを追いかけるのをやめて、デボラを森のなかの静かな片隅に連れていこうとした。ヒヒの群れには協力の精神などみじんも感じられず、ついにある朝、八頭に対して三十頭という圧倒的多数で襲撃してきた隣人たちによって、群れは力ずくで森から追い出された。ヒヒたちはしばらく呆然としていたが、やがて草原に出ていって一日じゅう食物をあさり、その夜は、わたしが知っている限りでははじめて、いつもとは違う場所で眠った。いつもの場所から二キロほど離れたところにあるアカシアのやぶの細い枝の上に危なっかしい姿勢で座って。数日後には、ヒヒの群れはふたたび森を取り戻したが、隣の群れからの容赦のない攻撃はその後もしばらく続いた。

ちょうどこの頃、群れにはいくつかの目立った入れ替わりがあった。年老いたアロンと若いウリア、そしてレビが姿を消した。二年後に五十キロほど離れた場所の群れのなかにいるレビを見つけたが、とても元気そうだった。ほかのふたりも、きっと新しい住処を見つけたのだろうと思う。奇妙な姿の哀れなヨブもいなくなったが、彼の場合はハイエナの餌食となった可能性が高い。マナセは、わたしの群れとよその群れをどっちつかずに行き来していたが、どちらの群れでも目立った存在になることはなかった。欠員ができたところへ、何人かの新顔が入ってきた。ルベンはそのひとりで、背が高くてがっしりしたヒヒだったが、結局群れの順位のどこにも割りこめずに終わった。その後の数年間、順位を上げるのに必要な決闘のお膳立てを何度かしては、肝心のところでパニックを起こし、しっぽを立てて逃げ出すのだった。あるとき、群れのそばを数頭のハイエナが通りかかったことがあった。慌てる者は誰もいなかったが、ルベンだけはハイエナから隠れようと草むらにしゃがみこみ、しかしお尻としっぽが草の中から突き出していて、とても目立っていた。これでは誰だってルベンを臆病者だと認めないわけにはいかなかった。ねじ曲がった後ろ足をもつよぼよぼの年寄りのヒヒがやってきたのも同じころで、リンプと名づけた。リンプの毎日は、何かあるたびに八つ当たりの相手を求めてやってくる群れのろくでなしたちのおかげで散々なものとなった。それからしばらくして、ガムスも群れに加わった。ガムスは、リンプよりももっとよぼよぼの、想像を絶するほどの年寄りで、使いものになる歯は一本もなく、生きていられるのが不思議なくらいだった。ガムスが、殴られてばかりの気の毒なリンプよりほんの少し下の順位に落ち着くと、リンプはたちまち、昔は持っていたはずの同情心をすっかりなくし、機会あるごとにガムスをたたきのめすようになった。

この二頭の老いたヒヒたちが、敏捷性を失ったいまもまだ闘争心をもち、抜け目なく策をめぐらすのを見ていると、彼らはどういうヒヒだったのだろう？　と想像してしまう。どんな人生を生きてきたのだろう？　ずいぶん昔、リンプはセレンゲティ平原のどのあたりでその名を轟かせていたのか？　老いぼれてよだれを垂らしているガムスは、戦いで相手を殺したことがあるのだろうか？　もしかすると、リンプとガムスは若い頃からの知り合いで、とてつもなく悲惨な出来事の最後の生き残りなのではなかろうか？　もしもそうなら当時のことをいまも覚えているのだろうか？

またこの時期には、異例の転入者もやってきた――二頭のメスだ。通常メスは一生同じ群れで暮らし、友人や肉親、ライバルとの四半世紀にわたる複雑に入り組んだ関係という財産を形成する。だから、メスが群れを移動するということは、何か大きな問題を抱えている可能性が高い。そしてどちらのメスにも、政治的亡命者か、夫から度重なる暴力を受けている妻の風情があった。ある日のこと、わたしの群れと隣の群れが、食べ物をあさりに出てきた川床で鉢合わせした。群れの全員が、相手の群れに向かって吠え、うなり、威嚇し、騒ぎ立てると、向こうも同じように騒いでいたが、やがてどちらも落ち着き、食事を再開した。そのとき、向こうの群れにいた大人のメスが、川べりを全速力で駆けてきてやぶに隠れたのが目に入った。

しばらくすると、そのメスはまた別のやぶまで走っていって姿を隠し、そんなふうにして少しずつわたしの群れに近づいてきた。彼女が属する隣の群れはそろそろ移動をはじめ、山の向こうへ戻ろうとしていた――彼らも、もう森を横取りしようとはしなくなっていたのだ。それから十分が過ぎてメスがさらに近くのヤブに走りこんだときには、彼女の群れは尾根の向こうに消えていた。すると突然、メスはわたしの群れの真ん中に飛びだした。

そのメスはちょうど発情期のピークを迎えていて、おそらく排卵していた。そして注目すべき点は、犬歯でつけられたふたつの生々しい傷跡があったことだ――ひとつは後ろ足に、もうひとつは顔に。彼女もまた、エストロゲンなどなければいいのに、と願う女性のひとりなのだろう。彼女が自分の群れの何から逃げてきたにせよ、それが彼女の発情の程度と群れに嫌な野郎がいることに関係していたことは間違いない。

誰もが予想どおりの反応をした。群れのメスたちは彼女に嫌がらせをし、オスは彼女に近づいた。ルッとデボラはそのメスを追い回し、ブープシーは彼女が何か食べようとするたびに、食べ物を取りあげた。ヨナタンはレベッカへの思慕の情をすっかり忘れ、その新入りのメスにちょっかいを出してルベンに追い回され、ルベンはナサニエルに追い払われた。メスは、この馬鹿げた騒ぎに耐えて数日間群れに留まっていたが、おそらく、もとの群れの辛さにくらべれば、こちらのほうがずっとましだったからだろう。三日目の朝、彼女の発情期は終わり、女性ホルモンの悪影響も収まったので、もとの群れに戻ってもしばらくは平和に過ごせそうだった。メスはもとの群れへ戻り、その後はなんの音沙汰もなかった。

群れにやってきたふたり目のメスはもっと変わっていた。群れに居着いてしまったのだ。彼女が何から逃げてきたにせよ、それは相当にひどいものだったに違いない。前の群れでの順位も、家族の絆も、さまざまな友人関係もすべて捨てて出てきたのだから。彼女もまた発情期のピークを迎えており、肩に深い傷があった。さらに、しっぽの先がちぎれた生々しい跡があった。おそらくそれが、彼女が故郷に見切りをつけた理由かもしれなかった。ショートテールは群れに加わったが、家族もなく、つながるべき血統も不明であるため、メスの最下位に追いやられた。そしてそこで虐げられてもものともせずに何年も過ごした。彼女の思い切った行動とその暮らしぶりを考えれば、驚くほどのことではなかった。なにしろ彼女はとてもタフなのだ。ショートテールは定期的にウサギを捕って食べたが、これはメスには珍しい行為だった。またもっと大きな獲物の肉片をオスから奪い取ることもあった。群れのほぼ全員が彼女のことを頭がおかしいと思っていたようだが、アダムだけは違った。アダムは彼女と同じ頃に群れにやってきた柔和なオスで、その後何年間も献身的な愛情でショートテールを追い回したが、報われることはなかった。

クーデターにつぐ逆クーデター、そして日常化した混沌。政権が不安定だったこの時代は、そんなふうに過ぎていった。このころわたしは、ヒヒの観察をしている同僚が言ったある言葉をしょっちゅう思い出していた。『チンパンジーの策略』と題する、チンパンジーがいかに抜け目なく敵を出し抜くかを紹介するビデオを見たあとで、同僚は「ヒヒにほんのちょっとでも努力する気があったなら、チンパンジーのような生き方を目指すんだろうがね」と言ったのだ。そして、あの時代を思い返すとき、いつも心に浮かぶ光景がある。あれは、ベニヤミンとヨシュアの連合がそこそこの成功を収めたのちに破綻し、ふたりがなんとなく不仲になっていた、少なくともお互いに気まずさを感じていた頃のことだ。ある日森へ入ってみると、ベニヤミンが一本の木の後ろに両手をついてうずくまっているのを見つけた。どうやら何かをじっと見ているようで、警戒し、神経を張りつめているのがわかった。ときおり、用心しながらゆっくりと伸び上がり、木の蔭から空き地の向こうにある何かをのぞきこんでいる。しかしまたすぐに頭を引っ込めて、木の後ろの安全な場所に逃げこんだ。

いったいなんだろう？　と空き地の反対側に回ってみると、そこにはヨシュアがいて、同じようにイチジクの木の蔭に隠れていた。こうなったいきさつは知りようもなかったが、ふたりともその場から身動きがとれなくなってしまったようで、どちらも相手に気づかれないように身を潜め、時々木の蔭から向こうの様子をうかがい、何も企んでいないことを確かめては、また隠れた。お互いがお互いをそこに追いこんだようだったが、なぜ、どうやってそうなったのかは誰にもわからない。ふたりはまるで、偏執狂の森の精（ノーム）のように見えた。どちらもそれから三十分はそうして座っていたが、やがてヨシュアが木にもたれて眠ってしまうと、ベニヤミンはようやく安心したのか、忍び足でその場を立ち去った。

14
巻き上がった爪の男

群れの順位が不安定だった時期がそろそろ終わろうとする頃、研究のほうは着々と成果が上がっていた。まず、選べるものなら下位のオスにはなるものではない、ということがはっきりした。下位のオスは、おもなストレスホルモンの血液中のレベルが慢性的に高く、それはつまりストレス反応を活性化するひどい日常生活を送っていることを示唆していた。免疫システムも、優位のオスたちほどうまく働いていないようだった。血液中の善玉コレステロールも少なく、血圧が高いことを間接的に示す兆候も見られた。こうした順位にまつわる差異が生じる理由について、わたしはいくつかのことを考えていた。たとえば、下位のヒヒの血液中の善玉コレステロールが少ないのは、善玉コレステロールの血流への分泌量が少ないせいなのか、それとも分泌量は優位のヒヒと変わらないが、優位のヒヒにくらべて、より早く血流中から取り除かれてしまうせいなのか？　ということだ。これはどうやら前者の理由によるらしかった。またこんな点にも注目した。人間の大うつ病の患者のなかに、順位の低いオスに上昇が認められたのと同じストレスホルモンの基礎レベルが高くなっている例がしばしば見られる。どうやら、下位のヒヒにみられるこうしたストレスホルモンの過剰分泌は、人間のうつ病患者において、ストレスホルモンの分泌を高めることに関与しているとされるのと同様の、脳、下垂体、副腎のそれぞれの変化の組み合わせによって引き起こされているようなのだ。また、順位が安定している群れにおいては、優位のオスたちのテストステロンレベルがもっとも高いわけではない、ということもわかってきた。もっとも高いテストステロンレベルを誇るのは、優位のヒヒに戦いを挑んでくる生意気なサブアダルトのオスたちだった。わたしはこの発見にとても満足していた。わたしの研究分野の一部において広く知られている定説、つまりテストステロンと攻撃性の高さが社会的優位性を決定する、という説を真っ向から否定する内容だったからだ。

こんなふうに研究の成果は上がっていたが、このころになると、自分でももう若くはないと認めざるをえなかった。わたしはもはやジェリー・ルービン（アメリカの活動家 "Don't trust over thirty" という警句で知られる）に信用してもらえない年代へと近づいていた。本物の腰痛に悩まされるようになり、昏睡状態のヒヒを持ち上げるのがいちいち大変になり、真っ昼間の猛烈な暑さに耐える体力も昔ほどはなくなり、この時期の一番最後のアフリカ行きの飛行機のなかでは、物知りの旅行者と、オーツブランがコレステロールレベルを下げる健康的効果について（なにしろこれは一九八〇年代の話なのだ）、熱心に、大真面目に語りあった。そして、自分でも年をとったと気づくもうひとつのきっかけとなったのは、米と豆、台湾産のサバの缶詰という食事に年々嫌気がさしてきて、とうとう気が狂いそうになってきたことだ。しかし嬉しいことに、そして思いがけないことに、この頃には定期的に研究資金が支給されるようになっており、食糧を少しは多様化するゆとりもでき、これまでより高級な食品をいくつか買うことができた。とはいえ、年月を重ねてもわたし自身の味覚はそれほど改善されなかったようで、結局大量のイワシの缶詰と何箱ものスパゲッティを買った程度で、それをサバと米と豆の代わりにしようと考えた。

わたしが少し大人になったことを示すもっともわかりやすい変化は、博士号を取得し、博士号取得後の二年間の訓練期間がはじまったことだ。わたしが所属していた学問の世界では、これはまさにどっちつかずの宙ぶらりんの状態を意味している。映画館では学割を使えなくなり、奨学金の返済がはじまる。それなのに仕事らしい仕事はないのだ（ポスドクとはこんなふうに困窮した雇われ仕事で食いつなぐ訓練期間で、じつは存在しない仕事市場に学生たちが職を求めにいくのを数年間遅らせる意味がある）。

もちろん、アフリカの奥地に住むわたしの知り合いにとっては、学位などなんの意味もなかった。これまでの学生という身分も、そこの住人にとってはなんだかわかりにくいものだった。というのも、アフリカではどんな種類のものであれ、髭をはやしていいのは年寄りの男だけで、だからわたしのふさふさのあご髭を見た人は、無意識のうちにわたしのことをもっと年寄りだと（少なくとも四十代だと）思ってしまう。その一方で、アフリカでは「学生」という代名詞は十歳以下の子どもにしか使われない。その頃には両親が学費を支払えなくなり、子どもはもっと実際的なことに、たとえばヤギの世話などの仕事に戻ることになるからだ。だから、二十代後半だというのにもっと年寄りに見え、子どもがやるべき仕事をしているわたしは、なんともちぐはぐな人間だと思われていたのだ。

友人のソイロワをはじめ、わたしが学生ではなくなったと知ったマサイの男たちの誰もが一番聞きたがったのは、ブルックリンという村で暮らすわたしの父が、わたしに譲り渡すことになっている牛をくれるのはいつなのかということだった。しかしローダと彼女の友人たちは、もっと興味津々のおせっかいな質問をしてきた——いつになったら奥さんをもらって子どもをつくるの？と。彼女たちがあまりにもしつこいので、母親が手を回して聞きだすようにローダに頼んだのではないかと勘ぐったくらいだ。

しかし、こんな質問が出てくるのも、ソイロワやローダが住む村との間に良好な関係ができてきた証拠で、その理由のひとつはわたしがその少し前にキャンプ地を移動したことだった。それまでのキャンプ地は川のもっと上流にあり、川に沿って広がるやぶが目隠しとなって、動物保護区の外を行き来するマサイからは見えなかった。その点はよかったのだが、大きな問題点は、逆に保護区のなかにいる人からはキャンプが丸見えだったことだ。当時はちょうどツーリストブームが高まり、日本人旅行者を乗せたワゴン車が、ひっきりなしに、それも一番間の悪いときに（麻酔でふらつきはじめたヒヒを抱きかかえているときや、川で水浴びしているとき、もしくはやぶのなかで脱糞中に）、猛スピードでキャンプに突っ込んできて、フラッシュをたき、サイの写真を撮りたいのだがどこに行けばいいか？　と尋ねるのだった。

そこでわたしは、もっと下流の、マサイの村に近く、その点ではプライバシーはずっと守りにくくなる場所に移動した。この場所の利点は、川岸のわたしの小さな隠れ家と動物保護区の中心に広がる大草原の間に、こんもり茂った巨大な低木のやぶと森が立ちはだかっていることだ。ここなら、わたしのように奥地の暮らしに慣れた者以外は近づけないだろう、と満足してわたしはそこをキャンプ地とした。しかしもちろん、その日のうちに、くっきりと残ったわたしのジープのタイヤ跡を追って、日本人観光客を乗せた最初のワゴン車がやってきた。サイを探しているのだという。

そういうわけで、キャンプを移動してからも、わたしは驚くほど頻繁に、観光客のカメラの前で、麻酔で眠らせたヒヒと一緒にポーズをとらなくてはならず、しかも今度はローダやソイロワの村の目と鼻の先に住むことになった。母親たちは、毎日薪を集めにいく途中でわたしのキャンプに立ち寄り、おしゃべりをしていった。わたしが話せるマー語は五、六語しかなく、彼女たちもスワヒリ語は五、六しか知らず、英語はもちろんもっと知らなかったのだが。子どもたちはヤギの世話をほっぽりだし、風船を貰えるか、シャボン玉を吹いてもらえるのを期待して、キャンプをうろついていた。村の年寄りたちは、キャンプを日々の巡回場所のひとつに組み入れ、遠く離れて暮らすわたしの父親は元気かと尋ね、腕時計が欲しいと何度もわたしにねだっては、ことごとく断わられた。

マサイの村に近くなったおかげで、わたしの耳にもさまざまなうわさ話が届くようになった。すぐそばのツーリストキャンプでツアーオペレーターをしているあるイギリス人は、死にかけている両親の看病のために妻がイギリスに帰っている留守中に、旅行客の女性と浮気をしているらしかった。しかしこれは、驚くべきことでも興味深いことでもない――動物保護区内で観光業に携わっている国外在住者の大多数が、植民地時代のケニアでイギリス人たちが遠い昔からやってきた伝統的な行動を継承しており、それはアルコール中毒の浮気男になることと、もっとひどいのは、うんざりするほど嫌みな気取り屋になることだった。むしろおもしろかったのは、村の住民の誰もがイギリス人のこの行動を心のどこかで承認していることだった――たとえ白人でも、二番目の妻を探すという、村で昔からおこなわれてきた伝統的な務めのために努力する姿を見るのは嬉しいものなのだ。

もっとおもしろかったのは、ふたつ先の村のあるツーリストロッジで皿洗いをしていた少年が、気違い帽子屋（『不思議の国のアリス』の登場人物）みたいな欲求不満のアメリカ人旅行者の女に誘惑され、アメリカに連れ去られたという、ふたつの矛盾する感想を抱かせるうわさ話だ。まず、その少年が彼女と親密な関係になることを強要された、と考えるだけでおぞましく、嫌悪感がわき上がるのは間違いなかった。これは人種の問題ではなかった。彼女の顔の皮膚がはがれ落ちたというううわさがあったからで（彼女は日焼けしていたのだ）、ものすごく年老いていて（四十歳くらいだった）、少年に性の手ほどきをした彼女は、おそらくいまだに陰核を切除していないハイエナのような魔性の女だと思われていたからだ。他方で、この少年はアメリカで贅沢な暮らしを満喫したようだった。水もミルクも牛の血もいくらでも飲むことができた（この話は、その後マサイの村々に広まって波紋を呼び、そしてこれも意外なことではなかったが、マサイの人々と同じくらいゴシップ好きのケニアの研究者仲間の世界もこの話でもちきりだった。その女性はとてつもなく裕福で、そして実際、気違い帽子屋もかなわないほど頭がおかしかった。その後何年間も、愛玩物として少年を自分の農場に住まわせ、飛行機の操縦を習わせた。少年に飽きた女性がそろそろ少年を捨てようと考えはじめた頃に、少年はいかにもマサイらしい現実的な行動に出て自分から女性を捨て、女性よりずっと金持ちで、より若く、より頭のおかしいモンタナの社交界の名士と親密になった。その後少年は裕福になり、でっぷりと太ってマサイの村に戻ってきたが、恐ろしい試練を乗り越えて戦士のなかの戦士となった男として、大いに崇められた）。

また、隣の村の出来事についてのうわさ話も聞いた。ローダと数人の女性たちが、つい先日その村のふたりの長老が交わした契約の話を教えてくれた。ふたりとも、市場に来たのは新しい妻を見つけるためで、戦士時代からの長いつきあいの彼らが考えついた妙案は、お互いの末娘を交換して、相手の妻とすることだった。もちろん娘たちにも、一番目の妻たち（末娘たちの母親だ）にも相談はなかったが、みなが従順に結婚を承諾するようになるまでには、泣き叫ぶ声と殴りつける音が辺りに響いていたという。この話で興味深いのは、結婚が決められたいきさつではない。マサイの場合はよくあることだ。それよりも感心したのは、未開のこの地でも女性たちの意識が目覚めつつあるのが感じられたことだ。ローダと女たちは、この問題に対する嫌悪感を露わにし、不愉快そうに話しあっていた。そして「嫌らしい年寄りが」と不満げに鼻を鳴らしたのだ。

そして何よりもよかったのは、村の恥とされる隠し事さえも教えてもらえるようになったことだ。ある夜、あれはちょうど、最優位のオスの着るべきマントがヨシュアの肩を滑り落ちてマナセへと移った頃だった。サムウェリーとソイロワ、そしてわたしの三人でキャンプファイアーを囲んでいた。この頃には、ドライアイスは大きなビニール袋に詰められて船便で送られてくるようになっていた。サムウェリーがそのビニール袋に落ち葉を詰めてにわか仕立てのクッションを作り、わたしたちはそれにもたれてくつろぎ、食事をしていた。その夜の夕食は、米と豆、そして台湾産のサバだった。わたしの記憶が正しければだが。チリソースもかけた。

「いいチリソースだ」

「本当に美味しい」

「スパイシーだ」

「本当にスパイシーだ」。そのとき、やぶのなかでハイエナが吠える声がした。

「ハイエナだ」

「うん、あれはたしかにハイエナだ」

「米も豆もおいしい。すごくスパイシーだ」。そんな夜だった。

空には満月が出ていて、とてもいい気分で食事を楽しんでいると、ソイロワがアメリカにも月はあるのかと尋ねた。月はあるが、これほどきれいではないよ、とわたしは答えた。今日はごちそうで、わたしたちはドライフルーツにもかじりついた。少し前にキャンプを通りかかったアメリカ人観光客が、わたしたちのために置いていってくれたのだ。サムウェリーもソイロワもドライフルーツをとても気に入っていたが、そのまま食べるほうが簡単なのに、わざわざ果物を乾燥させる理由がよくわからないと言った。わたしは、アメリカ合衆国の冬はとても寒く、どこもかしこも雪が降る。だから収穫期の間に果物を乾燥させておかなくてはいけない。そうしておけば、そのあと作物がとれなくなって、外に出ずにじっとしている季節が来ても食べるものに困らないからね、と説明した。わたしの怪しげなスワヒリ語のせいで、サムウェリーたちは、アメリカ人は一年のうち冬の六か月間は洞窟で暮らし、硫黄燻蒸した棒状のパイナップルだけでなんとか飢えをしのいでいる、というイメージを持ってしまったかもしれない。

こうして、わたしたちはそれぞれ知っている話を披露しはじめた。わたしは、別の惑星で生まれたアメリカ人で、とても強くて空を飛ぶこともでき、自由と正義のために戦っている男のことを話した。彼は自分の正体を明かさず、新聞記者のふりをしていて、ある女性が彼のことを愛している。サムウェリーはその話は伝道師から聞いたことがあると思う、と言った。次にサムウェリーとソイロワが、ンドロボの話をした。ンドロボとはそのあたりで暮らす狩猟採集民族で、神話の世界に生き、ジプシーとまったく同じ文化的意味を担っている。彼らは、キクユやマサイ、キプシギの子どもたちをさらい、猟犬として育てると考えられている——さらった子どもに十分な食べ物を与えずに小さく育て、四つ足で走ってレイヨウを追わせる。ンドロボの首領は、自らコロブスモンキーに姿を変え、森を駆ける子どもたちのあとを追い、木の上から様子を眺めて、その仕事ぶりを監督するのだという。「コロブスになった首領は、もとの人間の姿に戻れるのかい？」と尋ねると、戻れるという答えが帰ってきた。「さらわれた子どもたちは本当に猟犬になってしまうの？　それとも猟犬のふりをしているだけなのかな？」。わからない、とふたりは答えた。誰も見たことがないから、というのも実際に見たものは、追いかけられて殺されてしまうからだ。

「じゃあ、なぜ君らはその話を知っているんだい？」とわたし。森を出て交易所にやってきたンドロボが自慢してたんだ——このレイヨウを見てくれ。こいつは、さらって猟犬に育てたキクユの子どもたちがつかまえたんだ。もちろん買ってくれるよな？と。

話はどんどん過激さを増していった。わたしはクロプシーの話をした。クロプシーはキャッツキル山地に住む野人で、小さな男の子を斧で殺すと言われている。ブルックリンのすべてのボーイスカウトやカブスカウト、サマーキャンプ参加者が、はじめてのキャンプで必ず聞かされる話だ。年老いたクロプシーは娘と一緒に森に住んでいたという。すぐ近くにボーイスカウトが来て木を切っていたが、不注意で手から離れた斧がクロプシーの娘の命を奪ってしまったのだ。クロプシーは頭がおかしくなって森へ駆けこみ、永遠に森のなかを徘徊しつづけ、ボーイスカウトがやってきたら、娘を殺したのと同じ斧で殺してやろうと待っている。そして今夜もクロプシーはこの近くのどこかにいて、どんどん近づいてきている。彼は探している――ここですばやく、聞き手の顔を懐中電灯で照らしだす――あなたを！　サムウェリーはこれをとても気に入り、「探している、あなたを」と何度も繰り返しては自分の顔を懐中電灯で照らしだした。クロプシーは何歳？　とサムウェリーが尋ねた。百二十歳で、鉄の歯とギラギラと輝く目を持っている。キャッツキル山地はどこにあるんです。この近くですか？　いいや。ニューヨークの北のほうさ。

今度はソイロワが、頭がおかしくなってハイエナと一緒にハイエナのように暮らすようになったあるマサイの男の話をした。男は何も身に着けなくなり、人間の言葉を忘れて人を避けるようになった。夜明けにハイエナたちと獲物をむさぼる姿をときおり遠くから見かけるだけだ。

この話にはみな身震いした。というのもこれは本当の話だからだ。ソイロワはその男の最近の様子に関するうわさを教えてくれたが、マサイたちもきっとこれには困惑し、恥ずかしさを感じるのではないか、そして多くのマサイが、この話は村の住人以外には聞かせたくないと思っているのではないか、とわたしは思った――つい最近、この男がマサイの村にこっそり戻ってきたのだが、ハイエナとなった男の臭いを嗅ぎつけた村じゅうの犬が吠えはじめた。村人たちが男を見つけたときには、男はすでに一匹のヤギに嚙みついてしとめ、その下腹を嚙み裂いているところだった。ハイエナの糞の上を転げ回っている男の身体は糞まみれで、足の指の爪は長く伸びすぎて螺旋状に巻き上がっていた。まるで、隠者のように暮らすようになった頃のハワード・ヒューズ（アメリカの実業家。晩年は強迫性障害などにより隠遁生活を送った）のように。

15 ガイアナのペンギン

まったく最悪の気分だった。その朝ヒヒの観察をはじめたときは、最高の一日になりそうだった。当時は群れのなかの順位が不安定だったせいで、若いダニエルが時期尚早に最優位の地位についたものの、体格のいいナサニエルにしょっちゅう痛めつけられていて、いよいよふたりの順位が入れ替わるのではないか、今日こそナサニエルが決定的行動に出るのではないか、と思われたのだ。霊長類学者にとって、いまの最優位のオスから次の最優位のオスへと権力が移り変わる瞬間を実際に目の当たりにできるなんて、またとないチャンスなのだ——歴史が塗り替えられる瞬間を見られるのだから。その朝ダニエルは、ナサニエルが近くにやってくるたびに、わざと場所を移動してナサニエルを見ないようにし、どうやら意思の力でナサニエルの存在を消し去ろうとしているようだった。ナサニエルのほうは、それでもじりじりとダニエルに迫ってきて、あたり構わず大きく口を開けて威嚇した。いよいよ大詰めが近づいているのがわかり、わたしは、ダニエルが降参して服従のポーズを示し、政権をゆずる意思表示をするのか、それとも運命を決める決闘がおこなわれて、ダニエルがこてんぱんに負けるのか、それをこの目で見届けられるのをものすごく楽しみにしていた。

ところが、いよいよおもしろくなってきたところで、わたしは群れをおいて出かけなくてはならなくなった。車でツーリストロッジまで行き、ナイロビから来る物資輸送トラックを迎えなくてはならないのだ。血液標本を冷凍するのに欠かせない重要な物資、ドライアイスが届くからだ。そういうわけで、わたしは楽しみをすべて諦めなくてはならなかった。

ツーリストロッジに行ってみると、よくあることだが、ドライアイスはナイロビから送り出されていなかった——その後一時間がかりでようやく無線電話がナイロビのドライアイス販売業者につながった。申し訳ない、と男は謝った。送るのを忘れていました。忘れた？　彼らは週に一回ドライアイスを送り届ける作業を何か月も続けていて、それなのになぜか突然送り忘れたというのだ。そろそろ手持ちのドライアイスが切れかけていて、そうなったら凍らせてある血液標本が溶けてしまうというのに、業者の男から取りつけられたのは明日にはドライアイスを届けますというまったく信用できない口約束だけだった。

ツーリストロッジを出てサンザシのやぶを抜けて帰る途中、車のタイヤがパンクした。今週だけで三度目だ。パンクはいつもとても厄介だ。まず、パンクを直す修理工のところに行かなくてはならない。ツーリストロッジのガソリンスタンドで仕事をしているはずの修理工はそこにはおらず、従業員宿舎に帰ってどこかで昼寝をしている。そこで宿舎に向かうと、たまたまそこにいた二十名ほどの人々と、何度も同じようなやり取りを繰り返すはめになる。つまり、まずお互いの両親の健康状態についての情報を交換し、そのあとは、いやだめだ、いまはこのハイキング用靴はあげられない。ぼくも必要だから、を繰り返すことになる。ようやくパンク修理の工員が見つかり、しょっちゅう何かに気をとられながらおこなう九十分間の作業でパンク修理が完了する。修理工が半券を差し出し、わたしはそれを持ってロッジの反対側の端にあるキャッシャーのところに持っていく。キャッシャーはメモに「パンク修理一件　四十シリング」と書きこみ、もうひとりの男がそれにサインをして、それでようやくわたしはレジで料金を支払うことが許される——これはすべて、修理工がこっそり修理をして料金を自分の懐に入れるのを防ぐための手続きなのだ。キャッシャーはまず紙切れを探して、五十シリング札を支払ったわたしへのおつりが十シリングであることを計算し、ようやくわたしは次のステップに進むことができる。このタイヤをキャンプの反対側のはずれまで持っていき、空気入れを使える男を探すのだ。男はもちろん、朝の十一時だというのにバーで酔っぱらっており、タイヤに空気を入れてあげたいのは山々だが、弟が空気ホースをしまってある倉庫の鍵を持っていってしまい、しかも休暇で一週間は戻らないのだと面倒そうに説明した。なんてついてないんだ。ということは、あと一週間はツーリストロッジのガソリンスタンドで寝泊まりするほかないが、それはものすごく困る、とわたしが伝えると、男はチャンス到来とばかりに、もしかしたら、もしかしたらだけれど、別の鍵を見つけられるかもしれないと言い、その腕時計を親切なアメリカ人価格で売るつもりはないか、と持ちかけてきた。「ハリウッドボール」と書かれたバッジをあげることで話がつくと男は満足し、その桁はずれなエネルギーをタイヤをふくらませることに注ぎこみ、たったの三十分で仕事を終えた。タイヤに十分な空気が入っているかどうかを調べる空気圧を測定する機械をもっている男は簡単に見つかり、さっさと仕事をすませたので、わたしはよい結果を期待した。ところがタイヤは空気不足だった。うんざりして、もうそのまま走ろうと決めた。空気ホース男をもう一度探しにいっても、とっくにバーに戻り、ハリウッドボールのバッジを売って飲み代にしようとしているに決まっているからだ。

パンク修理がようやく片付いたと思ったら、すっかりしょげ返っているリチャードに出会った——前日が月末で給料日だったということは、動物保護区の監視員たちがやってきて武器を手に酔っぱらって従業員宿舎をうろつき、ロッジのスタッフを脅してみかじめ料を取り上げていたということで、リチャードはいつもよりたくさん巻き上げられたうえに、わたしが税関を通さずにアメリカから持ってきた胃潰瘍の治療薬も半分取られたのだ。なんの薬かもわからないものを欲しがるなんて、ただの嫌がらせではないか？ リチャードはもう寝ると言った。

あらゆることにうんざりし、むしゃくしゃしてきたわたしは、とんでもないことをした。車を遠くまで走らせて別のツーリストロッジまで行くと、わたしを知っている人がひとりもいないのをいいことに、びっくりするような大金を支払って食べ放題のランチを食べたのだ。赤肉ばかりを吐き気がしてくるまでむさぼるように食べつづけた。それほどひどい気分だったのだ。

わたしはツーリストロッジの食堂に座り、観光客たちに向かって笑いかけた。自分も観光客だと思われるようにウェイターに注文するときも英語しか使わないようにした。アメリカ人を見つけて話がしたかったのだ。ヤンキースのことでも、最近の映画の話題でもいい。いまここでビッグマックが食べられたらどんなにいいだろう、というたわいのないおしゃべりでもよかった（実際には、今日まで一度も食べたことのない食品ではあるが）。

こんなふうに羽目を外してしまったことに罪の意識を感じながら、車を運転してキャンプに戻った。道中、この地の人々は、わたしやわたしの習慣に我慢がならなくなったとき、いったいどうしているのだろう、という疑問がわいてきた。

たしかに、わたしもここの人々もお互いのことを学びあい、新しい世界を知り、異なる文化を受け入れる努力をしているが、それでもわたしにはこの土地はまったく異質に感じられ、彼らにとってもわたしはまるで異質な存在であるはずで、お互いに対して感じている魅力も時とともに薄れていくに違いなかった。わたしはずっと、この地で長年かかわりあってきた異なる部族や民族、文化の間にこれ以上はないほどのあからさまな敵意が存在していることに驚きを感じていた。過去のあまりにも過酷な歴史によって、すでに互いに傷つき弱っているというのに。そして、その敵意が特にむきだしになって表れた結果が、わたしがこの数年間に見聞きした詐欺事件の数々だ。どれも異文化圏から来た人々を食い物にしようとするもので、その根底には相手への確固たる敵意がある。たとえばよくあるのはこんなやり口だ。

空港では、アフリカ人職員による、裕福な憎むべきインド人に対する手慣れた詐欺が繰り返しおこなわれている。ナイロビ在住のインド人の家族が海外から戻ってくる。ロンドンかトロントで暮らす親戚を訪ねた帰りだ。彼らは必ず山のような荷物とともに税関に到着する。たいていは、ケニアで買うよりずっと安い値段で海外で買ってきた、誰もが欲しがる電化製品の数々だ。いかめしい顔つきの税関職員は、出国前に税関申告書への記入をすませたか、と質問するが、それは彼らがでっち上げたありもしない書類だ。インド人家族が記入していないと答えると大げさに落胆し、彼らの持ち物すべてを未来永劫にわたって押収する手続きを取ろうとする。職員と同じくらい落胆したインド人一家は、この不運な事態を解決する方法はないのでしょうか、と探るように尋ねる。それ相応の賄賂が密かに支払われ、電化製品のお土産のなかの、ちょっとしたものが、税関職員への感謝と好意のしるしとして置いていかれる。こうして一家は無事に税関を通り抜けた……。

……と思ったら、税関を出ようとした彼らは警察官に肩をつかまれる。じつはこの警察官は、税関職員の汚職摘発の特別任務についており、たったいま、驚くべきことに、一家が国の職員に賄賂を渡すところを目撃してしまった、というのだ。罰金、禁固、むち打ちの刑といった脅し文句が並び、しかもすべての電化製品を、未来永劫、ナイロビの大通りで人々がクロスカントリーを楽しむ日がくるまで没収するという。インド人一家は狼狽し、この不幸な誤解を解くための何かいい方法はないかと尋ねる。またもや賄賂が支払われ、両者の間に築かれた愛とお互いへの尊敬のしるしとしてまたひとつ電化製品が差しだされた。一家は待合室をようやくあとにし……

……今度は、警察官の汚職を調査しているという、ロビーにいた軍の役人に呼び止められた……。

もちろんわたしも同じような手口にひっかかったことがある。あるとき、ツーリストロッジの警備員に、アメリカ製の時計を買ってきて欲しい、お金は品物と引き換えに支払うからと頼まれた。その警備員は特に知り合いでもなかったし、顔つきも好感が持てる感じではなかったので、あまり気乗りはしなかったが、いい人だと思われたくて承諾した。わたしは時計を買い、税関には申告せずに、買値の何倍もの税金を取られるのを免れ、安くなった分は警備員に還元するつもりだった。そもそも警備員がわたしに頼んだのは、時計を安く買うためだったのだから。時計を警備員に手渡すと、たちまち兄弟の宣言がなされ、代金は翌日に支払うという約束が交わされた。ところが翌朝にはとんでもない落胆が待ち受けていた——運悪く、と警備員は言った。動物保護区の監視員が彼が新しい時計をしているのにたまたま気づき、様式Ⅳ-7bの書類を見せろと言ってきた。これは時計がこの国に正式に持ちこまれたものであることを証明する書類だった。それがなければ投獄か、むち打ちの刑だと監視員は脅し、この不正な時計を保護区に持ちこんだ張本人がわかれば、セレンゲティ平原のヒヒたちを未来永劫収容しつづけることになる、とつけ足したのだという。しかし、警備員が勇敢にも仲間の名をしゃべらなかったので、ヒヒを収容する代わりに翌朝その監視員にお金を支払うことになった、と言うのだ。手元にいくらかお金はありますか？　と警備員は尋ねた。おろかにもわたしはお金を支払い、ところが翌朝には、さらにがっかりした様子の警備員がやってきて言うことには、大変なことになりました、監視員にお金を支払っているところを警官に目撃され、もしも警官が、時計をこの国に持ちこんで騒動を引き起こしたのが誰であるかを知れば……ここまで聞いて、さすがのわたしもとっとと消えろ、と警備員を追い払った。

もうひとつの伝統的な詐欺は、ナイロビに到着した初日にわたしがひっかかった手口だ。それはもちろんウガンダ出身のまじめな大学生によるもので、彼はイディ・アミンの独裁政権から逃れてきた難民で、彼を助けることがアミンを失脚させ、なんらかの政治システムを設立する手助けになる、と信じさせるのが男のやり口だった（相手がアメリカ人なら男はこんなふうに言った）「ですから、ウガンダに帰って自由のために戦わなくてはならないのです。あなたがたの祖先が、イギリスから自由を勝ち取ったように。そして二大政党制を採用し、二院制を敷くのです。国民は自由になり、大統領選挙の前には予備選挙期間を設け、党大会ではミニスカートのチアリーダーと麦わら帽子をかぶった金持ちの老人たちが勝利の歌を歌います。わたしたちは自由を勝ち取り、新しい国歌を作るでしょう。『ウガンダ・ザ・ビューティフル』、ああ、なんて美しいのだ、この広い空」といった調子だ。

この手口は、アミン政権が倒れた後も数年間は使われつづけ、アミンが、残虐行為はもちろんだが、その存在自体も平均的な旅行者に認知されている数少ないアフリカの指導者のひとりであることがわかる。

ほかには「ミセス・モートレーク」詐欺もあったが、いかにもそれらしく見せかけるには、イギリスについての相当詳しい知識が必要だと思われた。あなたがアフリカに住む外国人で、イギリスの植民地である郊外の食料品店の駐車場に車を停めたとする。買い物を終えて店から出てきたあなたは、ひとりのケニア人が頭の弱そうな卑屈な笑みをうかべて車の脇に立っているのに気がつく。そんな笑い方をする人を見たのは、植民地を支配するイギリス人がジョドパーズ姿で気取って歩いていた時代以来のことだ。男はこびるような態度で、ピンクの便せんに紫色のインクで書かれた次のようなメモをあなたに手渡す。

ミスター・チーヴァー様

駐車場であなた様のお車を見かけしましたところ、どこかの少年が無理に鍵をこじ開けようとしていましたので、わたくしどもの下男のフランシスに車を見張っているように言いつけました。近ごろの若者たちときたら、本当に何をするかわかりませんね。もしもよろしければ――じつは現金の持ちあわせがなかったのです――フランシスにカレン〔白人が暮らす通勤圏の郊外の地名。『愛と哀しみの果て』の著者、カレン・ブリクセンの名をとって命名された。彼女が暮らしていた古い家は、現在は記念館となっている〕まで戻るためのバス代をお渡し願えないでしょうか。あなた様のご親切に心から感謝申し上げます。日曜日の草競馬でお目にかかれますように。

ミセス・モートレーク（セオドラ）

やれやれ、とあなたは思う。おれはミスター・チーヴァー（あなたの頭の中には、膝丈のソックスをはき、巻きたばこ用のパイプをくわえ、怖いほど赤ら顔の、あちこちに老人性のシミの浮き出た老いた植民地住人像が浮かんでいる）なんかじゃないぞ。しかしあなたの車の番犬代わりをしていたあのフランシスは、尻軽のモートレーク夫人（セオドラ）のおかげでここでずっと待たされていたわけで、あなたにできることは、せいぜいあの男に家まで戻る金をやることとぐらいだ。戻ればやつは、夫人にお茶やクッキーを給仕して一日を過ごすのだろう。フランシスはもらったお金を手にその場を立ち去り、しかしその後も卑屈な態度で次の犠牲者が来るのを待つことになる。

これは明らかに、簡単に試せる方法ではない。ピンク色の便せんと紫のインクが必要だし、イギリスの御夫人らしい、美辞麗句をふんだんに使ったばかばかしい手紙を手書きする能力もいる。さらに、下男のフランシスに扮するには、数々の嫌がらせを耐え忍んだ経験が必要なのは言うまでもない。つまり初心者向きではないということだ。

この手口はしばらく流行ったが、策略に気づいた誰かが、「フランシス」にバス代を渡す代わりに車に押しこみ、はるばるカレンまで連れていき、そこで降ろして帰ってきたのを最後に姿を消した。カレンからの帰路、その誰かはミスター・チーヴァーになりきって、わざわざミセス・モートレーク（セオドラ）への敬意と欲望さえも告白してみせた。

ハイエナのローレンスとわたしが、わたしのキャンプより五キロほど上流にあるローレンスのキャンプで当時起きていた問題について、考えられる解決策をあれこれ話しあっていたのは、ちょうどこの頃だった。問題というのは、ローレンスとあまりうまくいっていなかったマサイが、ローレンスのキャンプのすぐそばに数えきれないほどの牛を連れてきて川を渡らせることだった。渡る場所ならどこにでもあるというのに。牛たちは、ローレンスのキャンプの上流で糞をし、草原をめちゃくちゃに荒らし、仕事の邪魔をした。牛を連れている少年たちをどんなに怒鳴りつけても、いやらしい牛たちをよそへ連れていくことはなかった。

わたしたちが考えついた簡単な解決法は次のようなものだ。いったんテントに姿を消し、劇的な間を置いてサングラス姿で再登場する。頭には、ヘッダ・ホッパーさながらにタオルを巻いている。手にしているのはベビーパウダーを詰め込んだハイエナの頭蓋骨と一本のマーカー。群れのなかで一番大きな牛のほうへつかつかと歩いていき、角をつかむ。そして、儀式めいた恐ろしげな態度で、ハイエナの頭蓋骨の目の部分や大後頭孔からベビーパウダーをまき散らしはじめるのだ。牛の頭にもベビーパウダーを直接振りかける。『オブラディ、オブラダ』のリフレイン部分を大声で口ずさみながら。牛に呪いをかけるこの儀式が終わると、牛の脇腹にマーカーで印を残す。わたしの個人的なおすすめは、矢が突き刺さったハートのなかに「ヴィニーとアンジェラはラブラブ」と書くことだ。この時点で、マサイの牛飼い少年たちはやぶのなかに身を隠し、怒りに身を震わせているはずだ――白人にあまりにも近づきすぎたせいで、牛たちになにやら強力な呪いをかけられた、と。呪いの儀式が終わった数秒後には、牛たちはキャンプから遠く離れた場所に移動させられるだろう、とわたしたちは考えた。

けれども、この作戦が実行されることはなかった。もしもそんなことをすれば、その夜にはマサイの村の長老の一団が、来月、牛が一頭でも病気になったらお前の命の保証はない、なぜならお前が牛たちに呪いをかけたからだ、と警告に来るからだ。

リチャードも、マサイにちょっかいを出されないための作戦を考えだした。リチャードは、ソイロワや他のマサイともとてもうまくやっていたが、川沿いの土地で暮らし、仕事をすることへの緊張感はつねにあった。リチャードとハドソンが宿敵である農耕民族の出身であるという事実を、マサイはけっして忘れなかったからだ。

さて、マサイは恐ろしい存在だと考えられているが、それは長身で堂々としたその態度のせいであり、恐ろしいほどの大人数で集まる傾向があるからであり、槍を使うのがものすごく上手いせいでもあった。けれども、すべての農耕民族がマサイを見たときに本能的に感じる不安感のほとんどは、マサイが牛の血を飲んでいるという事実からきているに違いないとわたしは考えている。

牛の血は、アフリカで遊牧をして暮らす牧畜民族のほとんどにとって、お決まりのごちそうだ。牛やヤギをつれてあちこちを放浪しながら、家畜のミルクと血で栄養を補給する。簡単で楽しい暮らしだ。毎日、群れのなかから一頭の牛を選んで引き出し、大騒ぎして鳴いている牛の頸動脈を切り、まだ温かい血を、ひょうたんでこしらえた杯で受ける。そのあと、首の傷口に泥をしっかりと塗りこんでおくと、牛はその翌週を少し貧血気味のまま暮らすことになる。血液は生で飲んだり、凝固させたり、ミルクと混ぜたり、または朝食のシリアルにかけたりもする。狩りに出かけたり、農作物を育てたりする手間が省け、程よくバランスのとれた食糧であることはあきらかで、おそらく生態環境にもやさしいはずだ。ところがケニアの農耕民族たちにとっては、これはむかむかするような習慣なのだ。

そう、時々人より勇気のある誰かが現れて、マサイが血を飲むのは、何かしら利点があるからに違いない、と考える。たとえばハドソンの父親は、間違いなく畑で一日じゅう考え抜いてから家に帰り、これから家族で牛の血を飲んでみることにする、マサイが長年愛飲してきたということは、彼らのうんざりするような食習慣にも何か重要な意味があるに違いないからだ、と宣言した。家族はみんな驚いた――楽しげなバックグランドミュージックが流れだし、すべてがテレビの連続ホームドラマの様相を帯びはじめる――「たいへん！　パパがマサイになっちゃった、そして家族は牛の血を飲むはめに！」　今夜八時から。『お父さんはバンツー族』という具合だ。そして結果は予想どおりだった。驚き、あきれる家族の前に、ハドソンの父親は一家が飼っている唯一の（そして怯えている）雌牛を引きずってきて、もう少しで殺してしまいそうになり（どうすれば出血を止められるか、よく知らなかったからだ）、すべてをめちゃくちゃにした。おぞましいものを飲もうとする者はひとりもいなかった。ハドソンの父親は、ものすごく用心しながらほんの少しだけ血をすすり、これはうまいと言い、そのあと血を話題にすることは一切なかった。と、そのとき、テレビショーのユーモラスなテーマソングが流れだし、それでおしまいとなる。

ときおり、こんなふうに血を飲んでみようと考える妙な門外漢がでてくるほかは、そのあたりで暮らす人々の大部分が、血液を飲むのはマサイだけの習慣だと考えており、マサイのほうは、その行為が人々をぞっとさせていることに、間違いなくある種の満足感を感じていた。そしてリチャードが思いついたこの作戦の肝は、マサイを彼らの得意分野で打ち負かし、さらには彼らの食習慣にうんざりさせることだった。

それは偶然生まれた策略だった。その日わたしはナサニエルを麻酔で捕獲していた。そのあとでマサイの女性をツーリストロッジのクリニックから家まで送ることになり、わたしは途中で寄り道してナサニエルを放してやることにした。ふだんやり慣れていることだと、木立のなかに隠した野生のヒヒを入れた檻に立ち寄り、おまけにヒヒはフーとうなったり叫んだりしながら跳ね回っていて、そのヒヒを放してやる、ということに他人は慣れていないのだということをついつい忘れがちになるものだ。しかしそれを見たマサイの女性は目に恐怖の色を浮かべていた。しかも檻から出てきたナサニエルはまだ麻酔が完全にさめておらず、すこしふらついていて、なんだか穏やかな牛のように見えた。わたしはふと思いついて、車から棒切れを取ってくると、いまだに方向が定まらないナサニエルの横を歩きなら、その尻を棒で軽く叩いた。マサイが牛の群れを追うときと同じように。牛を追うときのマサイを真似て口笛を吹きながらナサニエルを誘導し、わたしの車と、なかで不安を募らせているマサイの女性の横を通り過ぎた。ナサニエルを仲間のところまで送り届け、それから車に戻ると、ヒヒについてはとくになんの説明もせずに女性を村に送り届けた。

予想どおり、翌日には川沿いのすべてのマサイの村に、リチャードとわたしがヒヒを牛のように飼い、ヒヒから生活の糧を得ているのは間違いないといううわさが広まった。リチャードはたちまち、不安げなマサイの子どもたちから質問攻めにあった。あなたはヒヒのミルクをしぼって飲んでいるの？　もちろんさ。それだけ？　と子どもたちが尋ねた。一番恐れていることは、怖くて口にできなかったのだ。ほかにもいろいろね、とリチャードはわざと言葉を濁し、そのときこの作戦を思いついた。

わたしたちは慎重に計画を練り、最適な日を選んで実行に移した。その日、わたしたちはキャンプでぶらぶらしていたが、すでに新参者のオスであるルベンを捕獲してあった。キャンプにはマサイの子どもたちが大勢来ていて、とくに女の子が多く、サマーキャンプのライフガードが、十代の女の子たちに熱を上げられて困り果てることがよくあるが、それと同じような感じでリチャードに夢中になっているようだった。子どもたちは、わたしたちがヒヒから血液を採取する様子をいつものように興味津々で見守っていた——マサイは、血管を見つけ、出血量を調整することには日々の食事で慣れているため、静脈採血の訓練を受けたたいていの看護師よりも血液のことをよく知っていた。採血しているまわりを取り囲み、どの血管を突けばいいか教え、バタフライ型の静脈カテーテルや坑凝固剤に目をみはった。子どもたちは、血液を手動の遠心分離機にかけて血清を取りだし、ドライアイスを使って凍結させる作業もしょっちゅう見てよく知っていた。しかしこの日は、いつもとは違うことをするつもりだった。

リチャードとわたしは、遠心分離機に残った赤血球のほうにこれ見よがしに手を伸ばした。これぞ濃縮されたヒヒの血液で、それを、この計画のために犠牲にすることにしたコップに注いだ。ショックのあまり立ちすくんでいる怯えた子どもたちを尻目に、わたしたちはテントのほうに向かった。途中、子どもたちに背を向けた状態でコップを取り替えた。わたしとリチャードは、日本のお茶の儀式がはじまるときのような礼儀正しいお辞儀を交わし、コップの中身を順番に飲むと、なんて美味しいんだと大声で叫び、口のまわりを拭い、大げさすぎる演技で満足げに腹をさすった。

これで作戦は終了した。このあと、マサイは永遠にわたしたちのことをヒヒの血を飲んで生きている人々だと信じるようになり、リチャードが以前ほど頻繁にマサイから嫌がらせをされなくなったのも、このことが大きく関わっているのではないかと思っている。子どもたちはリチャードに群がって次々と質問した。どんな味だった？　おいしかったよ。人間の血と同じだ。それを聞いて子どもたちは後ずさりし、唾を吐き、息をのんだ。あの人がお金を払ってそんなことをさせるの？　子どもたちはわたしのほうをさして尋ねた。いや、あの人はぼくの友だちさ。ヒヒの血を飲ませてと言ったのはぼくのほうなんだ。家に牛はいないの？　うん、ぼくの父親は牛を飼ってないから。それでヒヒの血を飲むようになったんだ。

女の子たちのうちで誰よりも思いやりのあるひとりがリチャードに近づき、マサイらしからぬしぐさで彼の腕に触れ、牛を持っていないなんて、世界で一番貧しいのね、と優しく慰めた。しかし彼女の友人のほうは、リチャードになんの同情も理解も示さなかった。「人食い！」と腹立たしそうにつぶやくと、ふたりは行ってしまった。

ところで、ケニアでは誰もが誰かを食い物にすることしか考えていないのだ、とわたしが結論づけたちょうどその頃、観察シーズンを終えて母国に戻ったわたしは、これまで経験したことがないほど見事な手口の詐欺にまんまとひっかかってしまった。このとき奪われたのは給料小切手のほとんどで、すべてが終わる直前、わたしは深夜にものすごく危険な地域に停められたツードア車の後部座席に座っていた。運転席に座っていたのは、二人組の詐欺師の片方の、おしゃべりなニューヨーク市の運転手を装う男で、彼がすべてを取り仕切っていた。後部座席のわたしの隣にいたのは、もうひとりの詐欺師で、ガイアナの大農園の清純なお嬢様で、ひどい怪我を負った弟の見舞いに病院に行くところだという話だった。わたしは、何が起きているのかまったく気づかずに、偽物のガイアナのお嬢様と、彼女の美しい母国の植物相や動物相について会話を弾ませようと一生懸命だった。結局のところ、彼女はその話題について何も知らないようだったが、彼女にとって運がよかったのは、わたしも彼女以上に何も知らなかったことだ。

詐欺にあったことを警察に届けにいくと、どうやらこれは昔からある詐欺の手口のようで、「ガイアナのお嬢さん／運転手」と題された事件ファイルが、他にもたくさんあるファイルのすぐ横に並べられていた。たとえば「病気の盲導犬を連れた目の見えない修道女」「くじに当たったばかりのシャムの双生児」「美味しい中東料理のレストランを金に糸目をつけずに探す、アメリカを訪れたイスラム教国の首長と側近」といったものだ。警察官たちは、届出書に必要事項を書きこみながら、何かと理由をつけてはしつこくわたしの出身地を聞きだそうとした――「で、どこの出身だと言ったっけ？　アイオワ州のコンフェッド？　いや、カンサス州、バッカビヨンドだったかな？」わたしがじつは生粋のニューヨーカーであることを白状させようとして、何度も何度も繰り返すのだった。警察官らはあざけるように高笑いし、楽しんでいた。

だが、この話はまた別の機会にするとしよう。

16　ヒヒが木から転げ落ちるとき

さまざまな種類の詐欺行為を体験し、さらにはニューヨークでもいくつか詐欺にあって、もう十分学んだと思っていた矢先に、わたしはやっぱりまた騙された。そしてこのときの嘘にはとても重大な意味があって、単に、時計をだまし取ろうとする男の魂胆が見抜けなかったという問題とはわけが違った。生死を分ける判断を一瞬のうちにしなくてはならない状況に追いこまれたが、自分のまわりでどれほど馬鹿げたことが起きているのかまるで気づいていなかったわたしは判断を誤った。

あれはナサニエルが最優位のオスの地位についてからしばらくたった頃のことだ——ナサニエルは、わたしがジープのタイヤのパンク修理にぐずぐずと手間取っていたあの朝に、本当にダニエルから最優位の地位を奪い取っていた。リチャードとわたしの吹き矢の腕はめきめきと上がり、データがどんどん集まっていた。そんなある日、ムケミという名のナイロビ在住の獣医師が、数週間キャンプに滞在してデータをとることになった。いやいや、もっとはっきり言おう。ムケミはヒヒの住血吸虫症に関心をもっていて、ヒヒの糞の標本が欲しかったのだ。わたしたちは彼の希望を喜んで聞き入れ、わたしとリチャードの便の標本も欲しいという依頼さえも受け入れた。好調な日には、午前中に四頭のヒヒを捕獲した。これは記録的快挙で、わたしたちはカウボーイのようにヤア！とかけ声をかけながら車でキャンプに戻ってきた。生産的な体制ができあがりつつあった——毎日、午前中に何頭かのヒヒを捕獲し、手際よく測定をすませ、血液標本の間でフリスビーをし、持参した小さなビニール袋に糞を詰めるムケミの手伝いをした。素晴らしいシーズンになりそうだった。

そんなある日、動物保護区の監督官がわたしたちのキャンプにやってきた。こういう場合は誰もがちょっと警戒する——監督官がわざわざ来るということは、滞在許可が取り消されたか、何か頼み事があるか、サウジの王子か誰かが、もうすぐ休暇で近くに狩りにやってくるから、詮索好きの研究者は当分の間どこかへ消えるように、とのお達しを持ってきたかのいずれかだからだ。そして、このときは頼み事だった。やってきたのはじつは副監督官で、休暇でしばらく留守にしている監督官の代理だった。副監督官は明らかに、自分は仕事熱心な人の上に立つタイプの人間であり、報告された問題に適切に対処し、自ら進んでわたしに問題解決を依頼しにきた、と思われたがっていた。同じ保護区の、わたしたちのキャンプとは反対側のはずれにあるツーリストキャンプの支配人から、無線電話があったのだという。キャンプのすぐそばに生息するヒヒたちの間になんらかの病気が広まっている、と支配人は言った。たくさんのヒヒが死に、「木から落ちている」と。支配人は、死にかけているヒヒを銃で撃ち殺す許可を求めてきたのだ。

監督官は銃殺を許可し、その後、ヒヒに何が起きているのかを調べて欲しいとわたしに頼みにきた。治せる病気なのか？　旅行客たちに危険はないのか？と。どれもぜひ調べるべきことだったが、わたしは複雑な気分だった。引き受ける理由はたくさんあった。この話のすべてに少年のように冒険心をくすぐられていた。制服姿の男がある使命を伝えるためにわたしに会いにやってきたのだ。とても興味をそそられる、やりがいのありそうな仕事だ。絶好のタイミングでもあった。たまたまムケミが来ていて、彼の獣医師としての腕を借りられるからだ。それでもわたしは気が進まなかった——ムケミが自分の研究に使える時間は限られていたし、わたしもまたそうだったからだ。

しかしもちろんわたしたちは行くことにした。依頼人が監督官で、監督官の機嫌を損ねれば調査をやめさせられかねなかったし、監督官に取り入って点数を稼いでおく必要があったからだ。それに、わたしたちはそこそこうまくやれそうだった。朝がくるまでに、貯蔵用テントのなかを引っ掻き回して、持っていくものを荷物にまとめた。ヒヒを入れる檻、吹き矢筒、吹き矢、そして麻酔薬。採血に使うヴァキュテナー、注射器、注射針。遠心分離機とそれが壊れたときのために、手動のものをひとつ。血液顕微鏡、スライドガラス、染料。発電機と予備のカーバッテリーは装置を動かすためだ。テント、寝袋。さまざまな種類の抗生物質と消毒剤、痛み止めを大量に。綿棒、バクテリア培養キット、手袋、マスク、外科用手術着、骨を切断するためののこぎり、死体解剖用具とホルムアルデヒド入りの大桶。

わたしたちは早々に出発した。ムケミは、その日の目的地周辺で何年か前に調査をしたことがあり、そのときは肉食動物の糞を採集していた。だから昔を思い出してどんどんノスタルジックになっていった。わたしたちは全員で声を合わせて歌った。とびきり楽しい日だった。興奮に酔いしれ、この問題に取り組むのを楽しみにし、自分たちと自分たちの周到な準備に満足し、感動していた。わたしは、当局も同じように感動し、わたしのことを役に立つ人間だと判断して、滞在許可のことで嫌がらせをするのをやめてくれることを期待した。まるで獣医のSWATチームにでもなったような気分だった。作戦は万全で、状況が難しくなって手に負えなくなった場合には、ナイロビの霊長類研究所のすべての人員を動員することになっており、そのときは、けばけばしいオレンジ色のジャンプスーツに身を包んだ動物専門の病理医の落下傘部隊が雲の間から降下してくるはずだ。しかし、こんなふうに有頂天になっていたのも、まずは支配人に死にかけているヒヒを銃殺させ、ヒヒの身体を解剖して詳しく調べるところからはじめるべきだろう、と決めるまでだった。なんのことはない、わたしたちはこれからヒヒを殺しにいくのだ。以前に眠れぬ夜を過ごしたときのような不安感がまたもやわきあがってきた――解剖して何が見つかるのだろう、結論を出すまでにいったい何頭のヒヒを殺すことになるのだろう、失敗したらどうしよう、本当に疫病だったらどうすればいいのか？　すべてが片付いたとき、はたしてわたしは今朝のことを思い返し、あの日は素晴らしい日で、みなで歌い、ムケミはライオンの糞の話をしてくれたんだっけ、と懐かしめるだろうか。

支配人は駐車場までわたしたちを迎えに出てきた。彼は、年は若いが、いわゆる「年老いた白人のハンター」の部類に属する男だったった。さて、話を進める前に、わたし自身が、「白人のハンター」についてどんな印象を持っているかを明らかにしておくべきだろう。わたしが思い描くのは、植民地時代のアフリカが生んだ英雄的な人物像だ――ヘミングウェイの小説に出てくるような、白髪まじりのハンター、きびしいが原住民への態度は公平で、動物の心の動きを的確に見抜く能力をもち、ナイロビの酒場でひとり飲み明かして、意識がなくなる寸前まで酔っぱらい、しかし朝になるとすっかりしらふに戻って、ギラギラした目でサファリに出かけることのできる男。臆病な観光客が狩猟中に危険な目に遭ったときには、先頭に立って助け、客の妻を誘惑したりもする男、等々。そんなところだ。もちろん、ほとんどの白人ハンターはそんなふうではないとわかっているが、彼らがそういう顔を世間に見せたがっている以上、わたしもそのイメージを抱きつづけるつもりだ。しかしその後ケニアで動物狩りが下火になり、やがて禁止されると、白人ハンターについての次のようなあらたな神話が生まれた。狩猟が禁じられても、年老いた白人ハンターが姿を消すことはなかった。ずっと狩りを続けてきたなかで彼らの心に生まれた、敵である動物たちへの深い敬意が、やがて動物を殺すことへの嫌悪感に変わり、むしろ動物を保護したいと考えるようになった。ハンターたちは動物に関する豊かな知識を今度は動物保護のために活かそうと決め、猟区監督官となった、というのだ。たしかに、東アフリカが独立した頃に活躍した英雄的な猟区監督官の何人かはかつてのハンターで、現在はアフリカ人に地位を譲って引退したり、ツーリストキャンプやサファリツアー会社の経営に携わったりしている者も多い。しかし、実際のところはよくわからない。この件についての綿密な統計結果――動物保護に転じたのが何人で、ただ単に動物を殺すのを楽しんでいるのが何人で、サバンナの夜明けの景色にたたずみ、かっこよく、無口に決めようと頑張っているハンターが、実際全体の何パーセントぐらいいるのか――などないからだ。わかっているのは、そんなことわたしにはどうでもいい話だということだ。

こうした年老いた元ハンター兼猟区監督官兼ツーリストキャンプの支配人たちは、概して生物学者を忌み嫌っているように見えた。彼らにとってわたしたちは、彼らのアフリカを教化しようとする、彼らを侮辱する存在そのものだったのだろうと思う。ハンターたちはアフリカに入植当時からそこで暮らすタフなイギリス人で、十分な訓練もうけず、奥地での暮らしを通して奥地のことを学んだ、幅広い視野でアフリカを理解している人々なのだ。ところがわたしたち生物学者はたいてい若いアメリカ人で、それだけでも不利なのに、しかもアナーバーとかクイーンズとかいったありえない土地の出身だった。ちょこっとアフリカへやってきて、彼らの低木林の茂みを均一化された植生へと変えようとし、あるいは生態系とかニッチについて議論する。なんともはや、だ。それに短期間しか滞在せず、（ハンターたちが一生そこで暮らしているのにくらべれば）、ちっぽけな問題を研究している――ある種の植物がどのように受粉するのか、ある感染症がどのようにして蹄を介して広がるのか、あらゆるものが生き延びるために必要な広さは何エーカーなのか。生物学者は、くだらないことばかりに詳しい、いくじのないインテリの集団で、奥地では自分の面倒さえ上手くみられない。そしてどれもおそらくそのとおりだった。

　これがわたしの、白人ハンターたちについての先入観だ。そして、目の前にいるツーリストキャンプの支配人は、近くでよく見ると、わたしが思い描く年寄りの白人ハンターとは少し違うようだった。その違いは、若さからくるものではなかった。年老いた白人ハンターのイメージは、精神的な老成ぶりをさすもので、実年齢とは関係ないからだ。現実には若いハンターも大勢いて、狩猟禁止令によって就いたばかりの仕事を失っていた。支配人はただ単に太りすぎていたのだ。それは間違いなかった――ずんぐりして、顔にも首にも腹にも肉がつきすぎていた。肌がすべすべして、しわがなさすぎた。老ジョック・マリーが、アフリカ人たちによって猟区監督官を解雇されたおかげで、セレンゲティで進んでいた計画がすべておじゃんになったとハンターらが話すときに、彼らがこの上なく気難しげにしかめる、日に焼けた汚れた顔を持っていなかった。支配人は危険な感じのする口髭をはやし、出来の悪いかつらを被っているかのよう髪型は二十年前からずっと変わらず、だからそれは自分の髪だと思われた。お決まりのカーキ色の半ズボンとベストを身につけ、膝丈のソックスを履いてのべつまくなしにタバコを吸い、イギリス風の気取ったアクセントで話した。彼の名前をすっかり忘れてしまったことが残念でならない。彼は、プライバシー保護のための仮名を使わずに本書に登場させただろう、数少ない人物のひとりになっていたはずだからだ。

　猟区監督官は、わたしたちが行くことを無線電話で支配人に伝えておくと言っていたが、電話はかかってきていなかった。そこでわたしはやってきたわけを説明し、自己紹介をすませ、あなたがたのヒヒを助けに来ました、今夜からどうぞよくお眠りください、と伝えにきた公的権限をもつ職員らしく見えるよう努力した。支配人は来てくれて嬉しいと言ったが、まったく喜んでいるようには見えなかった。面倒なことになったと思っているのは明らかだったが、その理由ははっきりとはわからなかった。考えられる理由はたくさんあった。植民時時代はとうに過ぎ去り、いまや目の前には、当時はずっと存在さえも認めていなかった黒人の「医者」ムケミがいる、という事実のせいかもしれない。予告なしに訪問したのが気に入らないのかもしれない。あるいは、わたしのような外見の人間を目にした年配の入植者たちが必ず感じる一般的な不快感——ケニアにまた野蛮人が現れた——のせいかもしれない。

わたしたちは、観光産業の発展や最近降った雨についてしばらくおしゃべりをした。それから、ヒヒの病状について聞いてみた。すると意外にも、支配人はどうやら問題をうやむやにしたがっているようだった。たしかに病気のヒヒはいたが、いまも見つかるかどうかはわからない、と支配人は言った。

わたしは驚きを隠しきれなかった——「木から次々と落ちているのではないんですか?」

「いいえ、まさか。そんなことはまったくありません。病気のヒヒが何頭かいただけです」

「ああ、そうだったんですか。どうやら監督官の話を誤解してしまったようです。しかしとりあえず、これからヒヒを探しにいきましょうか。行っていいですか?」

「きっと難しいでしょうがね。ヒヒはふつう、なかなか見つかりません。何日も見かけないこともありますから」

「監督官の話では、ツーリストキャンプの生ゴミ捨て場に棲みついているヒヒだということですが」

「ああ、そうです。それは本当です。あそこを見にいくことはできると思いますがね」

どうやら支配人を怒らせてしまったようだ、とわたしは考えた。すべてを内密に取り仕切ろうとしていた矢先に、われわれよそ者が口を出してきたことに苛立っているのかもしれないし、わたしがあまりにも若く、髪を伸ばして、見苦しい格好をしているので、とても有能な人間とは思えないと考えたのかもしれない。わたしは愚かにも、なんとか彼をなだめ、信用を勝ち取らなければと考えた。

わたしは、自分たちの計画について説明した。まずヒヒの群れを探しだし、十分観察して、群れの個体数、年齢、病気のヒヒの性別的分布を調べるつもりだと告げた。そして、もしも衰弱したヒヒがいた場合には、支配人がそのうちの何頭かを射殺し、わたしたちはそのヒヒを解剖して、何が起きているのかを明らかにする計画だ、と話した。

支配人は鉄砲持ちを呼んで銃を持ってこさせ、とくにそのライフルを選んだ理由を詳しく説明した。しかしわたしは、銃についての支配人の話を何ひとつ理解することができず、彼が挙げる、ヒヒを撃つのにその銃が最適である理由もまったく聞いていなかった。驚くほどのことではない。わたしは銃愛好者ではないからだ。数年前のこと、ハイエナのローレンスとわたしは、奥地を徒歩で調査する際の護身用として、二連銃が必要ではないかと考えた。ローレンスが二連銃を一丁買い、ある日のこと、バークリーとブルックリン出身の、髭をはやしたユダヤ人ヒッピーふたり組は、射撃練習に出かけた。周囲に何もない場所まで車で出かけ、防音のために両耳にチューインガムを張りつけ、バッファローの頭蓋骨と缶詰の缶を的として並べた。ローレンスは、少なくとも銃弾の装塡方法は知っており、安全やその他諸々について講釈をたれ、実際にやってみせ、わたしが自分のつま先に銃口を向けてしまったときには大声で注意した。しかしわたしには、すべてが、ただ銃に手を触れることさえ品性を汚す行為のように思われ、許されない、不埒な、ユダヤ教徒にあるまじきことをしている気がした。それでもしばらく銃を撃つ練習を続け、なんと、ローレンスが放り投げた缶詰の缶に銃弾を命中させることもできた。その偉業をローレンスが褒めたたえても、わたしは男らしく無関心を装っていたが、帰りの車のなかでそのことについてぺちゃくちゃしゃべりまくって本性を露呈することになった。射撃練習を十分に楽しんで満足したわたしたちは、銃を永遠にどこかに葬り去り、やぶの中を歩くときにはとにかく気をつけることだけを肝に命じた。そういうわけで、わたしはなるほどというふうにうなずきながら、支配人の話を聞き流していた。

支配人と鉄砲持ち、そしてわたしたちは大量の荷物とともにキャンプの裏庭を徒歩で抜けていった。キッチン、貯蔵庫、従業員宿舎を通りすぎ、丈の高い草の間の踏み分け道を抜けてうっそうと生い茂る森へ入っていく。たいていの場合、観光客の目が届かないこうした場所に、生ゴミ捨て場はあった。動物保護区にあるすべてのロッジやキャンプが生ゴミ捨て場を持っていた——間違いなく、彼らのなかに、生ゴミを適切に捨てるという意識を持つものはひとりもいなかったが。一時的にキャンプを設営するサファリ会社は、生ゴミをそのまま川に投げ捨てていた。ずっと同じ場所で経営を続けるロッジは、蓋のない巨大な穴を掘ってそこに自分たちの糞尿を廃棄し、ヒヒやハイエナやハゲワシが争って奪いあうのをそのまま放置していた。そういうわけで、どこのロッジやツーリストキャンプにも、生ゴミを当てにして棲みついたヒヒの群れがいた。ヒヒたちは食糧集めに出かけなくなり、毎朝、ゴミ捨て場を見下ろす木の上で遅くまで寝坊しながら、生ゴミが投げ捨てられる時間になるのを待っている。別のロッジに棲みついたヒヒの群れを対象に、生ゴミをあさって、食べ残しのドラムスティックや厚切り牛肉、昨夜のカスタードプリンの腐りかけた塊を食べるようになったことによる代謝の変化を調べたこともある。すると思ったとおり、わたしたち人間が同じごちそうを食べたときと同様の変化が生じ、血液中のコレステロールやインシュリン、トリグリセリドのレベルが上昇し、それ以外にもさまざまな代謝異常が見られた。ゴミ捨て場のもうひとつの問題点は、カスタードプリンやドラムスティックを食べていいのはゴミ捨て場に捨てられている場合だけで、戸外でのビュッフェランチのテーブルに並べられているものはだめだ、と理解できるほどヒヒは賢くないということだ——そのためヒヒは、あっという間にゴミ捨て場をもつそのロッジ周辺を荒らし回る危険な清掃動物となった。さらに、人間が出した生ゴミが堆積しているゴミ捨て場には、ヒヒの病気の病原菌も堆積しており、野生のヒヒはそうした病気に対する免疫を持っていない。わたしはそんな例を過去にも見たことがあり、このゴミ捨て場に棲みついたヒヒたちに病気が大量発生しているという話も、それが理由ではないかと思われた。アメリカ合衆国の国立公園システムにおいて、ゴミ捨て場近くに生息するクマやアナグマが抱える問題をよく知っている人々にとっては、これは特に目新しい問題ではなかったが、動物保護区内のどのツーリストロッジもこの問題にはとくに関心をもっていないようだった。しかしこのことについては、のちほど長々と論じることにしよう。

それはよくあるロッジのゴミ捨て場だった。とても嫌な臭いがした。太陽にあぶられ、腐ってゆくゴミからゆらゆらと立ち上る鼻を突くような生暖かい風の臭いをかぐと、くらくらとめまいがした。ときおりおこなわれる焼却のせいで、腐りかけた残飯はいぶしたような臭いがし、そよ風が吹くたびに、煤や灰が舞い上がった。ハゲワシやハゲコウノトリが、ゴミを選り分け、つついている。ときおりコツコツとかチャリンといった金属的な音が混じるのは、げっ歯動物が缶詰の山の間を駆け回っているからだ。そして遠くのほうで、ゴミ捨て場のふちに座っていたり、低木のやぶや立ち木の低い枝に腰掛けて毛繕いをしているのはヒヒたちだった。

はじめてのヒヒの群れを見たときには、つまり他の研究者を訪ねていって彼らのヒヒの群れをはじめて見たときは、いつも苛立ちに似た気分を味わう——彼らのことを知らず、彼らがどういうヒヒかわからないからだ。誰が誰か区別がつかず、群れのなかでどれほど壮大な戦いや、悪巧みがおこなわれているかも知らず、中心的グループを形成するのが誰かもわからずに、どうして群れを評価することができるだろう？　それはどこか、壮大な物語の何ページかを読んだけれど、まだ話に入りこめないときのもどかしさに似ている。そういうときわたしは、群れのヒヒたちをながめて、頭のなかで一頭一頭を覚えようとする。

よし、目つきの鋭い耳がちぎれたヒヒがいるぞ。びっこを引いている者もいる。若いサウルに似たヒヒもいるが、こちらのほうが毛の色が明るい。さらにわたしは考える。このなかに、わたしのヒヒへの思いをすっかり変えてしまうような一生を送るヒヒはいるのだろうか？　誰と誰が親戚なのだろう？　この群れではどんな順位ができているのか？　いったいどれだけ時間をかければ、自分の群れと同じぐらい愛着がわいてくるのだろう？　ベニヤミンのようなお気に入りのヒヒをここでも見つけられるだろうか？

けれども、今回はそんな目的でここに来たのではなかった。ヒヒたちは人慣れしていた。キャンプにはいつも大勢人がいるからだ。ヒヒたちは、ゴミ捨て場の後ろにある森のなかから出てくると、ゴミ捨て場を取り囲む空き地までゆっくり進み、新しいゴミが捨てられていないか確かめようとしているようだった。彼らはわたしたちのすぐそばを通りすぎていったので、その姿をよく見ることができた。ときおり支配人がそのなかの一頭を指さして、問題点を指摘した。

「あそこのあれはどうです。毛が抜けすぎていると思いませんか？」

「どれですか？　あれ？　いやあれは風が変な方角から吹いているせいです」

「ではあれはどうです？　足を引きずっているでしょう。ほとんど歩けないようですが」

「骨折ですよ。おそらく木から落ちたんでしょう」

支配人は、病気のヒヒは今ごろはたぶんもうみんな死んでしまっており、他のヒヒも回復の見込みはないだろうから、見つけるのはもう無理だろう、と繰り返した。

そこへ、さらに別のヒヒたちがやってきた。一頭のメスの後ろをついてくるのは大柄な子どものヒヒで、母親は子どもを抱いて運ぶのが嫌でたまらないようで、むしろ自分のほうが運んでもらいたいくらいだと思っているのは明らかだった。子どもがいつまでもぐずっていると、ついに母親は手を大きく振り上げて子どもの顔をぶった。取っ組みあい、牽制しあっていた二頭のサブアダルトのヒヒたちは、自分たちより小さいヒヒを餌食にすることに決め、金切り声をあげて逃げる一頭の子どもを追いかけて一緒にやぶのなかに消えていった。さかりのついたメスのあとをついて歩いていくのは、内気で神経質なオスで、そもそもメスのほうはまったく相手にしていない。やぶからヒヒが出てくるたびに、わたしたちはその姿を目で追い、食い入るように見つめつづけたが、まるで、欠点のある者や弱い者を目を凝らして探すハイエナのようだった。焼却されくすぶっているゴミのせいで辺りには熱気がたちこめ、ゴミの臭いがさらに暑さに拍車をかけていた。しばらく続けると、見ているだけでも、本気で見ればこれほど疲れるものだったのだとわかった。

どうやら、これで群れのほぼ全員が出てきたようだった。わたしが見た限りでは、何も問題は見つからなかった。

「そうですね、いまのところ問題はないように見えます。病気のヒヒがどんな様子だったか、もう一度聞かせてもらえますか？」

すると思いがけないことに支配人はカッとなってまくしたてた。

「病気のヒヒの様子なんて、うまく説明できるわけがないだろう。俺は医者じゃない。しゃれた専門用語も知らないんだ。俺はここでキャンプを経営していて、すごく忙しい。それでもあんたたちや監督官の手伝いをしようと思ってわざわざ来た、それだけだ。いいか、病気のヒヒがどんな様子だったかって、ただ病気みたいに見えただけだ。おれは専門家じゃないんだよ」

悪いことをした、と思った。わたしが彼を怒らせてしまったのだ。前触れもなく押しかけたこと、いい印象を与えようとし、わたしたちにはヒヒを安心して任せてもらえる能力がある、と伝えたこと、そして

「こちらがドクターM、わたくしがドクターSです」と自分たちの経歴をひけらかすようなまねをしたこと、それがいけなかったのだ。彼はきっと見下されたと感じ、わたしの態度を恩着せがましいと思ったにちがいない。支配人は病気のヒヒを見つけて不安になり、自分の身を守ることばかり気にしていたので、病状を詳しく観察しないうちにヒヒは死んでしまったのだ。もっと気配りが必要だった、とわたしは考えた。本当は、そんなふうに考えずに、一秒でいいから相手を疑ってみるべきだった。それなのに、わたしはまたもやへまをやらかした。支配人が病気のヒヒの様子を思い出しやすいように手助けしようと考えたのだ。

「では、その病気のヒヒたちは、痩せていませんでしたか？　体重が減っているように見えたということは？」

「そうそう、そのとおりです。骨と皮みたいに痩せたヒヒもいました」

「毛が部分的に抜けていませんでしたか？　抜けた部分がネズミの皮膚のように見えませんでしたか？」

「そうなんです。だからさっき、毛並みの悪いヒヒを見つけてあなた方に見てもらったんです」

「なるほど。それで、病気らしいヒヒは咳をしていましたか？」

支配人はこと細かく説明しはじめた。「咳はいつもしているわけではありません。でも咳が出はじめると長く続きました。肺の奥からこみ上げてくる、低く響きわたるような咳で、肺に何か問題があるにちがいないと誰もが感じる種類の咳でした」

ああ、どうしてわたしは、ほんの少しでいいから疑いの気持ちを働かさなかったのだろう？　なぜ、「では、左半身だけに明るい紫色の皮膚炎があり、筋肉の痙攣のせいでチャールストンを踊っているように見える者はいましたか？」と質問して、支配人がいたと答えるかどうかを確かめなかったのだろう？

しかしわたしはそんな質問はせず、予想される病気の症状を教えるような真似を続けた。
わたしはがっかりしていた。結核の流行を疑っていたが、最初の流行で結核を患ったヒヒはすでに一頭残らず死んでしまったようだった。これは驚くべきことで、ふつうはそんなふうに流行の第一波が完全に治まってしまうことはないのだが、そういうこともあるのだろう。実際に病気で死んだヒヒを解剖してみないことには、わたしの懸念を確かめることも、どのような種類の結核であるかを明らかにすることも、感染源を突き止め、最善の治療法を探ることも難しかった。次の流行を待つほかなかった。さもなければ、すべてのヒヒを順に捕獲して検査をするか。それは何週間もかかる作業だった。まだ病気のヒヒが生きている間にここに着いていさえすれば、調査の第一段階に取りかかることができたのだが。

はじめに彼を見つけたのはリチャードだった。また別のヒヒたちが現れて、おそらくこれが群れの最後のメンバーたちだと思われた。リチャードはシーッと低い音を出してわたしたちに注意を促し、後ろのほうに隠れてよく見えない一頭のヒヒを指さした。リチャードは前かがみになり、背中を弓なりに反らせてみせた。ヒヒの真似をしているのだ。ヒヒは若いオスだった。痩せて、身体の毛も少なかったが毛並みにムラはなかった。足を高くあげて注意深く歩き、頭をわずかに左右に振っていた。しかし注目すべき点は、背中が弓なりに反っているところだった。それも大きくではなく、意識的にほんの少しだけ反らせているようで、そのせいで歩きにくそうに見えた。それほど大きな問題ではなかったが、ふつうではなかった。四足歩行のヒヒが結核に感染した際の初期症状ではないかと思われた——わたしが理解する限りでは、肺の機能が落ちて酸素をうまく交換できなくなると、ヒヒは胸を反らせて肺の空洞をできるだけ広げ、より多くの空気を取りこもうとするのだ。

そのヒヒは前方に進みでてわたしたちのすぐそばに座り、わたしたち、ゴミ捨て場、そして群れの仲間たちのほうをぐるりと見回したので、その全身をくまなく観察することができた。みんな興奮して活気づいた。

「たしかに病気のヒヒはあんな感じでした」と支配人が言った。

「病気が広まりはじめた頃のことですか？」

「そうです」気がつくと、わたしたちは声を潜めていた。

わたしはリチャードに意見をきいてみた。

「たしかに、背中が反っています」

「でもそれほどひどくはない。ほんの少しだ」

「彼は痩せているけど、ものすごく痩せてはいませんね」

全員がヒヒを見つめていた。わたしは迷っていた。たしかに背中は反っているし、痩せている。しかしただの痩せ型のヒヒなのかもしれない。そのどこがいけないのか？　熱があるようにも具合が悪いようにも見えないが、しかしそもそもわたしは彼をよく知らず、ふだんの様子がわからないのだ。

そのとき、支配人が出し抜けにこう言った。「あいつを調べてみますか？」

すでに腰を低くして銃を構えている。

「もう少し、様子を見させてください」

わたしはなおもそのヒヒを見つめつづけ、過去に見た結核にかかったサルの様子がどんなふうだったかを、はっきりと思い出そうとしていた。支配人から聞いた症状を思い出してみた。ヒヒの様子をさらに観察し、他のヒヒたちの姿もじっくり眺めた。木立やハゲコウノトリに目をやり、ゴミ捨て場から飛んできて頬についた煤を拭い去った。このロッジではどんな昼食を出すのだろう、と考えた。そしてもう一度ヒヒに目をやると、ヒヒはわたしたちを見ていた。

「撃ちますか?」

もしもこれが結核の流行のはじまりなら、それがどんな種類の結核なのか、つまり、わたしたちが戦う相手がどんなものなのかを知っておく必要があった。さもなければ結核はあっという間に保護区内のこの地域に生息するヒヒの間に広まって、全滅させてしまうからだ。でも、あのヒヒはただ痩せているだけなのかもしれない。ただ、解剖を実施すること、つまりわたしが実際になんらかの行動を取ったことを監督官に知らせることには意味があるだろう。一週間後にもう一度来て、このヒヒの症状に変化があるかどうかを調べるべきなのかもしれない。しかし支配人は苛々するだろう。わたしたちは支配人に時間を取らせていて、すでに十分苛立たせているのだから。支配人は、さっさと自分の役割を終わらせてキャンプに戻りたいのだ。でも、あのヒヒはただの痩せっぽちで、妙な体型をしているだけかもしれない。しかし解剖はいつやってもおもしろい。解剖学とはとても素敵な学問だ。ああ神様、どうか結核の流行ではありませんように。だいたいあのヒヒはただ痩せているだけかもしれないのだ。

わたしはいつの間にか、もしもあのヒヒが自分の群れのメンバーなら、どんな名前をつけるだろうと考えはじめていた

「どこかへ行っちゃいますよ」支配人の声はもはやささやきではなく、その声には大きな苛立ちがこめられていた。

ヒヒが別の方向に目を向け、ひとつ咳をした。

わたしは、やりましょう、撃ってくださいと答えた。

支配人はさらに低く身を屈め、深呼吸をひとつしてから、ヒヒを直線距離で狙って撃った。ポンッと小さく、おもちゃの銃のような音がした。ヒヒは声もあげずに、すばやく低木のやぶに身を隠した。すべてのヒヒがその場から逃げ出し、なかにはいつまでも叫び声をあげつづける者もいた。しくじったのだ。手分けして追いかけよう、と支配人が声を張り上げた。怪我をしていれば倒れているかもしれない。支配人とわたしがひとつ目の道を、リチャードと鉄砲持ちが別の道を、ムケミが三番目の道を選んだ。けれど、弾が当たらなかったことはみなわかっていた。わたしたちは森のなかの小道に分け入り、先を逃げるヒヒたちの後を追った。どこにも血の跡は残っておらず、悲鳴も聞こえなかった。聞こえるのは、わたしたちが近づくたびに、ヒヒたちが交わす警告の呼び声だけだ。ヒヒたちは猛スピードで進んでおり、あきらかに怯えていた。支配人は慌てた様子で走り回り、こちらの道を進んでいると思ったらすぐまた別の道を選び、血痕を探そうと地面にかがみ、そうかと思うと首を長く伸ばして木の上にいるヒヒを見つけようとした。何度も、わたしに向かって下がっていろと怒ったように合図し、過度に警戒した様子で四方に目を配りながらゆっくり進んでいったが、そのときヒヒたちはとっくの昔に二百五十メートル先まで進んでいるのだ。それが終わると、支配人はふたたび駆けだした。わたしは心臓がドキドキいい、息がゼーゼーしていることに気がついた。さっきオスヒヒを見つめていた間じゅう、ずっと息を止めていたに違いなかった。

ヒヒたちは、深い森のずっと奥に姿を消してしまった。血の跡はどこにもなかったし、悲鳴も聞こえず、誰も撃たれなかった。支配人は撃ち損ね、ようやくそれを認めた。

「撃ち損ねた。これだけ風があればまあしょうがない」支配人は汗をかいていた。そしてわたしも汗をかいていた。

ようやく、全員がもう一度顔をあわせた。みんなくたくたに疲れているようで、とても静かだった。しかしゴミ捨て場まで戻る道中に、支配人はふたたびカッカしはじめた。わたしたちのことが我慢できなくなったようだった。

「ああ、やつらは行っちまった。そして当分ここには戻ってこないだろう」まるでわたしたちのせいだと言わんばかりだった。「あんた方はここに滞在して、何でも見られるものを見てくれればいい。まあ近いうちにヒヒを見つけられるとは思いませんがね。さてと、お許しいただけるなら、キャンプの様子を見に戻りたいんですがね」

わたしは、もう少し森のなかを探して、もう一度さっきみたいにヒヒたちに近づけないか、まだ見ていないヒヒがいないか調べてみる、と伝えた。支配人はどうぞお好きにというように肩をすくめて、鉄砲持ちと一緒にキャンプに帰っていった。

リチャードとムケミ、そしてわたしは森のなかへ入っていった。息が上がっていたのも治まり、静けさが戻ってくると、わたしたちは考えはじめた。ようやく、何が起きているのかわかってきた。リチャードは、さっき全員が顔をあわせたときから、わたしに何か言いたそうにしていた。そして森に入ったとたんに、鉄砲持ちと一緒にヒヒを追っていたときに聞いたのだが、鉄砲持ちは病気のヒヒなんて見たことがないと言っていた、とわたしに報告した。そして、そのあとわたしがどんな表情をしてもあわせられるように準備しているかのように、いくつかの異なる表情を作ってみせた——心から困惑している様子の一瞬の表情、矛盾する情報に悩む表情、そして周囲で起きている現実に気づいたときの自嘲的な笑い。わたしたちは最後の表情を採用した。何が起きているかはっきりわかったからだ。

わたしたちはゆっくり歩いて森から出ると、持ってきた荷物をふたたびジープへと運び入れた。そしてジープに乗りこもうとしていると、支配人がふたたび現れた。わたしは、あなたの言うとおりだった、今日のところはできることはもう何もなさそうだ、他にやらなければならない仕事もあるので、ここに滞在して問題を解決したいのは山々だが、もう戻らなければ、と支配人に伝えた。支配人は了解し、来てくれてありがとうと言い、わたしたちがエンジンをかけ、確実に出ていく態勢になってから、お昼を食べていくように勧めた。わたしたちは彼の誘いを辞退し何から何までありがとうとお礼をのべ、みなで握手をしあってから車を出した。

＊

車がキャンプの周辺に広がる低木のやぶと森林地帯を抜け、広々としたサバンナに出るまで、わたしたちはずっと黙りこくっていた。まるで、あの支配人のキャンプのそばで話すのははばかられると思っているかのように。

とうとうひとりが口火を切って、みなが心のなかで思っていたことを口にした。最初に言葉を発したのはリチャードだった。

「ヒヒに病気が見つかったというのは、きっとあの支配人の作り話だったんだと思う。あの男はただヒヒを銃で撃ちたかっただけで、監督官にその許しをもらいたかっただけなんだろう」

わたしもその意見に賛成し、支配人のことを人間のクズだと言おうとして口をつぐんだ。少なくともあのとき、彼にヒヒを撃つ許可を与えたのはわたしだったからだ。

17 セブン－イレブンの後ろの山

わたしは、動物の苦しみに対して相当冷淡になった。もっと遠回しな表現もできるだろう——実用主義的になったとか、感傷的ではなくなったとか、価値の内面化が進んだ結果だ、とか。けれども、やはり間違いなく冷淡になっていて、以前のようには感じなくなった。子どものころ、そして大学の学部を卒業するころまでは、アフリカの奥地で野生動物に囲まれてひとりで暮らし、その行動を研究できさえすればいいと思っていた。学問的には、動物の行動それ自体を研究するのがもっとも純粋で満足感の得られる方法で、ただ動物のために動物とともに暮らすことほど神聖なことはなく、動物を苦しめるなんて考えただけで耐えられない、と考えていた。けれども、わたし自身の関心が変化し、動物の行動を観察するだけでは物足りなくなった。「この行動、不思議だと思いませんか？」が「なんて不思議な行動なんだ。なぜこうなるのだろう？」に変化し、やがて関心は脳へと向かい、さらには脳がうまく機能しなくなる仕組みへと向かっていった。そしてヒヒの群れの政権が不安定だった時代が終わろうとするころには、大学の研究室ではもっぱら脳疾患の研究だけをするようになっていた。そのころのわたしは、一年のうちの九か月を研究室での研究に充てており、その期間に動物たちが被ることになる苦痛には凄まじいものがあった。動物たちは、脳卒中の発作や繰り返し起こる癲癇発作、あるいはその他の神経組織変性の疾患を耐え忍んだ。それはすべて、脳細胞はどのように死滅するのか、それを防ぐにはどうすればいいかを知るためであり――脳卒中をはじめとするさまざまな発作、アルツハイマー型認知症によって毎年あらたに脳障害を患っている二百万人の人々のために、なんらかの手だてを講じるためだった。わたしの父親は、わたしとはほぼ半世紀も年が離れていた。かつては芸術家であり、建築家であり、建築学部の学部長も務めた父は、感情の起伏の激しい、頭の切れる気難しい人間だった。けれども、あるとき神経組織変性性の障害を負い、いっときは家族の顔も、自分がどこにいるのかもわからなくなり、意欲的で好奇心に満ちた、わくわくできる心を必要とする、あらゆる種類の生きる喜びを経験できなくなった。研究室で研究していると、脳の神経細胞が死滅する仕組みを解明し、父親を元どおりにする方法を見つけるためなら、何だってやってやるという気がしてくるのだった。

研究室でしていることの罪滅ぼしをする努力もしていたが、おそらく十分ではなかっただろう。アメリカにいるときは、ずっと菜食主義で通していた。研究ではできるかぎり無駄を省き、使用する動物の数を最小限に留めて、動物たちが被る苦痛の全体量を減らそうとした。それでもやはり、動物たちは血の滴るような、焼けつくような苦痛を味わうことになった。大学生になった最初の日、ラットの脳の解剖の授業を受けながら、わたしは吐いた。それがいまではポスドクとして学生たちを訓練する立場となり、彼らを自分と同じ道に送りだそうとしていた。研究が直感的な見通しどおりに進まず、たくさんの動物たちが無駄に命を落としたとわかるとぞっとしたものだ。自分がメンゲレ博士になった夢もよく見た――夢のなかのわたしは真新しい白衣を身につけ、「ホテル」へようこそと動物たちを出迎えるのだが、わたしが話すドイツ語なまりの英語から、動物たちは「ホテル」にこめられた比喩的な意味をはっきりと感じ取っていた。しかし、ふつうのナチ党員と違うのは、ただ命令に従っただけではないことだ。わたしはしばしば自分で命令を下し、自分の命令の執行者ともなった。けれども、当時わたしは父親の脳に生じた脳梗塞や虚血性細胞変化、そして頭蓋の壊死と戦っており、父親が廃人となっていくのを止められるなら、何でもやる覚悟だった。こうしてわたしは、動物に対してますます非情になっていった。

だからこそ、毎年ヒヒたちのところに帰る必要があったのだ。そこで暮らす理由は他にもたくさんあったが、動物を切り刻まずにすむ場所に、動物を殺さずにすむ場所にいられることは、わたしにとってとてもいいことだった。動物たちが檻に入れられていない場所で暮らせるのがよかった。皮肉な言い方をすれば、わたしが動物を殺すのではなく、むしろ動物に殺されかねない場所にいられるのがよかった。さらに嬉しいことに、わたしの研究が、間接的にせよヒヒのために役立つ可能性もあった——ある種の環境的ストレスが、ヒヒの繁殖力をどのように低下させ、あらゆる種類の感染症にかかりやすくしているかが解明できるかもしれないのだ。つまらないことかもしれない。しかし少なくともいくばくかのプラスの変化を起こすことができるのだ。

しかしあるとき、麻酔の吹き矢で捕獲中に一頭のヒヒが死んでしまった。それが誰で、どんないきさつがあったのかはここでは明かさない——その話は最後の章にとっておこう。ヒヒは死に、そのヒヒはわたしがとても気に入っていたヒヒだった。特別に可愛がっていたヒヒがいたことを恥じるべきだろうか？　死んだのが別のヒヒならよかったのにと思うことは許されないことなのだろうか？　とにかくそのヒヒは死んだ。こともあろうにわたしの腕のなかで、麻酔で昏睡中に問題が起きて。わたしはヒヒを生き返らせようとした。心肺蘇生法を試みた。のどから気管内に管を挿入した。胸を圧迫し、信じられないほどの量のエピネフリンを投与した。それでも息を吹き返さなかった。じつは臨終を示す喉鳴りだったのだが、わたしがその胸に飛び乗るようにして強く圧迫すると、喉がガラガラいう音をたてるので、そのたびに希望がわきあがり、身体が震えた。わたしは力が尽きるまでヒヒの胸をたたき、押し、げんこつで殴り、悪態をつきつづけた。誰かを失いたくないという必死の努力が、大きな精神的疲労を引き起こすだろうとは予想できた。けれども、これほど体力を消耗するものだとは思いもしなかった。

蘇生を諦めたとき、ヒヒは仰向けに横たわっていた。汗まみれになり、肩で息をしていたわたしも、彼の腹に頭を載せて仰向けに横になった。まるで子どもに戻って父親のお腹の上で眠っているようだった。ヒヒの身体にダニがついていれば、ダニはたちまちわたしの身体を覆い尽くすだろう、と考えたが、わたしは動かなかった。彼を解剖して、その頭骨をコレクションに加えるべきだと思ったが、じっとしていた。何もせずに、硬直しはじめた彼の手を握っていた。そのまま少し眠ってしまったのだろう。気がつくと、すぐそばの村とは別のマサイ族の村の母親たちが、薪を集めにいく途中でわたしたちを見つけ、驚きに満ちた好奇の目でこちらを見つめていた。母親たちはわたしの顔を指さし、頬に流れる涙を身振りで表した。わたしはスワヒリ語で「彼は死んだ」と言ったが、母親たちの疑問や恐れを軽減するのにはほとんど役立たなかったようだ。どうやらわたしの言葉はなんの説明にもならなかったようで、母親たちは走り去った。

眠りのなかでわたしは心を決めていた。彼を大好きな木の下まで運んでいき、その場所に彼を埋葬するための穴を掘った。そのまま放置してハイエナに食われるにまかせる気はなかった。マサイは死者を放置する。死にかけている者も同様だった。アメリカの学校の生徒に、ある文化圏ではそのようなことがおこなわれており、その行為にもそれなりに意味があると教えれば、間違いなく南部の上院議員の誰かからの再三の嫌がらせがしばらく続き、文化相対論主義者とか世俗的人間主義者とレッテルを貼られることになるだろう。たしかに特定の文化圏ではこのやり方は理にかなっているのだが、それでも悲しくてぞっとする方法だ。ハイエナのローレンスが、マサイの子どもの遺体を見つけたことがあった。おそらく二歳ぐらいで、ハイエナの群れのそばに遺棄されていた。子どもは古いマントに包まれ、頭の下には水飲み用のひょうたんが敷かれていた。死後の世界で喉が乾いたときのためだろうか？　むしろ、何であれ、子どもが罹っていた病にひょうたんが汚染されていることを恐れて捨てた、というほうが当たっていそうだった。

しかしわたしには、彼をハイエナの餌食にする気は毛頭なく、だから穴を掘った。それはとても骨の折れる作業だったので、墓堀人や墓泥棒への尊敬の念が高まった。労働が悲しみを癒してくれることを期待したが、ただぐったり疲れてしまっただけだった。わたしは作業を中断してふたたび彼の上で休み、その頭をなでた。薪を集めてきたマサイの女たちは、わたしがヒヒの墓を掘っているのを見ると、怯えたように立ちすくんだ。それから少しずつ近づいてこようとしたが、わたしが大声で叫び、狂人のように興奮した身振りをすると慌てて逃げ出した。

墓穴が完成した。わたしはヒヒをそっと抱きかかえ、穴のなかに安置した。身体をぐるりと取り囲むようにオリーブの実とイチジクを置き、これは別に死後の世界を信じているからじゃない、将来彼を発掘したあらゆる古生物学者を混乱させるためだ、とわたしは考えた。そのあと、昔覚えたロシアのフォークソングを何曲か歌い、マーラーの『亡き子をしのぶ歌』を歌ってから彼に土をかぶせ、できた盛り土をアカシアのとげで覆ってハイエナよけにし、自分のテントに戻って次の日まで眠った。

これが、わたしの腕のなかではじめてヒヒが死んだときのことだ。そしてその後の数か月間、いまはまだそのいきさつを話す気になれない問題のせいで、わたしはさらに多くのヒヒを埋葬するために、この木の下に繰り返し通うことになる。けれども、最初に埋葬したのはこのときだ。その後に起きた悲惨な出来事に打ちのめされたとき、わたしは心の奥ではすでにわかっていたことを直感的に思い浮かべていた。それは、霊長類学者になってアフリカの草原で暮らすという子どもの頃からの夢がありながら、わたしがなぜ草原を離れ、一年の四分の一しかそこで暮らさなくなったのか、という問いの答えだった。理由は、ただ単に、そこでの暮らしがあまりにも過酷で、あまりにも気が滅入るものだったからだ。わたしはすでに、個々の脳細胞が死滅するのを防ぐことを目的とする、なかなかうまくいかない試みで手一杯だった。そのうえ、生きものたちすべてや生態系を救おうと努力してやはりうまくいかないのは辛すぎた。わたしが知っている霊長類学者は全員、その戦いに破れていた。彼らの動物たちを滅ぼしたのが環境破壊であれ、農民との闘争であれ、密猟であれ、人間たちの間に流行した新たな疾病であれ、嫌がらせや意地悪に夢中の頭の悪い政府の役人たちであれ。わたしが知っている、ずっと現場で暮らす霊長類学者たちを思うとき、いつも思い出すのは昔読んだイシの物語だ。イシは、あるインディアンの種族の最後の生き残りで、彼の母国語はすでに死語となっていた。あるいはまた、彼らの姿は、雪片を採取しては温かい部屋に駆けこみ、それが溶けて二度と見られなくなってしまう前に、その唯一無二の模様を顕微鏡で観察する、というありえない仕事をしている人を思わせる。いつもうまくいかず、すべてがあまりにも悲しくて、わたしにはとても無理です、もうたくさんです、と感じてしまったのだ。

そういうわけで、ヒヒの群れの政情が不安定だった時代が終わりに近づき、ナサニエルが最優位の地位を辞した直後に、わたしは雪片がどこよりも稀少で、どこよりも溶けかけている場所を訪れた。フォッシーが愛したゴリラの群れとフォッシーの墓を見に出かけたのだ。

ダイアン・フォッシーについていまさら何を語ればいいのだろう？　彼女を取りあげたさまざまな記録

映画が制作され、彼女について書かれた本も多い。そのうち彼女の死を悼んで、ダイアン・フォッシー・エクササイズビデオも発売されるだろう。彼女は明らかに伝説を呼ぶ人材だった。大柄で一度見たら忘れられない、気難しい女性で、外見はシガニー・ウィーバー（『愛は霧のかなたに』でダイアン・フォッシーを演じた）とはまったく似ていなかった。たまたま、同じ研究室の学生の母親がフォッシーと同じ高校に通っていた。その母親の話によると、フォッシーは当時からすでに気難しく、孤立した、人目を引く存在だったらしい。あるときその学生が母親の卒業アルバムを大学に持ってきた。十七歳にしてフォッシーは、のけ者にされて怯え、不幸せそうな顔をした、将来は野外調査を専門とする人間嫌いの生物学者か、連続殺人鬼になるしか道のない、高校の変わり者然としていた。比較的年を重ねてから、フォッシーはアフリカとマウンテンゴリラへの愛に目覚めた。マウンテンゴリラはあらゆる類人猿のなかで、もっとも大きく、そして最後に発見された種であり、野外調査が一度おこなわれただけの、伝説と誤解に覆われた生物だった。正式な訓練は一切受けたことがなかったにもかかわらず、フォッシーはアフリカに行ってマウンテンゴリラと暮らそうと決意した。著名な古生物学者で女性の霊長類学者たちの支援をしたことで知られるルイス・リーキー博士と出会い、博士を説得して「月の山」ルウェンゾリでの短期間のゴリラの調査に派遣してもらい、そのまま何十年もそこに留まった。フォッシーはゴリラに没頭し、ゴリラには触らない、ゴリラとは相互作用をおこなわないという従来の規則をすべて破って、ゴリラの驚くべき行動の数々を観察することに成功した。しかしその過程でますます人嫌いになり、それまで以上に気難しくなって、協力者や同僚となれそうな人々をことごとく遠ざけ、孤立を深めた。フォッシーは、独自の忍耐力を頼りに驚くべき観察の数々を成し遂げたほかは、注目すべき科学的研究はほとんどおこなっておらず、野外調査をする科学者の大部分を公然と軽蔑していて、ただ単に自分もゴリラになりたかっただけで、それ以上のことを望んでいないのは明らかだった。

わたしは一度フォッシーに会ったことがある。ハーバード大学の学部生だった一九七〇年代の半ばのことだ。その頃はまだ、わたしの科学的興味はゴリラからヒヒに移っておらず、ゴリラと聞くだけでものすごく興奮したものだ。とくに当時のわたしを周期的に苦しめていた抑うつ状態の期間には、人間でなくゴリラのことを夢見ることが多かった。だから、フォッシーがわたしのもっとも尊敬する人物のひとりだったことは、驚きには値しない。アドリエンヌ・リッチがフォッシーを題材に書いた詩を自分の部屋の壁に貼っていたくらいなのだ。フォッシーに会えたら嬉しくて気絶してしまうかも、とわたしは思っていた。

その日、フォッシーは嫌々大学に来ていた。科学を軽蔑し、大部分の霊長類学者の仕事のやり方を否定していた彼女だが、それでも誰よりもゴリラのことをよく知っていたので、他の霊長類学者たちはフォッシーに興味をもっていた。さらにフォッシーの研究資金提供者たちは当然、彼女に科学者のコミュニティの一員にふさわしい振る舞いを求めた——つまり論文を書き上げ、何冊かの科学雑誌で彼女がもつ情報のいくつかを紹介し、一度か二度はゴリラについての講義をしなくてはならないのだ。そのような強制された小旅行のひとつで、フォッシーはケンブリッジに来ており、不機嫌で怒りっぽかった。それは年長の霊長類学教授宅のリビングで開かれた夜のセミナーで、会場となった部屋には人がひしめき合っていた。けれどもたちまち、わたしたちは中世のサーカスで無理矢理芸を披露させられているクマを覗き見しているような、罪悪感に満ちたうんざりした気分になった。フォッシーは、曲げた膝を胸に抱えるようにして座っていたかと思うと、突然大声を上げ、みなの前で落ち着きなく歩き回り、腕が膝につくほど前屈みになっていた。ほとんどずっと抑揚のない声でひとりごとのようにしゃべりつづけ、誰かが質問すると、いまにも怒鳴りつけんばかりになった。一度、実際に怒鳴ったこともあった。ある教授が小さな子どもを連れてきていて、子どもはときおり、四歳の子どもなら当然たてる物音をたてていた。と、突然フォッシーが話を中断し、その子を指さしてこう叫んだのだ。「そこの子ども、口を閉じなさい。言うとおりにしないならわたしが閉じてやるわ」。フォッシーは自分が観察しているゴリラの群れについてとりとめのない話をしただけで、霊長類学の世界で話題となっている問題のほとんどを知らず、関心もないことを、そして支離滅裂なところがあることを露呈した。

彼女の様子に啞然とし、かなり怖じ気づきながらも、わたしは講演が終わるとフォッシーのところへ行き、十歳の頃からずっと準備してきたある質問を投げかけた——あなたの調査助手としてルワンダへ行き、ゴリラのために尽くしたいのですが許可してくれますか？　フォッシーはわたしを睨み、それから構わないと答えて、彼女に手紙を書いてくるように言った。しばらくして、フォッシーは会場を後にすることを許され、わたしは嬉しさのあまり天にも昇るような気持ちで寄宿舎に帰り、その夜のうちに彼女宛ての手紙を投函した。しかし結局返事は届かなかった。あとになって、これが、公の場に引っぱりだされたときに、彼女を取り囲む信奉者や仕事を求めてくる人々を退散させるために彼女が使う、お決まりの対処法なのだとわかった。なんでもはいはいと聞いておき、手紙を書いてくるように言い、けっして返事は出さないのだ。

これが、わたしとフォッシーの唯一の出会いだった。これから間もなく、彼女が抱えていた困難と気難しさが、彼女の命を終わらせる出来事を引き寄せることになる。ルワンダの熱帯多雨林には、遥か昔からバトワ族が住んでおり、狩猟採集民族である彼らは、罠を仕掛けてレイヨウを捕まえて生活の糧としてきた。そして、ゴリラが時々その罠にかかってしまうのは避けられないことだった。ゴリラは傷口から壊疽を起こし、死んでしまった。最初に起こったゴリラの死が事故であったことを示す証拠は十分にあった。しかしフォッシーは気が動転してしまった。バトワに戦いをしかけ、食糧採集になくてはならない彼らの罠を壊した。バトワも応戦した。状況はどんどん過激化し、やがてバトワはフォッシーのゴリラをわざと殺し、火山の上にあるフォッシーの小屋へと続く道に頭部を切断したゴリラの死体を投げ捨てるようになった。そこでフォッシーも負けじとバトワの子どもをさらった。

たしかに、ゴリラ殺しの何人かは最低最悪の密猟者たちで、お土産として売るためにゴリラを殺していたが、いつもどおりに暮らしているだけの部族民たちもいた。なかには意図的で残忍なゴリラ殺しもあったが、事故によるものもあった。間違いなく言えるのは、もっと精神的に安定した、理性的な人なら、あれほど相手を刺激するやり方であの状況に対処することはなかっただろうということだ。もっとも精神的に安定した理性的な人なら、ゴリラを観察するためにあんなところまで行きはしないだろうが。

このあとフォッシーは、人が変わったように外向的になった。世界じゅうを回ってゴリラが殺害されている現状と助けを必要としていることを訴えた。フォッシーのゴリラの群れはいまにも死に絶えようとしており、地球上に存在する最後のゴリラの群れだと――マウンテンゴリラはこの地球上でもっとも稀少な、絶滅の危機に瀕している種のひとつで、数百頭いるフォッシーの群れは、マウンテンゴリラの最後の群れのひとつだったのだ。フォッシーは、観察の現場を学生や協力者たちに解放した――彼らがゴリラの殺害者と戦うという条件つきで。やがて、自然保護にかかわる人々の間に対立が生じた。ある人々はこう言った。この地区に支援金を投じよう。ただしフォッシーには金は渡さない。あの女はあまりにも扇動的で挑発的だ。彼女がいる限り復讐のためのゴリラ殺しが起きる。あの女を追い出して、資金不足に喘ぐルワンダの自然動物保護事業に資金を投入し、武装した監視員に警備をさせて、本物の野生動物保護区にしよう。一方、こんなふうに主張する人々もいた。フォッシーに金を渡し、フォッシーに銃を与えるべきだ。ゴリラを絶滅から救えるのは彼女しかいない。他に誰がいるだろう？　しかし結局前者が優勢となった。屠殺され、フォッシーの目につくように放置された彼女が愛したゴリラの名を冠したディジット基金（フォッシーがディジットと名づけて観察していたオスゴリラが密猟者に殺されたときに、密猟取り締まりの資金調達目的で設立された基金）に金が振り込まれ、本物の、機能的で保護的な動物保護事業が設立され、人々のゴリラへの関心が高まったおかげでゴリラウォッチングの観光サービスも開始され、保護区と地元の経済を潤しつづけた。ゴリラの群れにもよい兆しが見えはじめ、おそらく個体数が増えているようだった。そしてフォッシーは追い出された。コーネル大学の客員非常勤教授という受け皿がまにあわせに用意されたが、多くの報道によると、彼女はそこでうつ病を発症し、アルコール依存症になったという。

最終章の準備が整った。みなの嘆願を聞き入れずに、フォッシーはルワンダと彼女のゴリラの群れのもとに戻った。そして密猟者や部族民たちと戦い、彼女が嫌った観光客を連れてくる監視員とやりあい、農耕民族の焼き畑農業が残り少ない熱帯多雨林の破壊につながると非難し、ルワンダ政府と戦った。フォッシーの健康は飲酒と絶え間なくふかしつづけるタバコと肺気腫、そして湿度の高い高地で暮らそうとすることによって損なわれた。フォッシーはほとんど歩けなくなり、寝泊まりする小屋まで担いでもらわなくてはならなくなった。そしてある晩、その小屋で殺された。ルワンダ政府は、説得力のない下手な論法でひとりのアメリカ人大学院生に嫌疑をかけ、彼が出国したことを確かめてから、容疑者不在のまま死刑判決を言い渡したが、誰もが密猟者か国に雇われた監視員の仕業だと確信していた。葬儀はフォッシーが住んでいた小屋のそばで営まれたが、クリスマスの一週間後のことで、執りおこなった宣教師はこう述べた。

「先週、世界じゅうの人々が、歴史を変えた遥か昔の出来事に敬意を表しました――それは主イエス・キリストがこの世にお生まれになったことです。そしていま、わたしたちの足下に眠っている方のなかに、大いなる謙譲の心の寓話を見いだすことができます――ダイアン・フォッシーは何不自由のない裕福な家庭に生まれましたが、自らの意思で絶滅の危機に瀕するある動物たちと暮らすことを決意しました……そして、もしもあなたが、キリストが自らを人間に似せるために歩みよらなければならなかった距離は、人間がゴリラに近づこうとするときほどかけ離れてはいないはずだと思うなら、あなたは人間というものがわかっていない、ゴリラのことも、神のこともわかっていないのです」。そして、彼女自身の意思により、フォッシーは、殺害されたゴリラたちが埋められている墓地の一角にあるディジットの墓の隣に埋葬された。

わたしがゴリラの群れを訪ねていったのは、フォッシーが殺害されてから半年後のことだった。その数年前にヒッチハイクでゴリラの森を目指そうとしたが、結局どこにもたどり着けなかった。いまやわたしは、ヒッチハイクで遠くを目指せるほど時間の余裕はなく、さりとてもっと速い移動手段にかかる費用をすんなり支払えるほどの金銭的余裕もない成熟段階に達していた。わたしは、ふたりの友人とともに飛行機でルワンダの首都キガリまで行き、そこからゴリラの生息地へと向かった。ルワンダは、いろいろな意味でケニアとは雰囲気が違っていた。ひとつは、人々がみなフランス語を話し、ジーン・ドミニクとかボニフェイスとかいう名前を持っていたことで、それに妙にどぎまぎさせられた。もうひとつの違いは、はっきりと二分された部族間の対立があったことで、ケニアの部族間に、混沌とした移り変わりの激しい同盟関係が見られるのとは対照的だった。ここルワンダでは、ほとんどすべての人々がフツ族かツチ族のどちらかに属し、わたし自身、部族間の敵意をひしひしと感じていたが、それがその数年後に、ツチ族によるフツ族の大量虐殺という避けられない運命へとつながっていったのだ。それは、もしも気にかけて気づいてくれる人さえいれば、世界を震撼させるほど大規模なものだった。そして、もうひとつの重要な違いは、地球一を誇る驚くほどの人口密度の高さだ。ルワンダでは、赤貧にまみれる国民を養うために、丘という丘に棚田が切り開かれ、どこまでも農地が続いている。人々は狭い国土に押しこまれ、国土の最西端に至るあらゆる土地で農業が営まれている。この地で、西側のザイール、東側のルワンダ、ウガンダとの国境を形成しているのが「月の山」として知られるルウェンゾリ山群で、それは南へと続いてヴィルンガ山地となる。ヴィルンガ山地はザイールとルワンダを隔てるようにリボン状に連なる巨大な火山群で、標高四千五百メートルを超える険しい山がどこまでも続き、山頂の雪は溶けてコンゴ川へと、そしてその下流に広がるうっそうとした熱帯多雨林へと流れこむ。この山はあまりにも険しすぎて、さすがの困窮する農民たちも、そこで農作をしようとは考えないようで、山の斜面や背に、地球上で最後のマウンテンゴリラの群れが生息していた。

保護区の職員との間で、お決まりのいざこざがあった。職員たちは、わたしが一年以上前に申し込んだゴリラ観察の予約票を紛失したと言い、賄賂を支払うとそれを探し出してくれた。保護区の玄関口である町、ルヘンゲリで大枚をはたき、その町で唯一の本格的なホテルに宿泊した。いまにも崩れそうな古びた建物で、植民地時代の郷愁をあふれんばかりに漂わせていた。床は寄せ木細工で、ノートルダム寺院の複製画があちこちに飾られ、ディナーはアスパラガスのグラタンなど五品のコース料理だった。頭上にそそり立つ火山の気配を感じながら寝苦しい夜を過ごし、はやる気持ちで夜明けには目が覚めた。

わたしたちは、保護区の監視員のあとをついて山登りを開始した。彼らは、一日に十八組のゴリラを見る許可を得た旅行客のために、客に見せることを許可された三つのゴリラの群れのうちのどれかを見つけてやっていた。監視員は口数の少ない男たちで、滑らかな動きでするすると移動した。その週いっぱいをそこで過ごした結果、ゴリラの群れの周囲で働く監視員はみんなそうであることがわかった——ゴリラの近くではゆっくりと音を立てずに進む必要があるのだ。

わたしたちは農地を抜けて進んでいったが、棚田になっていないところでも斜面は急だった。小屋やトウモロコシの畑、わたしたちの存在に気づきもしない子どもたちの間を縫うように進んでいく。やがて壁のように生い茂る竹林とその間を抜けていく林道が現れた。中に入ると、曲がりくねった上り坂が続き、そのうちに危険な急斜面となった。どちらを向いても竹ばかりで、コケに覆われたコソバナの木は、霧に覆われていないときに見ると、いつも間が抜けて見えた。さらに斜面を上ると、火山の裾野にたどり着く。目の前に森と小さな湖、そしてやぶの広がる原野が現れた。さらに前進。監視員らが、とげのあるイラクサの枝を鉈で払いながら、道をつけていく。たれこめる雲と霞、寒気と熱気。なぜか全部いっぺんにやってくる。汗だくになり、同時に寒さで身体が震えた。深い谷を滑り下り、反対側の壁をよじ上る。またもやイラクサの茂みと竹林が現れる。すでに数時間が過ぎていたが、監視員たちは依然として、バランスのよい身体の動きで物音をたてずに進んでいた。ひとりの監視員が折れたタケノコを調べ、もうひとりがタケノコのまわりの踏み倒された草の臭いをかいだ。ゴリラだ。でも昨日の形跡だ、と彼らは結論を下した。

さらに一時間歩いた。霧雨が降ってきたが、なぜか温かい雨だった。イラクサの茂みはより深くなる。ちゃんとした道のようなものが現れ、その左側に草が押し倒されている場所が見つかった。その中央にあるのは、大きな繊維質の糞片で、ベジタリアンになったプロのフットボール選手がしそうだと思われるものだった。ゴリラだ。まだ新しい。昨夜のねぐらに違いない。

さらに前進する。疲労と興奮でじりじりしてくる。さらに別の谷を下り、するとひとりの監視員が反対側の斜面の上からささやくような声が聞こえたと言う。わたしたちは動きを止め、押し黙り、ゴリラがすぐそばにいると確信できるような音をでっち上げたい気分にかられる。と、そのときわたしは、聞き間違えようのない音を、ささやき声を聞いた。低くて太い、ゆっくりとした、父親のような声を。大急ぎで、しかし忍び足で反対側の斜面を上り、上までたどり着くと、そこには生まれはじめて見る野生のマウンテンゴリラがいた。

それはおそらく十数頭からなる群れだった。全盛期のオスが一頭――シルバーバックだ。子どもを連れたメスが何頭かと、首位を狙う若いオスが数頭、そして青年期のオスが何頭か。シルバーバックは子どもたちと遊んでやっていた。母親たちは子どもに食べさせたり、赤ん坊を背中にのせてのしのし歩き回ったりしている。若い二頭のオスは、ほとんどずっと取っ組みあったり、転げ回ったり、手加減して互いを噛みあったりしていたが、興奮しすぎて疲れてしまったのか、いったん離れてそれぞれの場所に戻り、息を整えなければならなかった。元気が戻ってくると、一方が胸をたたいてみせ、するとふたたび互いに組みあった。途中で、二頭がぶらぶらわたしのほうへ歩いてきて隣に座り、わたしのことをじっと見た。片方のゴリラがあまりにも接近してきたので、監視員たちがわたしの上体に手をかけて引き離したほどだ。ゴリラは、カビ臭く湿った、ほっとするような臭いがして、まるで、カビだらけの地下室から引っぱりだしたトランクを開けてみたら、忘れていた宝物が出てきたような気分だった。

さまざまな感情や思いが洪水のように押し寄せてきた。マウンテンゴリラを目にした瞬間、さあ、涙があふれてくるぞと思ったが、あまりにも待ち構えすぎたからか涙は出てこなかった。わたしはまた、自分がマウンテンゴリラになったとしたら、順位はどのぐらいだろう、と考えた。それから、ゴリラの目の美しさに魅了された。マウンテンゴリラは、顔の表情はチンパンジーやヒヒに比べると乏しいが、その目ときたら、なかで泳ぎ回りたいと思うほどなのだ。ゴリラとは目を合わせないように気をつけた。目を合わせるとゴリラを不安にするため野外調査ではしてはいけないとされている、という理由からだけではなかった。目を合わせてしまうと、とんでもない罪まで白状したくなりそうだったからだ。わたしは、いまにも叫び声をあげ、無謀にもゴリラの群れの真ん中でわけのわからないことをしゃべりつづけ、あるいはどれか一頭にしゃにむにキスしたい、という抑えようのない衝動に駆られたが、そうすれば彼らはその場でわたしを踏みつけて圧死させ、この心の動揺を終わらせることができるからだった。わたしは、マウンテンゴリラはヒヒに比べて社会的相互作用が少なく、実際退屈な動物だ——彼らを研究対象に選ばなくて本当によかった、もしそうしていたらわたしは十四年目のいまもまだ大学院生だったろう——と考えていた。しかしその一方で、ずっとこの場所から離れたくない、とも感じていた。

その夜、山の斜面に張ったテントで眠っていたわたしは、起きているときよりも、ずっとうまく自分の気持ちを表現していると思われる夢をみた。それはとても優しい、ばかばかしいほど感傷的な夢で、起きているときには考えたこともない信念に満ちていて、そのことにも驚いた。それは、ある神学理論の正しさが証明されたという夢だった。神も天使もセラピムも悪魔も、すべてが文字どおりこの世に存在し、それぞれが、わたしたち人間と非常によく似た強さと弱さを持ち合わせているというのだ。そして、月の山と呼ばれる熱帯多雨林に、神はときおり、ダウン症を患った天使を生まれさせるという夢だった。

その翌日、友人たちは帰っていった。わたしはもう一週間滞在して、何度もゴリラの群れのもとに通った。至福のときだったが、日に日に憂鬱になっていった。ゴリラの群れは驚きに満ちていたが、失われ、取り去られ、話題にされず、答えられることのない、取り返しのつかないものの重さが、どんどん心にのしかかってきたのだ。動物保護区の本部に貼られた保護区の歴史を語るポスターに、フォッシーではなく、十九世紀のベルギーの植民地時代のことが延々と書かれているのを見たときにわたしはそれを感じた。監視員たちが、ああ、フォッシーなら知っているよ、と答えてそれきり話題を変えてしまうときに感じた。ゴリラの母親が子どもを抱いて、竹を少しずつ齧っているその間じゅう、斜面を百八十メートルほど下ったところにある、焼き畑がようやく終わった農地から、農夫たちやニワトリ、学校へ通う子どもたちの声が響いてくるのを聞きながら感じた。もはやゴリラが棲まなくなった熱帯多雨林のなかを、何キロも続く道を歩きながら感じた。そしてついには、そのあたりの山並みの最高峰であり標高およそ四千五百メートルのカリシンビ山の山頂に登って下方を見渡したとき、果てしなく続く、巨大で荘厳で伝説的なあのビルンガ山脈がほとんど姿を消し、わずかに残った細いリボン状の森林も、周囲をルワンダからウガンダへと続く無数の棚田に囲まれているのを目の当たりにしたときに感じたのだ。まるで、農業にかかわる者たちによって国ぐるみの陰謀が企てられたかのようだった――そこは、なんとか生計を立てようと必死の努力を続ける農民たちでいっぱいの世界であり、熱帯多雨林や月の山のことなどおかまいなしに、そんなことはすべて忘れてしまおうという陰謀が企てられたのだ。譬えて言えば、アイオワ州のどこかにあるのんびりした町のセブン－イレブンの真後ろに霧に覆い隠された標高四千五百メートルの山がそびえ立ち、その頂上にはかつて生きていたすべての人々の生まれた日と死んだ日が記録された帳面が置かれているが、誰もその山の存在にさえ気づいていないように見える、そんな感じだった。

この一週間の憂鬱がついにわたしを打ちのめし、偏執症的なアフリカの夜を体験することになったのは、カリシンビ山の山頂でのことだった。わたしたち旅行者は、ひとりでその周辺の山に入ることを禁じられていた。監視員を案内人として雇う決まりがあった。辺りで一番高い火山の頂上まで客を連れて上がる仕事が彼らにとって楽しいはずはなく、いきおい、その仕事は一番年下の監視員に押しつけられた。監視員たちと過ごしてきた数日の間に、わたしはその年少の監視員に気づいていて、すでに嫌な印象をもっていた。他の監視員たちさえも、少年をのけ者にしているようだった。つり上がった目をした陰気な少年で、仮面のように表情が乏しく、どこか暴力的な緊張感を漂わせていた。キャンプではたいてい隅のほうに座り、人とかかわったかと思えばぶっきらぼうな口ごたえばかりしているように見えた。だからわたしも、好んで彼と山に登りたいとは思わなかったし、少年の乏しい表情から読み取れるところでは、彼もわたしに対して同じ思いを抱いているようだった。

山を登りはじめると、この案内人に対するわたしの嫌悪感はさらにつのった。フランス語、スワヒリ語、英語、そしてキワンダ語で知っている二十の単語のどれで話しかけても、独り言のようなつぶやきしか返ってこなかった。わたしが濡れた石ですべって転ぶと少年は笑ったが、その笑い声にはあざ笑うような軽蔑的な響きがあった。また、草を食んでいるレイヨウに石を投げつけたこともある。おそらく、レイヨウを傷つけ、同時にレイヨウを見るチャンスをわたしから奪いたかったのだろう。

わたしの少年への嫌悪感は沸騰寸前となり、少年のわたしに対する嫌悪の情も同じように高まっているようだった。どういうわけか、このお互いへの感情は拍車をかけて高まり、無言の競争となって、腹立ちまぎれの子どもじみた競り合いがはじまった。わたしたちは歩く速度を速めてより過酷なペースで進み、とうとう山を駆け上がるほどになって、お互いに相手が先に休憩しようと言いだすのを待っていた。わたしたちはどんどん進んだ。熱帯多雨林を抜け、山のなかの林を進み、まばらに木がはえた森林地帯を抜け、膝まで泥に埋もれながらどこまでも続く湿地を通りすぎ、あちこちに霜が降りている荒涼とした岩場を進んで、数時間のうちに標高二千メートルから標高四千メートルの高さまで登ってしまった。空気が薄くなりはじめ、高山病になりかけているのがわかった。目の前がぼやけ、動悸が激しくなった。少年は山登りが仕事で、しかもわたしは彼より重いリュックサックを背負っていたが、途方もない怒りがわたしを少年の後に続かせた。「疲れたか?」と少年はときおりフランス語で尋ねたが、わたしは喘ぎながら「全然」と答えた。ある時少年がそれまでで一番長くしゃべった。フランス語で「あなたは疲れていると思う。あなたは ムズー（スワヒリ語で老人の意味）だから」と言ったのだ。わたしはいまや、半ば駆け足で少年を追いかけていた。彼のことを殺したいと思いながら。ほんの一瞬だが少年を追い越したときには勝利を確信し、先ほどのお返しに荒い息で「疲れただろう?」と囁いたが、すると少年も喘ぎながら「ノン」と答えた。

過酷な勝負では対立する者どうしの間に不思議な友情が生まれると言われているが、そんなものは微塵もなかった。彼は愚かで冷淡な、ルワンダに残る最後の熱帯多雨林で動物に石を投げつけるような少年で、わたしは彼に何かを証明してみせたかったのだ。それが何なのかは自分でもよくわからなかったが。

目的地に到着。火口のすぐそばに建つトタン板でできた山小屋に着くと、ちょうどあられまじりの暴風が吹きはじめた。わたしたちは、接近してきた暴風雨が金属性の屋根を打つ音を聞きながら、荒い息づかいのまま横になっていた。結局そこで、午後の三時ごろから翌朝まで過ごすことになった。米とフランスパンを少し食べたが、この標高の高さでは何を食べても気持ちが悪くなった。目がズキズキ痛み、睾丸がどくどく脈打ち、ずっと頭痛が治まらずに息を吸うたびに胸が痛み、何をしても疲れた。高度が高いため、安静時のわたしの脈拍はつねに百十くらいで、つまりぐっすり眠ったつもりで目が覚めても、ずっと階段を上ってきたのと同じくらいの気分だということだ。

わたしたちは、板張りの床の上に、狭い山小屋が許す限りの距離を置いて横になっていた。一度縦笛を吹いてみようとしたが、息が足りなかった。そこで、ほとんどの時間をゴリラのことを考えながら過ごすことになった。監視員の少年のほうは、ぶつぶつと独り言を言い、鉈を使って小屋の金属部分にボナヴェントレという自分の名前を彫っていた。その間じゅう、標高四千メートルに建つその閉ざされた小屋のなかでタバコを吸いつづけ、わたしがやめてくれと頼んでも聞き入れなかった。

こんなふうに時間は過ぎ、とうとう夜になった。フォッシーはいまだに一分間に百十回も眼球が脈打つ状態で横になっていたわたしは、はじめて恐怖を感じた。フォッシーはこの山で六か月前に殺害され、しかも犯人はおそらくアメリカ人の大学院生ではなく、政府の職員か、あるいは監視員だと思われ（そうに違いないと、そのときまさに確信した）、それもおそらくこの監視員で、使ったのは彼がいま握っているまさにこの鉈で、しかも今夜はほぼ間違いなくわたしがやられる番なのだ。いま聞くと滑稽で大げさな、馬鹿げた妄想だと思うだろうが、そのときのわたしは突然底知れぬ恐怖に襲われた。わたしは中央アフリカのどこかにある火山にひとりで来ていて知人はひとりもおらず、あられまじりの暴風のせいでとある監視員とともにこの雨宿り場に閉じこめられていて、フォッシーを殺したのは監視員たちに違いないと確信していた。その日のこと、それまでの一週間を思い返してみると、過去のわたしの言動のすべてがすでにわたしの運命を決めてしまったと、つまりわたしの様子を見ていた監視員たちに、彼こそ殺すべき人間だ、という確信を与えてしまったのではないか、と思えた。

わたしは心の底から怯え、パニックになりかけていた。何としても逃げ出したかった。必死で息を整え、大声で助けを呼ぼうかと考えた。ほとんど一晩じゅう起きていて、傍らには開いた状態のポケットナイフを置き、今夜死ぬことになるのだと本気で考えていた。その間監視員のほうは、夢のなかで話をしていた――ぶつぶつ寝言を言い、耳障りなくぐもった咳をして。

夜が明けて、わたしは馬鹿らしいような腹が立つような、ほっとしたような気分を味わっていたが、今回は運がよかったのだとも思った。凍った岩をよじ上り、七時には頂上にたどり着いた。監視員は腰を下ろし、どこか苛ついた様子で岩を足で蹴っていた。わたしはルワンダ、ウガンダ、ザイールの方向を見渡し、かつて辺り一帯が熱帯多雨林で、たくさんのゴリラが生息していた頃のことを想像してみようとした。監視員は明らかに、すぐにも下山したそうだった。わたしのほうは、永遠にそこにいてもよかったのだが。しかし彼はその運命を免れた。雲が流れてきて視界をさえぎったので、下りるほかなくなったのだ。

昨日の競争の目的が、相手に心筋梗塞を起こさせることだったとするなら、その日の競争の目的は、相手に足を折らせることだった。わたしたちは山を駆け下りた。それも無言で。岩から飛び下り、濡れた急な坂道を、ときおり方向転換しながら進んだ。監視員はきっと、さっさと仕事を終えて詰め所でむっつりと座っていたくて急いでいたのだろう。わたしが急いでいたのは、この山と眠れない夜から早く離れたかったからであり、殺人鬼をさっさとお払い箱にしたかったからだ。

わたしたちは凍った岩肌を駆け下りた。湿原のほとんど凍結しかけたぬかるみのなかを走り、森林や熱帯多雨林の木立を、竹林を駆け下りた。そして、昨日とは別の道を下ってこの山の鞍部にたどり着いたとき、監視員が速度をゆるめた。特に疲れたようには見えなかったし、わたしを気遣って歩調をゆるめてくれたとも思えなかった。少年は突然何かを警戒するような様子になり、落ち着きを失っているようにさえ見えた。それが、彼の顔に浮かんだ表情からどうにか読み取れる感情のすべてだった。

森の木は少しまばらになって、これまでよりもずっと遠くまで見通せるようになり、わたしたちが進んでいる小道に沿うように美しい小川が流れているのが見えた。歩くペースはゆっくりになり、足下も平らだった。丸太の橋を歩いて川を渡る。そのまま少し進むとすぐそばの森が途切れて視界が広がった。そしてなんの前触れもなく、わたしたちはフォッシーの丸木小屋の前に立っていた。

それは簡素な作りのこぢんまりした木造の小屋だった。ルワンダの国旗が屋根の上で翻っている。わたしが小屋に近づいていくと、監視員の少年が離れろと手で合図した。構わず近づくと、あの無口な少年が、フランス語とスワヒリ語、さらにはどうにか通じる怪しげな英語まで使って、近づくことは禁じられていると伝えた。それにかまわず小屋の前を通りすぎたわたしは、少年に力ずくで移動させられるまでのほんの一瞬、フォッシーと他の霊長類たちの墓の前に立っていた。

フォッシー、フォッシー、怒りっぽくて気難しい、暴力的で自滅的な人間嫌い、二流の科学者、真面目な大学生をだます人。あなたがルワンダに足を踏み入れなければ、きっとあれほど多くのゴリラが死ぬことはなかっただろう。フォッシー、厄介者の天使よ。わたしは祈りも魂も信じていないけれど、あなたの魂のために祈ろう。あなたたちの墓のそばにいたあの瞬間に感謝し、わたしは一生あなたのことを忘れない。あのときわたしが感じたのは、心の故郷に戻ってみるとそこには亡霊しかいなかったことへの、清々しいほど純粋な悲しみだった。

第Ⅳ部　大人の時代

18 ヒヒの群れ——ニック

わたしはニックのことがそれほど好きではなく、それは群れの仲間たちも同じで、というのも長い間いろいろなヒヒを見てきたなかでも、ニックは最高に嫌な性格の持ち主だったからだ。あれはわたしが、ヒヒの性格特性に科学的関心をもって本気で注目しはじめた頃のことだ。それまでは、群れ内の順位がヒヒたちの健康状態を決める、つまり地位の低いオスほど、さまざまなストレス性の疾病にかかるリスクが高いと考えてきた。順位がヒヒの人生を決める、以上、というわけだ。けれどもその後の研究で、ヒヒの人生に順位よりも大きな影響を及ぼしている要因があるとわかってきた。たしかに生理学的側面については順位の影響が大きかったが、その順位がどのような社会集団のなかで形成されたものであるか、ということにより大きな意味があることがわかった——たとえば、社会的階級が安定した群れの優位のオスのストレスホルモンの数値は、群れの政権が不安定となった期間中に激しい変化を示していた。また、生理学的側面への順位の影響はたしかに大きいが、より重要なのは、きびしい状況に追いこまれたときにそれにうまく対処する方法を持っているかどうか、つまり社会的なつながりがあるかどうかであるらしい、ということもわかってきた。つまり順位にかかわらず、群れの仲間との毛繕いの回数が多い者やいつも他のヒヒたちと接触をもっている者たちは、ほとんどの場合血液中のストレスホルモンの値がもっとも低かった。イサクやナサニエルがそうだ。そしておそらく最大の発見は、性格特性の重要性がわかったことだった。たとえば、あなたのタイプA度はどのくらいだろう？――あなたの最大のライバルがほんの五十メートルほど先で昼寝をしはじめたとしたら、あなたは何であれそれまでしていたことを続けるだろうか？　それとも、相手の行動を腹立たしいこれ見よがしな挑発だと受け止めて、いても立ってもいられなくなるだろうか？　もしもあなたが、ライバルのうたた寝を自分への侮辱だと受け取るタイプのヒヒなら、順位による影響を取りのぞいた後のあなたのストレスホルモンの平均値は、すべてを平常心で受け止めるタイプのヒヒの安静時のストレスホルモンの二倍はあるのだ。

そういうわけで、わたしは当時ヒヒの性格特性について考えることが多かったのだが、ニックはひどく性格が悪かった。簡単にいえば、ニックはネブカドネザル以来の最高にたちの悪いヒヒだったが、ネブカドネザルとは違って利口で礼儀正しく、しかし恐れを知らなかった。小柄で痩せており、ふつうなら応援したくなるタイプだったが、そんな思いが消し飛ぶほどの冷酷なまでの卑劣さがあった。ニックは、静脈の浮き出た腕に入れ墨を入れた、引き締まった身体つきの細身の男を思わせた。酒場の喧嘩で、太鼓腹を無防備にさらした図体ばかりでかい女々しい男をやっつけるタイプの男だ。ニックには入れ墨はなかったが、少し歪んだ顔に目立つ傷跡があった。

ニックは群れの政権が不安定だった時代に群れに加わった。まだ青年期で、キーストン・コップス（アメリカのコメディグループ。警察官がドタバタ喜劇を繰り広げるスラップスティックス・コメディの創始者）ばりの喜劇を繰り広げる年長者たちの弱点を観察する目には、軽蔑の色が浮かんでいた。そうしていられるのもあと二、三年だぜ、と言っているようだった。その間に、ニックは自分と同年代の者たちを支配下においた。そして上の階級を狙うようになると、自信にあふれ、ひるまず、卑劣に振る舞った。ある日のこと、ニックはルベンをこてんぱんにやっつけ、怖じ気づいたルベンはすぐに降伏のしるしに身体を伏せて尻を見せた。さて、このポーズが何を意味しているかを知らないヒヒはいない。もう降参という意味で、敗北を認める合図であり、兄貴、もう勘弁して、と言っているのだ。そして地球上のすべてのヒヒが、こういう場合勝者は相手のお尻をただ見るか、マウンティングするか、あるいは慣例的におこなわれている、同様に相手を貶めるなんらかの行為をし、それですべてを終わりにするものだと知っている。それは戦いのルールであり、どこにでも公示されていることで、スリーアウト、チェンジと同じくらい当たり前のことなのだ。そういうわけで、ルベンが尻を高く持ち上げると、ニックがその尻を見るために近づいてきて、これで一件落着かと思った矢先に、ニックがルベンの尻に覆いかぶさり、犬歯で嚙みついて深い傷を負わせたのだ。ナンバーワンがころころ変わる、当時ののんきな空気は、この執念深い仕打ちによって一変した。

ニックはとことん嫌なやつだった。メスたちのなかにも、ニックに夢中になる者などひとりもおらず、事情でどうしてもニックと交尾しなければならない数日間は特にそうだった。ニックはメスをいたぶり、子どものヒヒを殴り、ガムスやリンプなどの弱った老人をいじめた。いまでもよく覚えているのは、おどおどした可哀想なルツがやらかした何かに腹を立てたニックが、ルツを木の上まで追いつめた日のことだ。こういう場合、メスはふつう、オスより身体が小さいことを活かせるめったにないチャンスをものにする——つまり細い枝の先まで逃げて、必死で枝にしがみつきつづける。メスより体重のあるオスには、そこまで追いかけていって嚙みつくことができないからだ。行く手を阻まれたオスのほうは、ふつうは行けるところまで行ってメスを追いつめ、いまにも折れそうな枝の上でメスがあげる悲鳴を聞き飽きるまでそこにいる。そういうわけで、ルツは大急ぎで木の上までのぼり、ニックが追いかけてくるのを見ると、安全な枝の先へと飛び跳ねた。するとニックは、ルツがいる枝のすぐ真上に伸びた、より太く、より頑丈な枝へとすばやく移動した。そしてルツの頭に小便を引っかけたのだ。

さらに問題だったのは、同じ頃に全盛期を迎えていたネブカドネザルが、いまだに大人になりきれずにいたことだ。ネブカドネザルは、ニックから最優位のオスの地位を奪い取ろうとはせず、その代わりに他のヒヒたちを痛めつけることばかり考えていた。救世者となりそうな者はほとんどいなかった。ルベンならニックの好敵手となれたはずだが、重要な戦いの場からはいつも逃げてばかりで、ネブカドネザルからもこそこそ逃げていた。

あらたに群れに加わった筋肉質の若者、セムは、全盛期を迎えるにはまだ数年かかりそうで、他の転入組、エッサイやサムエルも同じだった。アダムはひ弱そうなヒヒで、支配権をめぐる争いに加わろうとは夢にも思わなかった。ダビデ、ダニエル、ヨナタンはそれぞれネブカドネザルと戦って引き分けに持ちこめる実力があったが、相手がニックでは勝ち目はなかった。イサクとナサニエルはそんな争いには興味がなく、ベニヤミンとヨシュアは問題外、サウルは足を引きずって、みなの様子を遠くから眺める傍観者だった。

群れの唯一の希望の星と言えそうなのはギデオンだったが、勝利を引き寄せるためには、さんざん使い古されたある筋書きが必要だった。ギデオンはナサニエルの弟で、最近群れに加わったばかりだった。ギデオンのことは、何年も前に、近隣の群れのなかにいるのを見かけたことがあった――ドキッとするほど筋骨隆々の若者で、当時青年期を迎えていた兄のナサニエルと辺りをぶらついていたのだ。ナサニエルは弟より数年早くわたしの群れにやってきて、短期間、気乗りのしないまま最優位の地位に留まったあと、引退して『パパは何でも知っている』（一九五〇年代のアメリカの中流家庭を描いたホームドラマ）の主演をつとめるようになった。その後、ニックによる恐怖政治がはじまったときに、ギデオンが群れに転入してきたのだ。これで役者はそろった。若いジェダイの騎士、ギデオン。引退後、気の進まないままオビ＝ワン・ケノビとなったナサニエル。ふたりが手を組んでニックを引きずり降ろし、真実と正義が勝利して、ハン・ソロとレイア姫が愛を交わす場面で映画は幕切れとなる。

唯一の問題点は、ナサニエルにまるでその気がないことだった。ギデオンは台本を完璧に自分のものにし、ニックに戦いを挑み、いよいよ作戦決行の時がきたと見て取ると、ナサニエルに駆け寄って協力をあおいだ。ところがナサニエルは困ったようにギデオンの毛繕いをするばかり。目の前の騒動には気づいてもいない様子で、弟はただ、昔家族で出かけたピクニックの思い出話がしたくてここに来たのだと思いこもうとしているようだった。また別の日には、ギデオンはネブカドネザルとの戦いまっただなかで、勝負の行方は一進一退。危機に瀕したわれらがヒーローが必要としていたのは、兄の手助けだけだった。ギデオンが全速力で兄に駆け寄り、協力を求めると、ナサニエルは自分の身体によじ上って遊んでいた子どものヒヒのひとりを大真面目で弟に渡し、それを見たギデオンが落ち着きを取り戻し、くだらない争いよりも父親業のほうがどれだけやりがいがあるかに気づいてくれることを期待した。ギデオンが兄に幻滅しているのは間違いなかった。憧れの存在だった兄貴はいったいどうしてしまったのだろう？　かつてあらゆることを教えてくれた兄、ナトは、数年前に生まれた群れを出て行き、いまじゃこのありさま――赤肉は食べず、戦争反対集会に参加し、ブラをつけない女たちとつきあっている。ギデオンが戸惑うのも無理はない、と思えた。

そういうわけで、ギデオンはいまはまだ最優位の地位を継承しそうになかったけれど、それでも今年の新人賞の有力候補とは見なされていた。そして、ギデオンほど幸先のよいデビューを飾れなかったのがアブサロムだ。大人しく風変わりな若者で、青年期の群れの移動をするにはあまりにも若すぎるように見えた。近隣の群れでも見かけたことがなく、おそらく相当遠くから迷いこんできたヒヒで、かなり長い間ひとりで暮らしてから、この群れの片隅になんとか潜りこんだのだろう。その無防備で誠実な顔つきは、鼻づらの脇にある大きな膿瘍のおかげで台無しだったが、痛みがひどいのか、食べ物を咀嚼するときには傷のないほうのあごだけを使っていた。アブサロムはヒヒには珍しく愛想がよく、驚くほど多くの時間を、仲間に向かって眉を上げてみせたり、顔をしかめてみせることに費やしていた。しかしレイチェル一家とベニヤミンは別にして、彼の挨拶は無視されるのがふつうだった。あるとき、なんとも思い切ったことに、アブサロムはわたしに向かって顔をしかめてみせた。こちらも同じようにして返すと、わたしがヒヒ流の挨拶に精通していることを知ったアブサロムは明らかに驚いていた。彼がもう一度顔をしかめたので、わたしもお返しをし、それからはほぼ毎日、異種間の儀礼的なやりとりがおこなわれるようになった。

そのうちアブサロムはメスのヒヒを意識するようになり、青年期ののぞき趣味にはまりこんだ。当時、ある程度ののぞき嗜好は群れ全体に見受けられた。ヨナタンはいまだにレベッカにべた惚れで（このころには、ヨナタンを歯牙にもかけないレベッカが愚か者に見えてきた。ヨナタンが立派な若者に成長したからだ）、アダムも相変わらずショートテールの信奉者で、だから彼女たちのどちらかが他のオスと交尾していると、ヨナタンとアダムのどちらかが控えめな、わびしい距離をおいてその様子を見守るのだった。けれども、アブサロムはのぞき趣味をあらたなレベルまで引きあげた。誰とは限らず、群れで交尾がおこなわれていると知ると、近くのやぶに潜んでそのながめを楽しもうとするのだ。たとえばダニエルがミリアムと交尾していると、ミリアムにそそられたことのあるオスなどひとりもいなかったにもかかわらず、アブサロムは三メートル離れた場所から首を長くのばしてその一部始終を見ようとし、その間ずっと自分のしっぽを握りしめていた。群れのセクシー・ガール――たとえばデボラやブープシー――が発情期を迎えたとなると、アブサロムはすっかり舞い上がってしまった。ある日の午後、発情期の絶頂にあるとわかるデボラが、ニックと寄り添って静かに毛繕いをしあっていた。群れから離れてふたりきりでいる彼らは、明らかにさらに深い親密さへと進むために気分を高めているところだったが、ちょうどそのとき、ふたりの真上のまさに絶景を拝める枝へとするすると静かに這い進んでいたアブサロムの下で、その体重を支えきれなくなった枝が折れ、アブサロムは真っ逆さまにふたりの上に落ちてきた。そして当然のことながら、性的行動への強い執着にもかかわらず、アブサロムは群れに移動してきて以来、メスに毛繕いしてもらったことさえ一度もなく、もちろんもっと刺激的なあらゆることをするチャンスにも恵まれなかった。そして吹き矢の麻酔で捕獲してみると、身体じゅうダニだらけだった。

アブサロムは、あと二、三年たって周囲から一目置かれる全盛期を迎える日を心待ちにしていたかもしれないが、人生の黄昏が近づいているのを感じているに違いないヒヒたちもいた。サウルはいまや年寄りの部類となり、四百メートルほど離れたツーリストロッジまで足を引きずりながら行って、もともと居着いているヒヒたちと、ゴミの缶の中身やロッジのゴミ捨て場に捨てられた生ゴミを奪いあうようになった――一日に何時間もかけて食糧を探すよりも簡単に食事にありつけるからだ。サウルよりももっと年を取り身体の弱ったアロンは、群れを抜けてゴミ捨て場の群れの一員となった。また思いも寄らないことに、若くてセクシーだったアフガンが、人生に疲れてすっかり弱って老けこみ、老けこんだのはミリアムも同様で、こちらのほうは、あまりにも大勢の子どもたちが一斉にかんしゃくを起こすせいだと思われた。ルツがやつれてしまったのは、間違いなく持ち前の神経質なほどの心配症のせいで、その傾向は年々ひどくなっていた。年老いたナオミはいよいよ増して年老いて、中年のレイチェルまでが母親と見分けがつかないほど老けて見えるようになり、フィールドノートにレイチェルのことをナオミと書いてしまったことも一度や二度ではなかった。またこの頃、イサクに、そしてヨシュアやベニヤミンにも、血管の老化が起きていることに気づいて驚いた――肌の張りとつやが失われ、血管が細くなって血液採取の針がうまく刺さらなくなった。何よりも狼狽させられたのは、彼らに老人性のシミが現れてきていることだった。

この時期に観察されたもっとも注目すべき行動も、老化にまつわるものがいくつかあった。その行動の主のひとりはガムスで、群れに移動してきてからの数年間にどんな逸話も生み出さず、ものすごく老いぼれていること以外は何ひとつ目立った特性はないと思われていた。もうひとりの主役は年老いたリアで、デボラの母親にあたり、群れの最優位のメスで、真面目一方の愛らしさのかけらもないヒヒだった。はっきり言えるのは、この年の夏より前には、リアとガムスが顔を見合わせたところさえ一度も見たことがなかったということだ。それなのにこの夏、二頭は間違いなく愛しあっていた。さもなければ互いの毛むくじゃらの腕を気に入っていた。少なくともふたりが取った行動は後にも先に見たことのないものだった。最初に気づいたのは、二頭がただいなくなったことだった。ヒヒの群れは森で眠る。森は数エーカーにわたって広がり、ヒヒたちが森の下生えに潜りこんだり、やぶのはずれに食べ物を探しに行ったりすると、簡単に見失ってしまうことがあった。けれども群れが広々とした草原を進んでいるときに、それも刈り株以外はなんの草も生えていない乾期であれば、ヒヒを見失うことなどありえない。それなのに、リアとガムスはある日突然蒸発してしまった。青年期のヒヒや全盛期のヒヒなら、とくに驚くことでもなかった――別の群れに移動したか、少なくとも移動の可能性を探りにいっているのだ。年老いたヒヒが一頭だけいなくなったのなら、疑うべき犯人はハイエナかライオンだろう。けれども、最古参の二頭が同じ日に姿を消すとは、いったいどういうことだろう?

近隣の群れに二頭がもぐりこんだ形跡は認められず、ツーリストロッジのゴミ箱をあさっていたという情報もなかった。どちらも森には戻っておらず、餌を探しに出てこられないほど身体が弱ってもいない。わたしはハイエナの巣穴に骨が転がっていないか調べ、森を流れる川のほとりで、バッファローから身をかわしながら、真新しい頭骨を探し回った。けれど何も出てこなかった。ガムスがいなくなったことを悲しむ者はいなかったが（ほとんどのオスの宿命だ）、デボラは母親がいなくなったことを心配しているようだった。それから何日か過ぎ、一週間が過ぎて、わたしは二頭のことを諦めた。きっと同じ日に捕食者に食べられてしまったのだろう、と。

そして数日後、わたしは昼にヒヒの群れの観察をやめてキャンプに戻ることにし、ヒヒがよく行く茂みの向こうの原野を抜ける回り道を車で走っていた。すると、はるか遠くの、ヒヒたちが五年に一度くらい行く草原に二頭の姿を見つけたのだ。二頭は一緒だった。餌を探すわけでもなく、毛繕いをするわけでもなく、身体を寄せあって座っていた。近づいていくと、二十年近くにわたり、すぐそばで人間に観察されるのに慣れているはずのリアが、怒りに燃える目でわたしを見上げ、ゆっくりとした大股で、すぐ近くの茂みに姿を消した。そのあとに、同じように燃える目をしたガムスが続いた。

その次の日の午後は、群れが逆の方向に行ってしまったため、わたしは十六キロも離れた場所に群れを残して前日のあの草原へ向かい、茂みの奥のさらに向こうまで二頭を探しにいった。するとはるか遠くに二頭の輪郭だけが見てとれた。二頭は吹きさらしの山の背に無防備な姿で座っていたが、そこは野生の植物とライオンでいっぱいの場所だった。その後、二頭の姿を見ることはなかった。

この時期に起きたもうひとつの事件は誰が主役をつとめたとしても異例の出来事だったが、一番似合わないベニヤミンが英雄的な振る舞いを見せたところがさらに驚きだった。ちょうど午後の三時ごろで、ヒヒたちはみなのらくら過ごしていた。ひどい暑さで、捕食者たちはたいていてい昼寝をしている時間でもあり、みな警戒心を解いていた。そして群れが川のほとりをぶらぶら歩いて上流まで来たところで、うとうとしていた一頭のライオンと鉢合わせしてしまったのだ。ライオンがすくっと立ち上がると、辺りは騒然となり、ヒヒたちは悲鳴をあげてちりぢりに逃げ出した。優位のオスたちは、当然やるべきことをした。周囲にある一番安全な木に大急ぎでのぼるのだ。一方メスたちは、大急ぎで自分の子どもを抱きかかえ、木の方向へ走った。ライオンは、キャンディストアにアメを買いにきた子どものようだった。一頭のヒヒを追いかけてみては、気が変わって別の方向に狙いをつける。選択肢がありすぎて迷ってしまったのだ。その結果、ライオンは結局誰も捕まえられず、草原の真ん中で怒りの吠え声をあげ、木の上に追いつめられたヒヒたちが叫び声をあげながらそれを見守っている、ということになった。

と、そのとき、その場の全員——ライオン、ヒヒたち、そしてわたし——が、二頭の子どものヒヒに気づいた。生後一年の子どもたちは半狂乱になり、背の低い若木によじのぼったが、若木は子どもの重さでしなって地面から百五十センチほどの高さで地面と水平になって止まり、それを見たライオンに攻撃を思いとどまらせることができるのは、せいぜい十秒だと思われた。子どもたちの母親はアフガンとミリアムだったが、両方ともライオンをはさんで子どもとは反対側にいた。ライオンが若木に近づいていくと、みなの間にパニックとヒステリー反応が広がった。霊長類学の時代遅れの専門書を開くと、こういう場合、最優位のオスが職務内容説明書に従ってどんなふうに助けにくるかが、書かれているはずだ。しかし前にも述べたように、実際に起きているのは遺伝子による利己的な振る舞いだった——誰かが献身的な行為をするのは、それがごく近い肉親を、つまり自分と同じ遺伝子をたくさん持っている誰かを助けるときに限るのだ。この子どもたちにとって不運だったのは、自分こそ父親だという確信を持つオスがいなかったことだ――ルッとの青年期の恋の結果生まれたオバデヤに対してヨシュアが示す家父長的態度とは対照的だ。優位のオスのほとんどは、これから起こることをよく見たいという興奮で、ワーフーと盛んに声をあげ、メスたちは警戒の叫び声を交わしあった。アフガンとミリアムは狂ったように木を駆け下りたり駆け上がったりしていたが、そのときどこからともなくベニヤミンが躍り出た。短かった在位期間に、マナセの脅威から身を守るために大人のデボラをさらって最新の進化理論への無知さ加減を曝露してしまったベニヤミンが、今度もまた同様の見識のなさを周囲に知らしめていた――どう考えても、二頭の子どもたちのどちらかがベニヤミンの子であるはずはなかったのだから。それなのにベニヤミンは雄叫びをあげて登場し、大声をあげ、脅すようにうなりながら、ライオンが狙いをつけている若木の根元まで行き、その前に立ちはだかった。ライオンが近づいてくると、うなり声をあげ、犬歯をむき出しにしてライオンに突進した。わたしはぞっとし、度肝を抜かれ、啞然となった――その場にいた全員がそうだった。ライオンがさらに近づいてくると、ベニヤミンは後ずさりして木にのぼりはじめた。そう、もう一度攻撃するつもりなのだ。木から飛び降りて、さっさと安全な場所に逃げこむこともできたのに、ベニヤミンは狂ったようなうなり声をあげながら突進した。そしてそれが功を奏した。すでに一メートル五十センチほどの距離まで近づいていたライオンが立ち止まり、ベニヤミンが攻撃的に前進するたびにひるんだ様子を見せた。ライオンは跳躍の身構えをし、片足をあげると……次の瞬間両足を地面につけてそのまま立ち去った。頭のおかしい癪にさわるヒヒめ、勝手にしろ、とさっきまで昼寝をしていた場所に戻っていったのだ。二頭の子どもたちは若木を駆け下り、一目散に母親のもとへ帰った。

その後、わたしはいったいどんなことを期待していたのだろう？　その日は夜まで、ミリアムとアフガンがベニヤミンの毛繕いにいそしんだ、という結末だろうか？　せめてベニヤミンを讃えるパレードぐらいは催されるはずだ、と思ったのだろうか？　オスヒヒたちが次々とやってきて、ベニヤミンの背中を軽く叩いていくことだろうか？　実際には、ヒヒたちはそのまましばらくライオンへの警戒の呼び声を交わしつづけていたが、唐突に食べ物探しに戻っていき、一方のベニヤミンは、しばらく木の上で跳ね回り枝をぼきぼき折りつづけていたが、これは興奮を鎮めるための転移行動の一種だった。そのあとは一日何ごとも起こらなかった。

ニックが政権を握っていた時代、メンバーの入れ替わりはおもに若いヒヒたちの間で見られた。オバデヤが成年に達してどこかへ行ってしまい、その後はまったく音沙汰なかった。鼻の一部が大きくえぐれていることからスクラッチと名づけたヒヒは、不格好な変わり者のサブアダルトで、移動してきたあとも群れの順位のどこにも潜りこめず、あの惨めなアダムにいじめられる始末で、アブサロムとリンプを一応支配下において満足していた。エッサイもやはり移動してきた青年期のオスで、群れにあらたな行動様式を持ちこみ、霊長類の同じ種に属していても、群れが違うと「文化の違い」があるという説の正しさを証明した。エッサイは、わたしの群れからふたつ南の群れ出身で、ケニアとタンザニアの国境を流れる川沿いで暮らしていたため、当然何万時間分もの小川を渡る経験を積んでいるはずだった。エッサイが群れに紹介したのは直立歩行で川を渡る習慣だった。それが彼が自分で編み出した方法なのか、前の群れでは誰もがやっていた習慣だったのか、それともその行動には水媒介の寄生虫への曝露を減らすという隠された適応的目的があったのか、はたまた足だけでなく手まで濡らすのが嫌ではじめた行動にすぎなかったのかはわからない。けれどもすぐに、群れの若手のヒヒたちは全員二本足で川を渡るようになった。

この夏は、レベッカに最初の子どもが生まれた年でもあった（ああ、その子の父親が傷心のヨナタンである可能性はほとんどなかった。その前の彼女の発情期の期間中、ヨナタンがレベッカと一緒にいる姿を一度も見ていなかったからだ)。初産の母親――つまり最初の子どもを育てている母親――で子育てが板についている者はめったにいないが、レベッカはひどかった。他のメスたちと分かれてどこかへ行くときには息子を置き忘れ、しょっちゅう息子をひっぱたき、子どもを背中にのせるコツがつかめないのか、息子はいつもずり落ちそうになりながら、母親のしっぽのつけ根にしがみついていた。ある日のこと、レベッカがそんな不安定な体勢で子どもを背負い、枝から枝へと飛び移りながら移動していたところ、しっぽを握っていた子どもの手が離れて三メートル下の地面に落ちてしまった。それを見ていた同じ霊長類の仲間であるわたしとヒヒたちは、自分たちが近い親戚であることを、つまり、この出来事を見た瞬間に、わたしとヒヒが、脳のなかでまったく同じ数の神経細胞を働かせたと思われることを、全員が一斉に同じ反応をすることによって証明した。その瞬間、木の上にいた五頭のヒヒと、ひとりの人間であるこのわたしが、そろって息をのんだのだ。それから黙りこくって、落ちた子どもを見守っていた。しばらくすると子どもは自力で立ち上がり、木の上にいる母親のほうを見て、それから近くにいた友だちのヒヒの後を慌てて追いかけた。その後は、ほっとしたわたしたちが交わすクックッという声がまるで合唱でもしているように森に響いた。

この年の夏はこんなふうに過ぎていった。レベッカはゆっくりと母親らしさを身につけ、アブサロムはこそこそ茂みに潜み、ニックは誰かれ構わず嫌がらせをしていた。そんなあるとき、わたしは群れの順位制における自分の地位をニックに思い知らされた。それもとても腹立たしいやり方で。あれは早朝の森での出来事で、わたしはルベンをうまく仕留められた満足感に浸っていた。朝起きたばかりで、眠そうによたよた歩いていたルベンの身体が、やぶの途切れ目から見えた瞬間を狙ってわたしは吹き矢を放った――吹き矢はルベンの尻にまともに命中したが、ちょうど身体の前半分が次のやぶに潜りこんだところだったので、本人は何が起きたのか見えなかった。あとは、彼がうまい具合に一メートルほど歩いてくれて、人目につかない場所に座りこみ、そこで昏睡状態になる、という計画だった。ところが、ルベンはすぐ近くにいたアダムにぶつかり、森の中をジグザグに進み、森を分断するように走る深い川を、不愉快そうに見つめるバッファローの真横を通って渡ってしまった。これは大変だ。ルベンが昏睡状態になりはじめ、これ以上遠くまでいけなくなったのを見届けてから、ルベンがいる側の川岸へと続く車で五分の道を急いだ。バッファローがいて、徒歩で川を渡ることができなかったからだ。

すでに横たわっているルベンから目を離さないようにしながら角を曲がったとき、大きなオスのヒヒがすばやい動きでルベンのほうに近づいているのが見えた。緊張が走った。ニックだ。ヒヒが昏睡に陥りかけているときには、すぐそばにいることが肝心だ。そのまま歩いていって途中で麻酔の効き目があらわれ、やぶのなかで迷子になりかねないだけでなく、その無防備な瞬間を狙って、ライバルのオスに叩きのめされる心配もあったからだ。そしていま、意識がもうろうとしているルベンに向かってニックが突進しており、しかもわたしには、ニックより先に倒れているルベンのところへ行って彼をその攻撃から守る手だてがなかったのだ。

わたしは大急ぎで別の吹き矢をつかみ、ニックを射止めようとしたが、あまりにも遠すぎた。車から飛びだして、大声で叫びながら手を振ってみようかとも考えた。車の警笛を何度も鳴らしてみたが、ニックはかまわず近づいてきた。ルベンはやっとの思いで頭をもたげて、いまやほんの一メートルほどの距離まで近づいてきたニックの姿を認めると、ほとんど意識のないなかで恐怖に顔をゆがめた。

ゆっくりと、力をこめて、ニックは片方の手をルベンの肩にかけ、もう片方の手を尻にかけた。それからニックは、上体を大きく反らし、森じゅうに響き渡る大声で「ワーフー」と叫んだが、その声はまだ木の上で眠っているすべてのヒヒたちの注意を引きつけそうだった。そして、そのポーズをしばらく続けたあと、ニックはやぶの下生えのなかに姿を消した。

信じられなかった。やつは卑劣にも、わたしの吹き矢の手柄を横取りしたのだ。

19
襲　撃

どの種族の基準に照らしてみても、わたしはすでに大人の部類に属していた。一般にアメリカでは、クレジットカードを持てるようになることがひとつの大人の証しだと考えられている。さらにわたしが属していた禿頭人（インテリ層のこと。一九五二年にアドレー・スティーブンソンが米大統領候補に立ったとき、支持したインテリ層がこう呼ばれた）の世界で、わたしはようやく教授という正真正銘の職業を手に入れた。一方マサイの世界のほうでは、大人になったことを示す何よりもわかりやすい象徴とともに、ニックが率いる群れのもとに戻った――長い間、親密な関係へと発展しそうな気配を少しでも感じるとテントに逃げこんでいたわたしにも、ついに一緒にテントに逃げこみたい相手が見つかったのだ。

リサと出会ったのは、サン・ディエゴでのポスドク時代が終わろうとする頃で、わたしはすでにスタンフォード大学に行くことが決まっていた。はじめて言葉を交わしたときからわたしはリサに下心があり、なんとか彼女をベイエリアに行く気にさせようともくろんだ――「君はきっと、誰よりもサンフランシスコを気に入ると思うよ」と、彼女のことも、サンフランシスコのことさえ何も知らないのに言ったが、そんなふうに断言したほうが効果があると思ったのだ。そして結局のところ、たしかに効果はあった。

わたしたちは部分的な似たものどうしというおかしな取り合わせだった。ふたりとも野外調査からの脱落組で、わたしのほうは年々研究室での研究に費やす時間が増えていた。リサはもともとは海洋生物学者だったが、紆余曲折の末にヤドカリとかそういった類いの生物についての、やる気の出ない調査研究をするようになり、それを一生の仕事とする気はないと気づいた。そしてその後、臨床的神経心理学を専門とするようになった。ふたりとも、旧左翼の家庭出身であるところも同じだった。ブルックリン生まれのわたしの場合、それは、年上の親戚たちがスターリンのトロツキーへの裏切りついてイディッシュ語で激しく言い争う環境で育ったことを意味していたが、ロサンジェルスで育ったリサにとっては、ピート・シーガーやジョーン・バエズに似た人たちとつきあっていたことを意味した。またどちらも頑固な無神論者でもあった。しかしわたしの場合、それは疾風怒濤（一八世紀後半にドイツに起こったロマン主義文学運動）とひねくれたわたしの心の産物だったが、リサの場合は、復活祭のウサギを否定することと関連していた。そして、ふたりとも多文化コミュニティの出身だった——しかしリサにとって、それは五月五日（一八六二年にメキシコがフランスから勝利を勝ち取った日を祝う日）のパレードに参加することを意味し、わたしにとっては、幼くして、民族それぞれへの適切な侮辱語を熟知していたことを意味した。

リサは抜群の皮肉なユーモアのセンスの持ち主で、歌声が夢のように美しかった。現実の世の中がどういうものかよく知っており——その点はわたしと正反対だった——しかしだからといって思いやりの心を失ってはいなかった。アルツハイマー病や頭部傷害を負った患者に丁寧で有効な治療を施す様子に、わたしは感動のあまり涙を流したほどだ。また、旧約聖書に出てくる名前好きなところも似ていることがわかった。そして彼女は美しかった。それからしばらくして、わたしたちはケニアへ向かう飛行機のなかにいた。リサはふたりの結婚式の招待状に関するもろもろの案を練り、わたしは、リサをもらうのに牛を何頭支払ったのだとソイロワに聞かれたら、どう答えようかと考えていた。

リサになった気分で、はじめてのアフリカを追体験するのはなかなか楽しいものだった。その一方で、アフリカの専門家ぶりたいという欲望にも逆らいがたかった。なにしろこの頃わたしは、さまざまな難局を乗り越えてきた長年の経験の持ち主なのだから。わたしはまず、ナイロビがどれほど策略に満ちた、弱肉強食的な場所であるかをリサに教えようとしたが、その矢先にまんまと新手の詐欺にひっかかり、しかもリサはそれが詐欺であることを五秒で見抜いた。キャンプに到着すると、誰に聞いてきたのか、リサは軍隊アリをものすごく怖がった。わたしは、軍隊アリに遭遇するのは何週間も先だよ、と笑ってうけあった。しかしもちろん、軍隊アリは二日目の夜に現れ、そのあと五年間、実際ほぼ毎夜のように群れをなして現れ、そのたびにわたしたちはテントから狩り出された。そして二週間もしないうちに、リサはわたしよりうまく吹き矢でヒヒを仕留められるようになった。

キャンプにリサが来たことによって、あらゆる種類のあらたな展望が開けた。まずキャンプは突然、ふらっと遊びにやってくるマサイの村の子どもたちでいっぱいになった。ひとりだった頃は、なんだか近づきがたい気味の悪い人だと思われていたに違いなかった。ローダや村の女たちも毎日のようにキャンプにやってくるようになり、わたしなど聞いたこともなかったうわさ話をリサに吹きこんだ——誰と誰が寝ているとか、誰と誰は寝ているように見えるがじつは寝ていないとか、毎晩、大勢いるうちのひとりの妻の小屋から走り出てきて、次々と妻たちの小屋を回り、そうすればそのうち、誰かひとりが別の男性といる現場を押さえられるに違いない、と思っているのはどの男か、といった話で……そんなこと知っていったい何になる？　という話ばかりだった。やがてリサは、陰核切除の儀式にはじめて招待されたが、それまではそんな儀式のうわささえ聞いたことがなかった。そんなある日、ツーリストロッジの従業員宿舎で暮らすふたりの売春婦がキャンプにやってきて、その片方がどうやら性病にかかっているらしく、薬を欲しがった。医学事典とスワヒリ語の辞書を抱えて苦闘するわたしは、まさに看板倒れの死せる白人の男そのもので、やっとのことで「最近、膣からの分泌物が増えていますか」というスワヒリ語の質問文を作り上げたが、リサが鼻をかむ真似をしたあと、濡れていることがわかるようにその手を握り、その濡れたものが彼女の足の間から出てくる様子をやってみせると――女性は「それそれ」と勢いよく答えた。

熟練したアフリカの専門家を気取ろうとして惨敗したわたしは、昔ながらのやり方で自分を演出しようと考えた。古きよき時代にくらべて、アフリカがどれほど変わってしまったかを、いかにもうんざりしたように嘆いてみせるのだ――「まったく、はじめてここに来たときは一番近い○○でも六十キロ先までなかったし、○○なんてものもなかった、それに五メートルも歩かないうちに○○に追いかけられたもんさ……それがいまじゃただのディズニーランドだ」というように。リサはほとんど聞いていなかったが、そのほうがよかったぐらいだ。というのも、リサがアフリカで暮らしはじめてからほんの数週間後に、じつはアフリカがほとんど変わっていないことをはっきりと示す、ある体験をすることになったからだ。

あの年、サムウェリーはすでにキャンプの仕事を辞めていた。わたしがアフリカに滞在している三か月間だけでなく、もっと仕事をする必要があると考えてのことだった。サムウェリーは地元のツーリストキャンプで働くことになり、従業員宿舎のリチャードの部屋に間借りして、警備や庭づくり、客用ログハウスの建て替え、そして必要があれば川の流れを変える仕事を担当することになった。それでもちょくちょくわたしのキャンプに立ち寄って、小屋に何か問題があれば修理していってくれた。

そのあとソイロワがキャンプに住みこむようになったのは、自然の流れだった。ソイロワは遠縁の親戚を連れてきた。ウィルソンという名の若者で、遠く離れたマサイの村から、ソイロワの家族の家に長期に滞在するためにやってきていた。まさにふたりは、物語によくある都会の従兄弟と田舎の従兄弟だった。ソイロワは、わたしが出会ったなかでも、映画のなかでロバート・レッドフォードなどと親しくつきあう口数が少なく高潔なマサイのイメージにもっとも近い男だった。それにひきかえウィルソンは、少なくともマサイの価値基準では女々しい部類に属していた。同じマサイでもウィルソンはソイロワとは出身が異なり、郡庁所在地のさらに北部の一族の出であり、その一族は遥か昔にマサイの伝統的な生き方を捨て去っていた。ウィルソンはけっこう英語が話せて、西洋風の服を身につけ、トウモロコシを栽培する技術を持っていることを誇りとしている一家の生まれだった。トウモロコシはもっともマサイらしからぬものだったが。わたしたちは、ウィルソンは地元では同性愛者だと思われていたのではないかと疑っていた。かろうじて青年期を抜けたばかりの、手足がひょろ長く、動きがぎくしゃくした、奇妙な若者だったが、マサイらしからぬやり方で感情をあからさまに表現した。悲しいときにはとことん打ちひしがれ、わたしがヒヒの睾丸から検体用生体組織を採取しているのを見ると、神経質な笑い声を上げ、何かのことでリサにからかわれると、もう降参というように手をバタつかせてその場をうまく逃げた。ある夜のこと、ソイロワが自分の成人の儀式について話してくれた。戦士として認められるためにライオンを殺したのだという。わたしたちはウィルソンにも、同じようなことをしたのかと聞いてみた。すると、いや、ぼくは学校に行かないといけなかったからと残念そうに言った。もしかすると、ウィルソンがこの遠縁の従兄弟をたずねてきたのは、本物の未開の地のマサイの魂の影響を少しでも受けたいと考えてのことかもしれないと思った。

わたしたちの毎日はだいたいこんなふうだった。他のみんなが尻込みするなか、バッファローが潜む茂みに入りこんで薪を集めてくるのはソイロワだった。一方のウィルソンは、大はしゃぎで車のエンジンの上を這い回り、点火プラグを毎日点検していた。そんなある朝、どこからか泣き声が聞こえてきた。

そのときリチャード、リサ、わたしの三人は、一番嫌な場所でヒヒの捕獲をしていた。ヒヒがツーリストのキャンプ場に入りこんでしまったので、旅行客やテント、車の間を縫うようにしてあとを追わなくてはならなかったのだ。そしてついに誰かに狙いをつけたときに、キャンプ場の後ろの山の上で泣き叫ぶ声があがった。そこから先はマサイの村なのだ。いまではマサイのことを知り尽くしているリチャードの身体に緊張が走った。問題が起きたんだ、とリチャード。泣き叫ぶ声はまだ続いていて、さっきより大きくなり、その声はふたつの村の間で交わされているようでもあり、押し殺した規則的な泣き声はほんのときおり人間のものだとわかるだけだった。わたしたちはその場に立ちすくみ、息詰まるような思いで、何が起きているのか理解しようとした。その様子を見た観光客たちも不安になり、警戒しながらわたしたちの後ろに集まってきた。「行ってみましょう。誰か助けを求めている人がいるかもしれないから」とリサが提案した。「さっさとここから逃げるべきなんじゃないか」とわたしは反論した。

マサイの女たちは次々と村を出ていき、隣の村まで走っていったが、その間じゅう叫び声をあげ、芝居じみた大げさな身振りで頭の上で両手を振っているのが、見ている者の不安をよけいにかきたてた。マサイが芝居がかった行動を取ったり大げさに振る舞うことはめったにないからだ。わたしたちは、村で残忍な恐ろしい戦いが起こり、女たちは怯え、泣きながら隣の村にかくまってもらおうと逃げ出したのだと考えたが、それは女たちがふたつの村を行ったり来たりしているのに気づくまでのことだった。やがて、両方の村に泣き声が響きわたった。そしてこれはまずいと感じたのは、いまや男たちも首をはねられたニワトリのように走り回っているのを目にしたときだ。やがて川の上流や下流にある別の村々からも泣き声があがりはじめた。「みんな助けを求めているんだ」とリチャードが言った。

わたしたちはみな、その場にじっとしてこのわけのわからない騒動を見つめていた。色鮮やかで活気にあふれ、いかにもアフリカらしい活人画のような光景に、滅多に見られないナショナルジオグラフィックの世界に釘づけになっていた。誰もがその光景に見とれていた。わたしたちの後ろに立っていた観光客たちも見とれていた。そして、その後ろに立っていたキャンプで働く男たちには、ちょっとびっくりすることが起きていた。このあたりに観光客を呼び入れるキャンピング会社は、ナイロビで暮らす農村出身の男たちを、ツアーリーダーやコックとしてここに派遣していた。けれども、川沿いのあちこちにあるキャンプ場では、地元のマサイの村出身の男たちが、ちょっとした雑用——キャンプの警備、ジャガイモの皮むき、テントの設営など——のために雇われていた。彼らはたいてい、キャンプでの異文化体験の結果としてかなりの堕落の道を歩んでいた——旅行客たちが捨てていった着古されたお下がり、つまり○○大学のショートパンツや、エルパソで開催されたチリソースを使った料理コンテストの記念Tシャツを身につけていた。かつての戦士らが、観光客から施し物をもらうことで頭がいっぱいの人間特有の、卑屈で油断のならない雰囲気をいつの間にか身につけていた。

そういうわけで、立ちすくむわたしたちと観光客の後ろに、マサイのジョー・ブロウがいた。以前に観光客たちから、馬鹿げたうさぎ跳びか何かを教えこまれたジョー・ブロウ、泣き声が辺り一帯に広がっていくなか、それでもジャガイモをむいているはずのジョー・ブロウ——そんなジョーに異変が起きていた。ジョーはやぶの向こうへ走っていくと、突然着ていたものを引き裂き——破れたワイキキ・オープンのシャツは捨てられた——代わりに赤いマントを羽織り、どこからともなく現れた槍をつかんで、どこかへ駆け去った。川沿いのあちこちで、すべてのキャンプ場で、すべての大人しくジャガイモをむいていたジョーたちがやぶに走りこみ、戦士となって現れて、雄叫びをあげながらナショナルジオグラフィックの世界へと駆けていった。

それはクリア族の襲撃だった。かつてクリア族は、マサイにたびたび痛めつけられる部族のひとつにすぎなかった。けれども、クリア族がケニアとタンザニアの自由に出入りできる国境線の南側に住んでいたことが、彼らの運命を変えた。タンザニアはケニアより国が貧しく、兵士の給料もケニアの兵士にくらべて安かったため、一部のクリアが、タンザニアのクリアの兵士に金を渡せば武器を「置き忘れてくれる」ことに気づいた。こうしてクリアの兵士たちは、除隊の日が近づくと頻繁に銃を置き忘れるようになった。そしてあるとき突然、クリア族は自動小銃を使ってマサイに挨拶するようになったのだ。

このときは、クリアは月のない夜に襲撃をしかけてきた。そのとき、マサイの牛のほとんどが、およそ三十キロほど西に作られた、臨時の囲いのなかにいた。クリアはそこを襲い、銃を発砲し、牛を盗んだ。そのことを伝えるマサイの伝令が、およそ三十キロの道のりを駆けてきて村に到着したのが、ちょうどわたしたちがヒヒの捕獲をはじめようとしたときで、知らせを聞いて嘆き悲しむマサイの声が村から村へと広がっていったのだ。

クリアたちはすでに数時間前に襲撃の現場を離れていたが、何百頭もの牛を引き連れ、捕食者から牛を守り、足の遅い牛は子牛と一緒に置き去りにしながら、草原をのろのろと進んでいた。マサイの戦士たちは集結し、非常に伝統的な、もしかすると奇妙とも思えることをはじめようとしていた――これから五十キロばかりの道のりを走ってクリアと牛たちの後を追いかけ、タンザニアとの国境付近まで追いつめて、銃を持つ彼らに槍で応戦し、牛を取り返すのだ。

マサイの戦士たちは、槍を手に四方八方へ駆けだした。最初の集団が猛スピードで走り去って川を渡り、ふたたび走りだした。他の集団は隊列を組んでいるところだった。リチャードとリサとわたしは、賢明な行動をとった。車ごとやぶのなかに入って隠れたのだ。これは間違いなく理にかなったおこないだと思えた。われらが隣人であるマサイが、いつ何時槍を手に興奮した様子でわたしたちににじり寄り、前線まで車で連れていってくれと言ってくるかわからなかったからだ。前回のクリアの襲撃では、ふたりのマサイが殺された。それより以前の、ケニア人の監視員（ほとんどがマサイ）が迅速に戦いに介入した襲撃では、二十二人のクリアが殺害された。そんなことにかかわるのはごめんだ。けれども、わたしの自動車保険の契約書に、自動小銃を持った男たちとの戦いの戦場に車で乗り入れることを禁じると明記されていると説明しても、マサイに通じるはずがないと思えた。だからやぶに車ごと隠れたのだ。

やがて辺りから人影がなくなり、わたしたちは急いでキャンプに戻った。途中でソイロワに出くわした。彼の牛も奪われ、これから槍を手に走ってタンザニアとの国境まで行くのだという。ふだんは冷静なソイロワが、怒りに声を荒げ、高ぶる感情とわきあがる闘志に身体を震わせていた。ソイロワはわたしたちの帰りを待っていた。車に乗せてもらうためではなく（その後わたしたちは、自分たちの行動を少しばかり恥じ、しかしほっとしながら、マサイは牛の飼育法をわたしたちに尋ねないのと同様、戦場に車で連れていけとも言わないのだと理解した。この戦いは純然たるマサイの問題だったからだ）、これから出発することをわたしたちに伝えるためだった。「これからタンザニアに牛を取り返しにいってきます」とソイロワは告げ、さらには薪は拾ってあるから大丈夫、とわたしたちを安心させてから、銃を持った男たちに立ち向かうために走り去った。＊

＊マサイの監視員とマサイの戦士はほぼ同時にクリアに追いつき、クリアを大敗させた。怪我をしたマサイがひとり、クリアの死者はふたり、牛は六頭失っただけで、あとはすべて取り戻した。

ソイロワの姿に感銘を受け、感動し、興奮をおぼえながらキャンプに戻ってみると、ウィルソンがのんびりお茶を入れているところだった。やあ、ウィルソン、この騒ぎどう思う？　と尋ねてみる。ウィルソンはこの土地の生まれではなく、だから盗まれた牛も自分のものではないのだ。「クリアときたら、あいつらはくそです」。この頃は英語で罵ることもできるようになっていた。「銃で脅して牛を奪うなんて。おかげでマサイはタンザニアまで牛を取り返しにいかなくちゃならない。ソイロワも牛を全部盗まれた。もしかしたら戦いで死ぬかもしれません」。場違いにもここでクスリと笑ってから、ウィルソンはわたしたちにお茶のお替わりを差し出した。

その日一日、ウィルソンはふだんどおりに過ごした。それを見たリサはひどく驚いていた。そしてウィルソンを質問攻めにした。彼らは本当にタンザニアまで行くの？「そうです、たぶん二日ぐらいかかるでしょう」。なぜそんなことができるの？「強いからです。彼らは戦士だから」。たしかにそのとおりね。あの人たちはタンザニアまで走っていって戦わなくちゃならない。ねえウィルソン、あなたの住んでた村でも同じことがあるの？　誰かが牛を盗みにきて、戦わなくてはならないことが？「いえ、それはないです。ぼくたちは彼らみたいなマサイじゃないから。マントを着て走り回っているようなね。ぼくらはトウモロコシを栽培しているんです」と誇らしげに言った。牛もいないの？　マサイはみんな牛を飼ってると思ってた。みんな牛が大好きだと。「いえ、ぼくは牛は飼ってはいません。ぼくは牛は好きじゃない。牛のことで頭がいっぱいの不潔なマサイとは違うんです」

リサは探りを入れた。だから盗まれた牛のこともクリアのこともどうでもいいのね。だからタンザニアまで走っていかないんだ？「とんでもない」とウィルソンは急に語気を強めた。「ぼくだって行きたい。いますぐタンザニアまで走っていきたい」。じゃあなぜ行かなかったの？「誰かがキャンプの留守番をしなくちゃならないからです」とウィルソンはまるで、他の子どもたちがネコを虐めにいっているときに、家でバイオリンのお稽古をしなくてはならない子どものような、落胆と苛立ちの入り交じった口調で答えた。「ぼくだってタンザニアまで走っていきたい、クリアと戦いたいんだ」

待って、でも戦って死ぬかもしれないのよ。自分の牛でもないのに、なぜ行かなくちゃならないの？

「ぼくだってやつらと戦いたい。死ぬのは怖くないんだ」

でも、あなたはそもそも牛が好きじゃない。

「たしかに牛は好きじゃない。でも牛のために死ぬのは怖くない」

それだけ言うと、ウィルソンはもっと興味のあることがらに目を向けることにしたようで、フレンチトーストの作り方を教えてくれると言ってたよね、とリサに言って約束を思い出させた。

20 ヨセフ

リサはリチャードにミュージカルの手ほどきをした。カセットプレーヤーと『レ・ミゼラブル』のテープを持ち出して、物語のあらすじと歌詞の意味をリチャードにざっと教えた。登場人物たちの間でたびたび交わされる野蛮な振る舞いについては、リチャードは完璧に理解できているようだった。白人のジャヴェールが素性を明かしたと聞くと、興奮して飛び上がった。そして警官が――ケニアでは警官はふつう、不正をおこなう悪い人間なのだ――歌うところをおもしろがった。大体において、リチャードはミュージカルを気に入っていた。リサが、新しい歌が出てくるたびにどんな歌か説明したからだ。リチャードが次にグランドオペラに食指を動かすだろうことは、容易に想像がついた。たぶん『アイーダ』でもよさそうだ。ゾウも出てくることだし。

そのうわさが届いたのは、ケニアの奥地に住む人々の誰ひとりとしてぜったいに理解できない場面――虐げられた民衆が不公平と戦うためにバリケードを築いて戦うところだ――にさしかかったときだった。ヨセフが狂った！　というのだ。ツーリストキャンプの警備員として働くマサイ族のヨセフ、よその部族の襲撃を阻んでくれるマサイ、夢遊病者をゾウから守ってくれるマサイ、もの静かで害のない男、この近辺で長年頑張って働いているのに、ほとんど話題にもならないヨセフが狂ったのだという。

最初に言いだしたのはチャールズだった。ツーリストキャンプの洗濯係でリチャードやサムウェリーと同じ部族出身の男だ。チャールズは大げさなぐらい興奮した様子でやってきて、ヨセフが狂ったことを証明する動かしがたい証拠があると言った。証拠というのは、まさにその日にヨセフが仕事を辞めたという事実で、仕事を辞めるなんてどうかしてしまったに違いないというのだ。たとえそうでなくても、少なくともヨセフ自身が、わずかな荷物をまとめながら自分の軽卒な行為を認め、仕事を辞めるのはなぜか死にたくなったからだと言ったのだ。そしてそのまま、ヨセフは姿を消した。

しばらくすると、ソイロワが心配そうに駆けこんできた。ソイロワはヨセフの親戚だったが、説明を聞いてもすぐには理解できないほど複雑な関係だった。ヨセフが狂ったというのは本当で、川べりを行ったり来たりし、村から村へと渡り歩いて、自分はもうすぐ自殺すると吹聴しているのだという。でもどうして？　とわたしたちは尋ねた。そりゃあ頭がおかしくなったからです、と答えると、ソイロワは心配そうに出ていった。

そのあとに来たのは怯えた様子のマサイの子どもたちだった。ヨセフが目撃されたというのは本当で、あのもの静かで人のいいヨセフが、村と村の間の草原をよろめきながら歩いていたのだという。「天国でまた会おう」とヨセフは子どもたちに叫んだ。そう話す子どもたちの身体はガタガタ震えていた。子どもたちを慰めるために風船を配り、粉末のフルーツジュースを作ってやりながら、わたしたちはこれはいったいどういうことだろう、と話しあった。

午後遅くになると、不安をささやきあう大勢の村人たちが集まってきて、キャンプにはうわさ話や憶測が飛び交った。本当に死ぬつもりだと思う？　もちろん、だって狂っているんだから。だけど、狂っているってなぜわかるんだ？　仕事を辞めたからさ。でもそもそもそれはなぜなんだい？　村人たちはたくさんの理由を用意していた。

「じつはヨセフには胃潰瘍があって、しょっちゅう痛むんだ。きっと我慢できないほど痛くなったから死のうと思ったんだよ」。これは、自分も胃潰瘍を患っているリチャードの意見だった。

「ヨセフはすごく酒を飲むから、痛みは感じないんじゃないかな」とウェイターをしているサイモンが反論した。

「酒は胃潰瘍の痛みを悪化させるんだぜ」とリチャードも負けていない。

「でも、酒は痛みの感覚を鈍らせるからね」とサイモンが答えた。

そんなふうに答えのない議論がだらだら続いていたとき、チャールズが、ヨセフは酒を飲みすぎて狂ったのかもしれないと言いだした。

ソイロワは、もっと大きな陰謀がおこなわれているのではないか、と考えた。

「前に村でおこなわれた儀式の最中に、ヨセフのひょうたんの杯につがれたビールを見たシャーマンが、男ひとりで飲むには多すぎる、多い分はシャーマンである自分によこせと言ったが、ヨセフは断った。だからシャーマンはヨセフに呪いをかけたんだと思う」

「ビール一杯で？」

「だいたいシャーマンは誰にでもビールをよこせと言うが、みなに無視されているじゃないか」

「でもヨセフはシャーマンなど怖くないと言った。だからシャーマンはヨセフに呪いをかけられない」

「もちろんかけられるさ。シャーマンは呪いをかけられる。その気になれば、お前をハイエナに変えることもできるし、ペニスを切り落とすことだってできるんだ」と客室係のチャールズが言った。どちらの運命がより最悪かはわからないが。

「あのシャーマンには大した力はない。ただの年寄りの酔っぱらいだ」

「だから、ビールの恨みでヨセフに呪いをかけたのさ」

とまあこんなふうに話しあいは進んだ。誰もがうわさを楽しみ、わくわくしていたが、わたしたちは、その夜ヨセフがハイエナの姿となって現れ、みなを殺しにくるのではないかとびくびくしていた。

その翌日、うわさはまだまだ出てきた。ローダがキャンプに駆けこんできてヨセフはまだ自殺する気だと言った。ヨセフがめったに手に入らない植物から採れる毒を買うために借金をしようとした、という情報をソイロワが仕入れてきたのだ。妙なことに、死んだら返すという約束でお金を借りようとしたという話が、ヨセフが狂ったというううわさの信憑性をさらに高めた。銃を手にパトロールする監視員たちが目撃されると、武装して対応しなければならないということは、ヨセフは頭がおかしくなって人に危害を加える可能性があるのだとうわさされたが、やがて、密猟者の取り締まりをしていただけだとわかった。近所で車に乗っている保護区の監督官が目撃され、いよいよ最高責任者である監督官が、ヨセフの追跡にかりだされたのだとみな言いあったが、じつはツーリストキャンプに招待されて無料の昼食を食べにきただけだとわかった。みんながヨセフを見かけたと言ったが、同じ場所だったことはなく、話していたとうわさされる言語もさまざまで、意味ありげな奇妙なしぐさをしていたという話だった。

翌日、これまでもっとも衝撃的なニュースがあちこちから届いた。それはヨセフが「なぜか白人になった」といううわさで、目撃者たちは、ヨセフは「なぜか白く」なり、肌は「なぜか毛むくじゃら」になっていたと言った。わたしたちは目撃者らを厳しく審問し、すべての目撃者を、ヨセフはきっと川べりのどこかで見つけた白い砂の上で寝転がっていたのだろう、という理にかなった結論へと無理矢理導いた。

それでも、ヨセフがなぜか白人になったと言いふらす者は後を絶たなかった。その日、子どもたちは村の外に出ることを許されず、それは牛たちも同じだった。

その次の日に問題は解決した。みなの目の前で、ヨセフがやぶから出てきて、なぜか白くはなく、故郷の町までのバスの運賃を支払い、みんなにさよならと挨拶したが、天国で会おうとは言わなかったのだ。でもヨセフ、大丈夫なのかい？　と誰もが尋ね、元気だよ、とヨセフが答えると、ああ、じゃあもう気が狂ってはいないんだ、とみなが納得した。

ツーリストキャンプの支配人に聞いてみたところ、ヨセフは年に一度の休暇を申請し、二、三日かけて近隣の友人を訪ねてから、残りの休暇は故郷で過ごすつもりだと言っていたということだった。

おそらく、あの世で会おうと言われたことをときおり思い出して夜中に震えることになる子どもたちは別にして、この一件はさっさと忘れ去られた。


この年の夏には、臨床心理学の博士号取得を目前にしていたリサが休日返上で仕事をするのにつきあって、ケニアじゅうの精神病院を見て回った。そして、病院でつかまえることのできたスタッフすべてに、同じような質問をくりかえした。この土地の人々は、どのような場合に誰かのことを精神的な病気だと判断するのですか？　マサイ特有の精神病というものがきっとあるんでしょうね。ほとんどしゃべらず、一日の大半を牛を追ってひとりきりで過ごす生活特有のものが。海沿いの部族特有の精神病もあれば、人とのかかわりが多く、対話の多い都会的環境が生む精神病もあるんでしょうね。マサイの親たちが、問題のある子どもをいよいよ医者に見せようと決心するのはどんな症状が現れたときですか？　海沿いの部族の場合はどうでしょう？　砂漠でラクダを放牧している者特有の誇大妄想とはどんなものですか？　実際の二倍の数のラクダを飼っていると言いだすとか？　精神病の人々が聞くのはどんな声ですか。この土地の人々が妄想を抱くようになるきっかけは？

しかしどの病院職員からも、何年か前にヤギの内臓をくわえた精神異常の女性を入院させた一件のあと、ローダが言ったのとほとんど同じ答えが返ってきた。とにかく彼らはやってはいけないとんでもないことをするのだ、と。ここの人々は、誰かがとんでもない行動をしているのに気づいてそれと判断するだけだ。大勢の学者たちが、長い研究人生を賭して、精神病の徴候学にかかわる文化的差異を研究しているが、ここにはわたしたちの質問に興味を示す者はひとりもいなかった。誰ひとり、おもしろい質問だと思わなかったのだ。

患者たちのほうは大変興味深かった。高齢のうつ病患者はいなかった。アメリカの精神病棟は、その種の患者であふれかえっているのだが——ケニアでは年を取るのは楽しみであり、より大きな敬意と権力を手にすることを意味している。だったら何を落ちこむことがある？　というわけだ。より若い世代のうつ病患者は大勢いたが、わりあいうまくやっているように見えた——「病院に抗うつ剤を買う余裕がなくなったとき以外はね。そうなると自殺者が大勢出ます」と、院内を案内してくれていた医者が言った。心が痛む話だ。良心の呵責など一切なしに老女を殺害する、目つきの悪い社会的病質者の若者たちもここケニアにはいなかった。裁判所に精神科医がいるのが当然とされていないこの社会では、彼らは刑務所に送られているからだ。癲癇患者が大勢——アメリカで癲癇が精神病のひとつと見なされていたのは、精神病治療の暗黒期の話だ。他にはたくさんの脳性マラリアの子どもたち。妄想性の統合失調症患者も多かった。

何よりも興味深かったのは、暴力が見られないことだった。アメリカの精神病院が抱える最大の問題は患者どうしの暴力と、患者が病院スタッフに振るう暴力だと説明すると、職員たちはわたしたちが大げさに言っているのだと思った。ケニアの病院には、そんな問題は一切なかった。病室のドアにも鍵はなかった。そもそも誰も逃げようとしないからだ。はじめて病院を見学してみて、その理由がわかった——誰もが自分専用のベッドを与えられ、一日に三食食べられる。未開の地に住むケニア人のほとんどにとって、前代未聞の贅沢な暮らしなのだ。なぜ逃げ出す必要がある？　暴力を振るう必要があるだろう？　病院の庭では、患者たちが男も女も頭を剃られ、裸でぶらぶら散歩し、眠り、ぶつぶつしゃべり、大げさな身振りで話している。ニワトリを追い回している者がおり、ニワトリに追い回されている者もいる。ひとりの、ギラついた目をした頭のおかしい老人が、興奮した様子でよたよたとリサに近づいてきた。まるで愉快な内緒話をしようとしているカメのようだ。そしてリサの腕をつかんだ。「ママがやっと来た。ママがやっと来てくれた」。そう言うと、老人はそのままぶつぶつしゃべりつづけた。

21 誰が・何して・どうなった

この年の夏はレイチェルにとって辛いことが続いた。まず、彼女の母親で群れ一番の古老であったナオミが姿を消し、捕食者の餌食になったことは間違いなかった。レイチェルはふさぎこみ、元気がないように見えた。そんなとき、レイチェルのボーイフレンドであるイサクが、近隣の群れに出かけて長時間過ごしてくるようになり、イサクが群れの移動を考えているのは明らかだった。わたしがイサクのことを、オスには珍しい感受性の持ち主だとリサに自慢していた矢先のことだ。レイチェルがイサクを一番必要としているときに、隣の群れの女の子を物色に行くなんて、とリサは息巻いた……ねえリサ、ヒヒはヒヒらしく振る舞うのが一番なんだよ、とわたしは弱々しくイサクを擁護した。結局イサクは移住を断念して群れに戻ってきたが、この出来事のおかげでイサクがひどいやつに見えてきた。

こんなふうにわたしたちがイサクのがっかりする振る舞いについて話しあっていたのは、明け方のキャンプで、ヒヒの捕獲に出かける前にお茶を飲んでいたときのことだ。リチャードも着いたところだった。わたしたちと合流するために、二キロほど離れた自分の仕事場から歩いてきたのだ。調子はどう？　昨日の夜はどうだった？　今朝はそれほど寒くないね。よく眠れた？　よく眠ったよ。ゾウが近づいてきた物音はしなかった？　お茶はいかが？　いつもどおりの挨拶が続いた。お茶を飲み終えていよいよ出かけようというときになって、リチャードが突然こう言った。ちょっと大変だったんだ。え、そうなの？　大変って何が？

川をずっと下ったところに、旅行者が小型テントで宿泊できるキャンプ場があった。数人のマサイが警備を担当し、ふたりのコックが全員分の食事を手早く用意していた。こういう場所のほうがこぎれいなロッジに泊まるよりも低料金でサファリを楽しめるし、おもしろみもあるのだ。数日前に最後の団体客が帰り、警備員とコックは次の客が到着するまで待機していればよかった。ところが夜のうちに、ハイエナが年寄りのコックのテントを破って侵入し、コックを引きずり出して夕飯にしようとし、ものすごい取っ組みあいの末にコックは大けがを負いながらもハイエナを追い払った、とリチャードはこともなげに報告した。

わたしたちは跳びあがらんばかりに驚いて、心配した——そのコックは大丈夫なのかい、行って連れてこないと。すぐに車でそこへ向かおう。医療用具は持った？　等々。リチャードは静止画のように落ち着きはらって、心配いらない、もういまごろはよくなっているから、と答えた。

わたしたちが走って川の渡り場まで行くと、本当にそこに彼はいた。年老いた小柄な男が、足を引きずるようにしてわたしたちのキャンプに向かってきていた。全身傷だらけで、腕や胸、額に深い傷口が開いている。ああ、これはひどい、大丈夫ですか？　大丈夫です。昨日の夜はどうでしたか？　よく眠れましたか？　最近ご両親はどうです？　奇妙なことに、男はお決まりの挨拶のあれこれを全部すませてから、ハイエナに身体中を切り裂かれたという緊急の話題に移ることを、わたしたちにも求めているようだった。

わたしたちは老コックをキャンプに連れて帰った。そしてすぐにやるべきことに取りかかった——つまり保管用テントからすべての医療器具を取り出して、あらゆる事態に備えた。急いで動物保護区の本部まで車で向かい、ドクターヘリのサービスを利用するべきだ、とわたしたちは考えた。いやだ、と彼は言った。それほどひどくない、すぐによくなるよ。ひどくないって？　ひどいものですよ。身体中から血が出ているじゃありませんか。何百針も縫うことになります。これはモルヒネを手に入れないと。その時、二杯目のお茶を飲んでいたリチャードが目を上げて、アスピリンをやるといいよ、と言った。うん、アスピリンをもらえるとありがたいな、と老コックもうなずいた。

彼らのこの無頓着ぶりに、すっかり拍子抜けして自分たちなど必要ないのだと感じたわたしたちは、大人しくコックにアスピリンとお茶を差し出した。コックはしばらくお茶を飲んでからこうつけ足した。あ、忘れるところだった。指を元どおりにつけられると思うかね？

老コックは、おそらくちぎれた指だと思われるものをくるんだ布の切れ端を持っていた。布を開いてみると、入っているはずのちぎれた指はなくなっていた。あれ、あなたの指はどこです？

コックは自分のポケットのなかを探り（「よし」）。わたしとリサは声を掛けあった「気を確かにもって」）、すると指が出てきた。ビニール袋に入って。塩漬けになって。奥地のキャンプで働く腕のいいコックである男は、肉の保存法を知っていた。そして真夜中にハイエナが立ち去った後、懐中電灯を使って草のなかから自分の指を見つけだし、さらにそれを塩漬けにしたのだ。

わたしたちは、コックに悪いニュースを伝えた。残念だけど、ぼくたちは指を元どおりにつける方法を知らないんだ。コックはその知らせを潔く受け止めた――それならしょうがない。お茶をもう一杯もらえるかい？――そう言うと、ビニール袋を脇へどけた。

コックがお茶を楽しみ、あらゆるものに血痕をつけている間じゅう、わたしたちは本部まで送るからドクターヘリを利用するべきだと説得しつづけた。その必要はないよ。じつは、五キロの道のりを歩いてキャンプに来る前に、コックは別のツーリストキャンプまで歩いていき、運転手をしている友人に、今日彼がナイロビに戻るときに、ナイロビの病院まで乗せていってくれと頼んでいた。ではそのもうひとつのツーリストキャンプまで車で送ろうというと、コックはその申し出は受け入れ、でもその前に自分のキャンプに寄ってもらいたいと頼んだ――大きな町への旅行にふさわしい正装に着替える必要があったからだが、車に乗っている六時間の間に、そこら中に血をつけてせっかくの衣装を台無しにしてしまうことは目に見えていた。

キャンプへ送る車内で、より詳しい話を聞くことができた。ハイエナがテントを破って入ってきたのは真夜中で、彼を捕まえ、引きずり出して食べようとしたのだという。コックがハイエナと取っ組み合っているところへ、マサイの警備員がやってきてハイエナを槍で仕留めた。コックの話を聞いているうちに、わたしたちはどんどん怖くなってきた。夜、わたしたちがテントで安心して眠っていられる唯一の理由は、テントに入ってしまった人は、動物から見ると存在しないも同じだという広く信じられている説があるからだ。テントに入ると、動物にはわたしたちがどこに行ったかわからない、動物は、ピアジェの言う「内部」を理解できる発達段階に達しておらず、だから自分たちは安全だ、とわたしたちは何度も何度も自分に言い聞かせてきた。それなのにいま、このコックはハイエナがテントを押し破って侵入してきた、という話を披露してくれたのだ。不安が高まった。

車はコックが働くキャンプに到着し、彼が一張羅に着替える間、わたしたちはテントを調べてみた。妙だった。血痕はキャンプじゅうのあちこちに見つかったが、テントはまったく無傷だった。裂け目もない。コックに問いただすとおどおどしはじめ、話をはぐらかそうとしたが、ようやく本当のことを聞き出すことができた。奥地のキャンプのコックとして十年働いてきたコックは、奥地でしていいことと悪いことを熟知していた。ところが昨夜はどういうわけか、食糧貯蔵テントのなかのたくさんのソーセージの箱の間で一眠りしようという気になった。そのテントはどういうわけか床がなく、好奇心旺盛なハイエナなら、壁の下からもぐって侵入し、冷蔵庫を襲うことだってできたのだ。

なるほど、つまり老コックは食糧貯蔵テントでうたた寝していて、そこへハイエナが潜りこみ、餌食になりかけたところへマサイが来て槍でしとめてくれた、というわけだ。わたしたちは閉じたテントのなかは安心というルールが復活したことにほっとし、同時にコックの愚かさに驚いた。

年寄りのコックは自分のではないテントにいたわけだが、それは差し支えなかった。けれども、すぐに一悶着起きた。じつは、老コックが着替えに戻ったのを、ふたりのマサイの警備員が槍を手に静かにたたずみながら油断なく見張っていた——この出来事のヒーローである彼らは、わたしたちにとって初対面のマサイで、いくつか先の村の出身だった。そして、少し離れた場所には、このキャンプで働くもうひとりのコックがいて、指をなくした年寄りのコックより若かったが、彼もまたマサイではない農耕民族の出身だった。若いコックは明らかに何かに苛立っていた。わたしとリサがマサイとおしゃべりしている間に、リチャードは若いコックと話した。そして真相が明らかになった——マサイの警備員たちは、老コックを助けてなどいなかったのだ。マサイの警備員たちは仕事をさぼって村でスカンクのように酔っぱらい、飲んで騒いでいた。助けたのは若いほうのコックで、老コックとハイエナの取っ組み合いのさなかに駆けつけて間に割って入り、ハイエナの頭を石で殴りつけて追い払った。そしていま、無断で持ち場を離れていたというわさが広まって仕事を失うことを恐れたマサイは、真実をばらしたら殺すと若いコックを脅していた。

なんということ。しかもすべては、わたしたちが真実を知ってしまったことがマサイにも完全にわかるやり方で伝えられた。自分たちの身に危険が及ぶことを恐れたわたしたちは、マサイの警備員とその槍にこびへつらい、あなたがたは勇敢な英雄だ、本物の戦士だ、うんぬんかんぬんと褒めそやした。おかげで緊迫した雰囲気が少しは和やかになった気がした――マサイのことを密告する気はない、という点をはっきり伝えられたからだ。年寄りのコックは友人の車で出発し、若いコックは機嫌を直し、勇猛な戦士たちはまたもや意識を失うまで酒を飲むために村へ戻り、わたしたちは午前中いっぱいかけて川沿いの村々を訪ね歩き、この出来事のことを知りたがっているすべての人々に、マサイの警備員たちがどれほど立派な男たちであるかを、彼らがハイエナを槍で仕留めて殺したことを触れ回った。

そういうわけで、年寄りのコックは眠るべきではないテントで眠り、マサイは本当は仕事をさぼっていたが、それでもすべては丸く収まったように見えていた。ところが午後遅くにまた問題が起きた。どうやら、若いコックがハイエナの頭を石で殴りつけたあと、逃げたハイエナが二キロほど離れたマサイの村まで行ってヤギを噛み殺し、人を襲ったらしいのだ。そして襲われたその人が、実際にハイエナを槍で刺し殺した。そしていま、人々の多大な関心と注目を集めているのは、村の真ん中で倒れているハイエナの死骸には槍で刺された傷あとが一か所しかないという事実だった。午後遅くに、酔っぱらったマサイの英雄たちがキャンプ場に戻ってきて、またもや気の毒な若いコックを殺すぞと脅していたが、やがて証拠物件A、つまりハイエナの死骸が示す不都合な証拠と両立可能な、この事件に関する新たな見解が考え出された。前夜、勇敢な戦士たちはハイエナと老コックの戦いに割って入ったものの、槍を取ってくる暇はなかった。そこで彼らは、ハイエナの頭を石で殴りつけた、ということになったのだ。

わたしたちは忠実に義務を果たすべく、その日は夜までかかってこの新しい見解を伝えて回り、あの勇敢なマサイのふたり組への限りのない賞賛の思いを明らかにした。つまり、老コックは寝てはいけないテントで眠り、じつはマサイは居るべき場所で仕事をしておらず、事実を隠蔽するためにでっち上げられた最初の説明は失敗に終わったが、二番目の筋書きがどうやらうまくいきそうで、すべては丸く収まるように見えた。

ところが二日後にやっかいな問題が持ち上がった。ナイロビから来た知り合いのブッシュパイロットが、最新の新聞を届けてくれたのだ。その三面に、ナイロビの病院に入院しているあの老コックが、負傷した手と、いまでは有名になったビニール袋を示しながらにっこり笑っている写真が掲載されたのだ。病院のスタッフのひとりが、この心温まる話を知って一儲けを企んだのは間違いなく、新聞社に売りこみの電話をしたところ誰かがインタビューにやってきたのだ。「保護区のキャンプのコック。ひとりでハイエナを撃退する」。新聞記事によると、老コックが自分のテントで眠っていたところ、ハイエナがテントを引き裂いて侵入し、もうひとりのコックも警備員たちも見当たらなかったので、老コックは巨大な岩を手に取り、ハイエナを思いきり殴った、という話になっていた。そしてどういうわけか、一時間もしないうちにこの新聞記事はあらゆる人に知れ渡り、これまで新聞など読んだこともないマサイまでが知るところとなった。

つまり、老コックは寝てはいけないテントで眠っており、マサイは本当はキャンプで仕事をしておらず、事実を隠蔽するためにでっち上げられた説明を修正するもうまくいかず、そしていま新聞に発表されたこの一件のいきさつは、あらゆる人の言い分を否定するものだった。その日、川沿いのすべての村に苛立ちが広まった——みなで、警備員の面目を保つために容認できる事件のいきさつを考え出したというのに、あの大馬鹿ものの老人が自分だけ注目を浴びようとして、他のみなを悪者にしたのだ。さらに、新聞沙汰になったということは、ナイロビのツーリスト会社も当然記事を目にするはずで、誰かが叱責を受けることになると思われた。

その数日後、ツーリスト会社が口を開いた。それも驚いたことに新聞を通してであり、たまたま仕事で保護区を通りかかったあのブッシュパイロットがまたもや届けてくれた。新聞には、前の記事の後日談として、会社はあの老コックが社員であった事実は一切ないと否定し、そんな男のことは聞いたこともないとしている、と書かれていた。マサイの村で酔っぱらってしまった通りすがりの男に違いなく、よろよろ歩いているところをハイエナに襲われたのだろう。社員だと言い張っているのは、会社に治療費を請求するためだ。あるいは、と会社は陰険にほのめかした。男が自分で指を切り落としておいて社員だと主張し、会社から保険金をだまし取ろうとしている可能性もある。しかし会社は、男のそのような言葉たくみな詐欺に冷静に対処する。そして、男が本当は社員ではなかったという理由により、いまや会社は、矛盾しているようだが、特別な理由なしに自由に男を解雇することができた。こうして問題はすべて片付き、川沿いに住む人々の間に広まっていた騒ぎも一件落着した――ハイエナも老コックももともと存在していなかったということで。

22　最後の戦士

アフリカの奥地で暮らしはじめた最初の年、あのうだるように暑い午後の時間をローダの家で過ごしていたわたしは、子どもたちの学校の月謝を使いこむなと訴えるローダの仲間の女たちと、村じゅうのお金をすべて酒に注ぎこむ権利を主張する長老たちの調停役を無理矢理押しつけられたがうまくいかなかった。しかしあれからおよそ十五年が過ぎ、ローダ側の主張が通り、いろいろなことが本当に変わったことを示すマサイの行事に、わたしとリサが参加する日が現実にやってきた。はじめてこの土地にきたときには、一番近い学校でも八十キロは離れたところにあった。それがいまでは、川べりに小学校が建っていた。その日は、その学年の授業が終わる最後の日で、そのお祝いに、教師のサイモンが子どもたちを遠足に連れ出した。サイモンは子どもたちを連れて学校から二キロほどの道のりを歩き、川を渡り、その朝捕獲しておいたヒヒのニックを見るためにわたしたちのキャンプにやってきた。子どもたち（族長の娘をのぞいて、あとは全員男の子だ）はニックのまわりに群がり、次々と質問し、ニックのペニスが見えたり排便したりすると大騒ぎして笑った。みんな小学校の制服のショートパンツとジャージ姿だ。わたしは、血液採取を実演し、リサは遠心分離機を動かして見せた。子どもたちはたくさん質問した。ヒヒは人間と結婚できますか？　言葉はしゃべりますか？　仲間の死骸を食べたりしますか？　最後にサイモンが、子どもたちの励みにはとうていなりそうにないお話をした。子どもたちが頑張って一年間勉強してきたことを褒めてから、これからももっと難しい勉強を続けていけば、いつかヒヒの研究を仕事にすることができるから頑張りなさい、と激励したのだ。子どもたちはみな可愛くて礼儀正しく、遠足を楽しんでいる様子で、帰るときにはちゃんとお礼を言った。学年の終わりの日を祝うとてもすてきな行事で、わたしもそれにかかわれたことをとても嬉しく思った。しかしそのあとで、わたしは死ぬほど落ちこむことになった。

ローダが酔っぱらいのセレレを殴り倒し、それをきっかけに子どもたちの学校教育をめぐる大論争が巻き起こったその年、その子どもたちの兄らはマサイの戦士となり、わたしは彼らが戦士となるための儀式に出席していた。マサイの少年たちは、最初の十年ほどを、牛やヤギを追いながら草原を歩き回り、鳥を捕まえ、蜂の巣を探して蜂蜜を採る暮らしを続ける。そのあと、何がおこなわれているかわたしにはまったく見当もつかない数年間の準備期間を経て、少年たちは戦士となるが、これがおそらく十年くらい続く。この期間は、軍隊的な厳しさのある共同生活の時期だ。戦士たちは、いくつかに分かれた宿舎に共同で暮らし、食事はすべてみなと一緒に食べる。その後、戦士としての数年間の社会奉仕活動を終えると、ようやく少年たちは一人前の長老と認められる――年齢は二十四、五歳となり、最初の妻（おそらく十四歳）と結婚し、身を落ち着けて子どもをつくり、いまどきの戦士ときたら、とその質の悪さを嘆くようになる。

そういうわけで、儀式では、戦士の一団がひとつ除隊して、別の一団が入隊することになっていた。このあと数日間は村じゅうが酒に酔い、浮かれ騒ぐ日々が続くのだ。これから戦士となる少年たちは、伸ばしかけている戦士の長い髪を象徴する羽つきの鳥の皮でできたヘッドドレスを被り、恍惚となって踊っている。歓喜の声、槍投げ、五〇年代のクルーナーを思わせる裏声のソリストを伴った低音の合唱。そして踊りと詠唱。踊りの輪の中心には、黄土で身体を染め、動物の皮で作った飾りを身につけた長老たちがいた。わたしは、八歳のときにシナゴーグでおこなわれた新年を祝うユダヤ教の儀式にひとりで行き、これから何がはじまるのかまるでわからなかったとき以来の不安を感じていた。その時そこにいた老人が、名誉ある役をやらせてあげようと言い――聖櫃からトーラーが取り出されたらカーテンを開ける役だったが、いつそれをやればいいのかわからず、カーテンを開けるためのロープが左右どちら側にあるのかも、何か言わなければならないのかもわからず、なぜこれからはじまることを何も知らないのかさえわからずに、いよいよ大泣きして逃げ出す寸前に、ひとりの老人がわたしの手をとって聖櫃まで連れていき、一緒にカーテンの紐を引っぱって上手にできたと褒めてくれ、すると他の老人たちがみな厳粛な面持ちでわたしに握手を求めてきて、嬉しさに目がくらみそうになったものだ。そしていま、わたしはあのときと同じ不安を感じていた。これから何が起こるかもわからず、何かあるとすればだが、どんな行動が許され、何を期待されているのかもわからず、マサイの人たちとこんなふうにつきあっている意味さえわからなくなって、何か理由をつけて出ていこうとしたちょうどそのとき、ひとりの老人が、おそらくはずっと昔にシナゴーグでわたしの手をつかんだのと同じ老人が、わたしの手首をつかんで人々の輪のなかに引きずっていった。そしてわかったことは、そのとき踊りの輪のなかでわたしがやったあらゆることが愉快でおもしろがられ、歓迎され、褒められたということで、わたしはその日はずっと踊りつづけ、そのあと数週間はマサイの気分で暮らし、その代の戦士のことはずっと自分の息子のように思ってきた。

そしてあれ以来、そのような儀式はおこなわれていない。マサイの世界に危機がおとずれていた。ケニア政府が、戦士となることを法律で禁じたのだ。

といっても誤解しないでもらいたい。文化の停滞を褒めたたえ、生きた博物館の必要性を説くつもりなどないのだから。もしも世の中にそんな風潮が広まれば、わたしは間違いなくポーランドの小さなユダヤ人村に住むことになり、靴修理で暮らしをたて、儀式どおりにニワトリを屠るのがうまいという理由で選ばれた女性と結婚させられるはめになる。それはごめんだ。

それに、戦士の消滅を心底悲しむ気になれない理由は他にもあって、それはマサイがものすごく厄介な存在だからだ。ケニアで暮らすようになった最初の年は、人気のない山のなかで暮らしていたため、草原に住むマサイはときおりやってくる訪問客にすぎなかった。わあ、なんていかしてるんだ、が最初の年の印象だった。何よりもマサイのようになりたいと願うようになり、牛の血と乳を飲み、「牛」を表す百十の異なる言葉をもち、それだけ多くの言葉が必要になるほど牛を大切にしている、誇り高く、変化を拒み、西洋社会の影響を受けない彼らに憧れた。ソイロワがはじめての槍をプレゼントしてくれると、わたしは手のひらに血がにじむほど練習に明け暮れた。まず、テントのそばに古タイヤを置き、槍で突き刺す練習をした。次に、テントの前庭で誰かにタイヤを転がしてもらい、自分の脇を勢いよく通り過ぎていくところを刺した。次には上級コースに進み、わたし目がけて転がってくるタイヤを、振り向きざまに刺した——不意打ちに備えた練習だ。わたしは、自分が日に日に痩せて背が高くなり、色も黒くなって、身体が骨張ってきている気がしていた。

けれども、その後キャンプを平原へと移し、動物保護区のはずれに点在するマサイの村々との距離が近くなってからは、彼らに対して相反するふたつの感情を抱くようになっていった。ローダやソイロワとは親しい友だちとなり、マサイの村との関係もたいてい良好だった。しかし全体としては、アフリカで暮らす農耕民族のすべてが何世紀も前から身にしみて知っていることに、わたしも気づきはじめていた——それは、牛を連れたあの長身で骨張った民族は、とても迷惑な人たちだということだ。親戚筋にあたるディンカ族、ヌエル族、ワトシ族、そしてズールー族同様、マサイも牛たちを連れてアフリカのさまざまな場所に散らばることに、少なくともある程度は成功してきたが、それは略奪によって生活の糧を得ようとする彼らの軍隊式のやり方のおかげだ。記録にないほど昔から、この誉れ高き戦士たちは、農耕民族を襲撃し、村を荒らし、略奪し、人々を誘拐してきた。マサイは、この地球上の牛はすべてマサイのもので、たまたま誰かのところへ迷いこんだだけだと信じている。だから戦士の務めは、その不幸な状況を正すことなのだ。そういうわけで、戦士たちに課せられた社会奉仕活動には、あらゆる人を脅すことが含まれている。ときにはそれが重大犯罪の形を取った——リチャードとサムウェリーの祖父は、ほんの十年ほど前に村がマサイに襲撃されたときに槍で刺し殺され、村の人々はいまでも、明らかにマサイから身を守ることを意識して家を建てている。またときには、遥か昔から延々と続く個々の部族間闘争となり、よくある暴力行為と強奪行為だけですむこともある——リチャードは、わたしのキャンプで働きはじめて一か月もしないうちにマサイの戦士に襲われ、ただの嫌がらせ目的で双眼鏡を粉みじんにされた。戦士たちはキャンプのなかまで入ってきて、黙ってわたしの持ち物を調べ、贈り物をよこせと要求し、わたしは槍を持った男たちにノーと言わなければならなかった。ちょっとした盗みや恐喝が横行し、ツーリストキャンプはお決まりのみかじめ料目当ての脅しに従うことにした——夜の警備にマサイを雇え、さもなければ……どうなることやら。キャンプがマサイに襲われるかもしれないからだ。

　マサイの村以外の発展途上の世界は、西洋文明のもっとも安っぽい最下層階級を真似る方向に流されたが、マサイやその親戚筋の遊牧民族のひとつの長所であり、立派なところは、何世紀もの間、他の文化をやりすごしてそれに影響されず、妥協せずにきたところだ。そしてはっきりわかったのは、こうした他の文化への免疫性の高さを保つための必要条件として彼らが備えていたのは、マサイ以外のあらゆる者に対する徹底的な軽蔑だった。

そういうわけで、マサイ以外のケニアの人々、つまり農耕に携わる大多数の人々は電光石火の勢いで変わっていった――現金経済、学校教育、西洋風の洋服、時計、テレビ修理の専門学校、人工衛星放送の中継局、アイスクリーム、虫歯の危険を訴えるポスター。それにしても、ナイロビで暮らすおしゃれな人々や、一流のビジネスマンが先祖伝来の農場に住むなつかしい家族のもとに帰り、マサイの襲撃の悪夢から立ち直ったか？　時代に乗り遅れるな、いまは一九世紀じゃないぞ。この村にはタガメット（胃潰瘍の薬）を売る店もないのか？　と大声で叫んでいる姿のなんと場違いで奇妙に見えたことか。

そんなある日、川沿いのあらゆるマサイの村の戦士たちが、槍をつかんでタンザニアまで走り、牛を取り戻してきてからまもない頃、議会ではあるとんでもないことが起きていた。ピンストライプのスーツを着た議員たちが、警察や軍隊、そしてあらゆる種類の予想外の機関の後押しを受けて、彼らの祖父たちが弓を使ってはけっして成し遂げられなかったことを、そして最悪なまでにいきすぎた啓発的帝国主義を掲げていたイギリスが夢にも考えなかったことを成し遂げた――彼らは一枚の書類に署名をし、そこにはこう書かれていた。戦士廃止。髪に黄土を塗って、あるいは槍を持って出歩いたら刑務所行きか、もしくは農耕民族であるバンツー族特有の顔に粉をはたいたかつらを被った治安判事から、罰金を言い渡されることになる。

ああ、わたしはこの決定を複雑な思いで受け止めた。マサイの戦士の姿はわたしの心を魅了してやまない。ことに、彼らが脅威的存在から思い出へと急激に変化しているいまは。けれども、人々が、マサイの戦士がいなくなる日をどれほど待ち望んでいるかもよくわかる。もしかすると、戦士は廃止せずに、マサイのそのエネルギーのはけ口となる、残忍で競争的なマサイオリンピックを開催し、競技にはあくまでも合法的なものに見える程度の危険を伴わせ、その昔、戦士が勇気を示すためにライオンを殺さなければならなかった頃と同じ数の若者が命を落とすようにするべきだったのかもしれない。ニューギニアの首狩り族にこの競技を試したところある程度の成果が上がり、より温厚な隣人となったという話を何かで読んだことがある。それにしても、わたしがもっとも驚いたのは、人々が国の決定に迅速に従ったことだ。小学生の団体がわたしのキャンプにやってきて、ニックのペニスを見てにやにや笑いをしている頃には、マサイの戦士はほとんど姿を消していた。そしてわたしが、いつかやぶに住んでライオンを殺してみたいと思うかと小学生らに質問すると、彼らはあざ笑うように鼻をならした。

しかしもちろん、すべての人が言うことを聞いたわけではなかった。マサイの村が抱える問題は、やぶに潜んで少年たちを誘拐し、こっそり戦士に育て上げている一部の長老たちをどうするか、ということだった。誰もがその事実を知っていたが、口に出して言う者はおらず、やぶに潜む男たちの存在が困惑すべきことなのか、誇るべきことなのか、戦士らの最後のあがきなのか、謀反のはじまりなのか、それは誰にもわからなかった。

*

学年末の遠足で子どもたちがキャンプを訪れてからおよそ一か月後、リサとわたしはキャンプにいて、麻酔で眠っているヨシュアのデータを取っていた。そばでは、わたしたちのお気に入りのマサイの子どもがぶらぶらしていた。感じのいい子で、おそらく年は十二歳くらいと思われ、ずっと成長を見守ってきた少年だ。坊主頭で、マサイ特有の長く引き伸ばされた耳をもち、しかしそれを隠そうとしているかのように折り上げていた。マサイの民族衣装である赤いマントの下には、学校の制服の短いズボンをはいている。

リサが遠心分離機を使っていると、少年は機械がブンブンうなる音を聞いて「鳥が目を覚ました」とスワヒリ語で言った——これは飛行機のエンジンが復活したという意味の慣用句なのだ。どうして彼は飛行機のエンジンの音のことなど知っているのだろう？　少年は、シャボン玉を吹き、わたしたちからもらった風船で遊んでいたが、そろそろ牛を連れて家に帰らなくてはならない時間となった。少年が川を渡り、キャンプの向こうの草原へと歩いていくのを見送っていると、突然、どこからともなく戦士の一団がものすごい速さで現れた。槍を持ち、長い髪を黄土で染めた彼らは凶悪ならず者の集団で、それを自認していた。少年は逃げだしたが、戦士らはいとも簡単にその上に群がった。少年は必死でもがいた。戦士らが少年を捕まえ抱き上げようとすると、少年は腕を激しく振り回して抵抗していたが、とうとう頭を殴られて気を失ってしまったようだった。そしてそのまま戦士らに連れ去られた。わたしたちは彼らの姿を間近で見ていた。揺らめく熱気が、低木のやぶの中へ走っていく彼らのひょろ長い足を、いつもよりさらに長く、異様に見せていた。そしてその後、少年の姿を見ることは二度となかった。

23
疫病

ある年の観察シーズン中、わたしはしばらくヒヒの群れを離れて、ケニアの別の国立公園で野外調査をおこなっている研究者たちを訪ねた。ヒヒの研究者から生態学の専門家、ゾウの研究者まで、いろいろな人々を訪ね歩いた。ゾウについてはほとんど何も知らずに出かけたが、感動を与えてくれる刺激的な動物だとわかり、ゾウの研究者たちの熱心な仕事ぶりもまた、刺激的だった。野外調査をおこなう研究者は、たいていの霊長類学者同様、研究対象である動物への思い入れが強いと言われているが、ゾウならそれもわかる、と思えた――ゾウは巨体を揺らす頭のいい動物で、四分の三世紀ほどの一生を、複雑な家族間コミュニケーションと思いやりの心で生きている。わたしが訪ねていったとき、ゾウの研究者たちはちょうど、野生動物を研究する生物学者なら誰でもすぐに共感できる、悲しみにくれた一週間を過ごしているところだった。誰よりも頻繁に社会行動の観察対象とされ、もっとも愛されていたゾウがいなくなったのだ。それは、まだ頼りなげな生後七か月の子ゾウの母親でもある女家長だった。もう何日も探しているのに見つからず、子ゾウが不安から落ち着きをなくし、弱っていく様子を見て、彼らもひどく焦っていた。誰もが苛立ち、最悪のシナリオを思い描いていた。

それから数日後、わたしたちは行方がわからなかったゾウの亡骸をじっと見つめていた。見つけるのはそれほど困難ではなかった。母親ゾウは、大きなツーリストロッジのゴミ捨て場から二百五十メートルほど離れた場所で死んでいた。ゾウはかなりの量のゴミを食べ――おもに果物や野菜のクズ、種々のでんぷん食品に引きつけられたに違いなかった――ゴミ捨て場を出たあと倒れて死んだ。すでにハゲタカやハゲワシが、研究者たちが長年見慣れた姿を、大きな空洞がぽっかりとあいた残骸へと変えていた――頭蓋が突きだし、一番美味しい内臓の大部分はすでに食われていた。胃と腸が裂かれて開き、その内容物が胴体の前のおよそ一平方メートル四方に飛び散っていた。もう少しで糞になるところまで処理された草や葉。パイナップルの上の葉の部分はゴミ捨て場から提供されたものだ。そして、ゾウの死の原因となったものたち。割れたガラスの破片、割れたソーダ瓶、瓶のキャップ、少量の金属、これらもまた、ゴミ捨て場が提供したものだ。研究者たちは、何か月も前からゾウがゴミ捨て場に近づけないようにしてほしいとロッジに依頼し、塀を作るのを手伝いさえしたのに、ロッジはその塀を閉めようともせず、そのことについて研究者たちは保護区の監督官に何とか手を打ってほしいと要望もしていた。そしてわたしが国立公園を後にしたときには、残された子ゾウは、先行きが案じられる状態だった。

わたしは、この研究者らの名前も、どの国立公園の話なのかも明かそうとは思わないし、ロッジや、人間のくずであるそのロッジのオーナーの名前を公表したところで、彼がこの先責任ある行動を取るようになる可能性が多少なりとも高まる保証もない。この異常な悲劇を繰り返さないために、どんな手段を講じるのが一番いいかを決めるのは、ゾウの研究者たちに任せたいと思う。けれども、わたしのヒヒたちがどんなふうに最期を迎えたかについては、そろそろ話しておくべきだろう。ここまでは、文体を工夫したり、実際のエピソードをわかりやすくまとめたりしながら書いてきた。けれども、この章ではそういう工夫はしない。事態は、予想のつかない奇妙な形で進んでいった。悪い人間はいたが、本物の悪(わる)ではなかった。決定的対決もなかった。計画され、仕組まれた出来事ではなかったので、それを伝えるときにも特別な技巧は必要ないだろう。

その夏は、わたしはほとんどひとりで過ごしていた――リサはどうしても片付けねばならないいくつかの仕事がこの年に重なったのでアメリカに残り、リチャードは近親者の病気で実家に戻り、ハドソンはそれまでどおり、ヒヒの研究がおこなわれているケニア国内の別の現場で働いていた。ソイロワ、ハイエナのローレンス、ローダ、そしてサムウェリーは近くにはいたが、たいていはひとりだった。

この数年前から、わたしはオレメレポロッジを避けるようになっていた。これはリチャードが暮らすロッジではなかった。リチャードが暮らすロッジは、川の湾曲部にぽつんとひとつだけあるテント式のロッジで、わたしのキャンプからは五キロほど離れていた。オレメレポのほうはひとつの「町」であり、動物保護区のなかでも大きなロッジのひとつで、広大な敷地が不規則に広がる雑然とした場所だった。何百人もの旅行客を収容できる施設で、そこで働く人や関係者の数はその三倍にのぼった――スタッフ、その配偶者たち、子どもたち、子どもたちを教える教師、看護師、監督官、監視員、売春婦、そして働き口を求めてやってきた数えきれないほどたくさんの、スタッフの従兄弟や甥たち。ケニアで暮らしはじめた一年目にあたる一九七八年には、わたしにとってそこはふらっと遊びに出かける場所だった。わたし宛ての郵便物が届く場所でもあって、ロッジはわたしの心の拠りどころとなっていた。そこでは、旅行者のグループと親しくなって食事をおごってもらう、という成功の見こみのない目標を目指す努力をして時間を潰すことができた。また、徐々にスタッフ全員と顔なじみになり、いつしか常連となって、従業員用宿舎に気軽に立ち寄ってはお茶をごちそうになる間柄になれたことにも妙な喜びがあった。ところが何年もたつと、ロッジの魅力はほとんど消え失せてしまった。わたしが本物の常連になったからだ。いまでは、ロッジに立ち寄れば必ず、借金を申しこむ人や、前の年にわたしがアメリカから持ちこみ、彼らがとても欲しがったステレオがどこにあるのか知りたがる人、村の重要な儀式に出席しなくてはならないので、いますぐ六十キロ先まで車で送ってくれないかと頼む人、その場で時計とジーンズを売ってくれないか、と言いだす人々に囲まれるようになっていた。人々は、運転の仕方を教わりたがり、弟のために仕事を紹介してもらいたがり、わたしが所属する大学の奨学金を欲しがった。どの言い分も無理もないと思えた。彼らの社会全般が置かれている劣悪な経済状況を考えれば。それでもやはり、時とともにロッジの魅力は消え失せ、わたしはロッジを避けるようになっていたのだ。

だから、観光用気球のパイロットから、自宅の裏に病気のヒヒがいると突然告げられてからも、何日もぐずぐずしていた。他にやることがあったし、病気のヒヒ探しのためにオレメレポロッジに長く滞在するはめになるのは本当に嫌だったのだ。ある夜、パイロットの家の裏でくしゃみをしていたのは、じつはシマウマだったのだ、とわたしは思いこもうとした。けれども、パイロットが一週間に三度もその話をし、三度目は道路を走っているわたしの車を止めてそれを伝えてきたとき、わたしは調べてみようと決意した。

その日の午後遅く、パイロットは自宅の裏庭にわたしを案内した。病気のヒヒは数日前からそのあたりにいて、壁と、一列に並んだディーゼル燃料タンクの隙間に隠れてずっと咳をしている、ということだった。わたしはタンクの列の両端に行って周囲を探したが何も見つからず、乾いた弱々しい咳がときおり聞こえてくるだけだった。そこで、並んでいる燃料タンクのうちのふたつの隙間に身体を押しこむようにして奥に入って見ると、一メートルも離れていない場所に彼女はいた。

メスヒヒは、わたしの群れの隣の群れのヒヒで、オレメレポロッジはその群れの縄張りに入っていた。わたしは隣の群れのヒヒを何頭か知っていたが、このメスには見覚えがなかった。しかし、たとえ彼女の群れのメンバーをよく知っていたとしても、彼女のことが見分けられたかどうかは疑問だ。メスヒヒはすっかりやつれていたからだ。骸骨のようにやせ細り、ところどころ体毛が大きく抜け、身体中に壊死を起こした傷があった。そして熱っぽい目を大きくむいていた。わたしとヒヒは間近で見つめあっていたが、やがて、彼女がせん妄状態であることに気づいた。その目はわたしのほうに向いているが、どうやら焦点は合っておらず、しかしときおり、まるではじめてわたしに気づいたかのように目がわずかに動くことがあった。ヒヒは少し警戒し、驚いたように頭を後ろに引く。しかしそれ以上何かをする力は残っていないようだった。そのうち咳をしはじめると、メスヒヒの目はふたたび焦点を失った。

わたしはヒヒを捕獲しようと考えた――捕らえて身体を調べれば、病気に関するごくごく初歩的な知識しかないわたしでも、彼女の病気を診断できるかもしれない。いくつかの標本も採取しておこう――血液、唾液、粘液――保管しておいて野生動物専門の獣医に見せれば何かわかるはずだ。

わたしは、距離が近すぎるので、吹き矢ではなく注射器を使ってじかに麻酔をかけようとしたが、それにはメスヒヒは少々警戒心が強すぎるし、おびえて身体を動かしすぎていた。それからしばらくの間、狭い透間に無理矢理身体をねじこんで注射を打とうとするわたしから、ヒヒは必死で逃げつづけた。けれどもじつのところは、わたしはヒヒをタンクの後ろから広いところに追い出し、じかに注射するのではなく、吹き矢で麻酔をかけたかったのだと思う――ヒヒに噛まれて、一夜のうちに自分自身も身体じゅうに壊死を起こし、精神錯乱に陥ることを、かなり恐れていたからだ。ヒヒが咳をしたときに血の混じったあぶくが口から出ているのにわたしは気づいていた。

ヒヒはすでに広い場所に出てきており、わたしは吹き矢の用意をしていた。周囲には、わたしたちの様子を唖然として眺めるロッジのスタッフの人だかりができはじめていた。これはこのときのわたしにとって、この世でもっとも避けたい事態だった。人々はすでに愚かな好奇心でいっぱいになっていて、わたしかヒヒのところに殺到しそうな気配だったからだ。そして、何であれヒヒが持っている病気は、伝染性がありそうなのだ。

わたしは、どんよりしたうつろな目でこちらを見ているそのメスヒヒに至近距離から吹き矢を放った。ヒヒはそのまま二、三歩進んだが、その際に片方の腕も壊死を起こしているのが見えた。と思うとすぐにヒヒは声も立てずに倒れ、わたしは大急ぎで手術着に着替え、手袋とマスクをつけた。脈拍と呼吸はかなり弱まっており、体温は四十度もあって、わたしが血液標本を採るためにヴァキュテーナーの準備をしている間にヒヒは死んでしまった。

周囲の人々には知らせないほうが得策だろう、と思われた。「身体を冷やさないために」と言って覆いをかけ、これからキャンプに連れて帰って調べますと断って、大急ぎでキャンプに戻った。

キャンプにはハイエナのローレンスが来ていて、予定していた検死解剖に即座に加わった。白状するが──わたしたちふたりは解剖に期待と喜びを感じていた。わたしは、死骸を見てぞっとするふりを完璧に演じられるが、ある種のタイプの生物学者にとっては、解剖は基本的に楽しいものなのだ。どこかの表皮を採取し、詳細に分析して、筋肉組織がどのような働きをしているかを調べる。頭蓋骨をきれいに掃除して飾り、関節をつなげて骨格標本を作る。死体を使って新しい手術法の練習をし、手順を完璧に覚えこみ、反射的におこなえるようになるまで練習を繰り返す。そして今回は奇跡的に、というより嬉しいことに

——科学的疑問の解決と、死体をいじくり回す昔ながらの楽しみを同時に体験できるのだ。わたしたちは、熟練した、慎重な科学者らしい態度で解剖に臨もうと考えた。そしてこのゲームの基本ルールを決めた。ケニアには医学事典を何冊か持ってきていて、理由のわからない発熱や一週間も続く下痢の原因を調べるためにしょっちゅう使っていた。けれども、今回は医学書に頼らないと決めた。まず解剖をすべてすませてその詳細を記録し、なんであれ自分たちで診断を下す。医学書で得た知識にあわせて判断を歪めてしまうのを防ぐためだ。

わたしたちは、持っていたスイス製のアーミーナイフでヒヒの腹を切り開いた。それがそのとき手に入る最高の解剖器具だった。腹部腔には気味の悪い液体がたまっていた。まあなんとでも批判してくれ。わたしは病理学者ではないのだからしょうがない。とにかく気味が悪いとしか言いようのないものだったのだ。つぎに、わたしたちは臓器を切り開きはじめた。ふつうなら、この作業は矛盾に満ちた、最高に強烈に嗅覚を刺激する体験となる。腸は当然便の臭いがし、べとべととまとわりつくようなムッとする臭いが露となってまぶたに降りてきたのかと思うほどだ。けれども、解剖をしていていつも驚かされるのは胃で、というのも胃は決まってガーデンサラダの香りがするからだ——それは木の葉や草、果物が入り交じった匂いで、程よい量の胃酸が、この取り合わせにヴィネグレットソースのようなアクセントをつけている。

こんなふうに胃はいつもいい匂いがするのだが、このときばかりは例外だった——母なる台地のサラダの香りも、腸が発散する嫌な臭いもなかった。何日間も何も食べていなかったからだ。

小さな黒い小結節が、腸、胃、肝臓、膵臓など内臓のあらゆる場所に見つかった。さらに鼠径部を切り開いてみると、リンパ腺にも小結節があった。どれも小さくて固い。病理学者らが、この世でもっとも悪臭を放つものを食べ物にたとえるへそ曲がりぶりにならって言うと、その小さな塊はまるでスイカの種のように見えた。おそらくこのヒヒはスイカの種を食べすぎたのでしょう、とわたしたちはふざけた説をでっち上げた。そして悪のりしてさらに続けた――「ああ、でも見てください。リンパ腺にも種がありますよ。種はどうやってここまできたんでしょうね、教授さま」。「ということは、彼女は偏位性スイカの種症候群を患っているに違いない」(「偏位性」とは、あってはならない場所にあるものにつけられる言葉だ。もしもあなたの額に六本の指が生えてきたら、最初その症例を発表する学者は、それを偏位性多肢症とでも呼ぶだろう)。「しかしわが敬愛する同僚よ」わたしたちはまだ止めなかった。「それにしてもスイカの種はどこからきたんでしょうね、ここらでスイカは栽培されていないのに?」。「ふむ、だからわたしは、彼女の病気は突発性偏位性スイカの種症候群(なぜだかわからない理由で、あってはならない場所にスイカの種がある、という意味)だと診断する」。これで一件落着。わたしたちは楽しんでいた。

小結節のいくつかを切り開いてみた。内壁が粒状になってぽろぽろはがれ落ち、外側より明るい色をしていた。その様子をていねいに記録したが、そこから探りだすべきことについての才気あふれる考えなどまったく浮かばなかった。わたしはすべてを絵に描きはじめた――胃や腸にできた小結節を、結合組織の膜に広がる、ビーズのようなスパンコールを。わたしたちは、ナイフでかき回すようにして、なんとか脊椎をふたつ切り取った。小結節は脊髄にもあった――中枢神経系の感染。そんな言葉が思い浮かんで、わたしたちは少しばかり落ち着きを失いはじめた。手袋をもう一組はめて二重にすると、太陽の光の下で、マスクをして解剖をするのは、なんて暑いのだろうと思った。それにヒヒは少し臭いはじめていた。壊死を起こしている手は特にひどかった。

いよいよ胸を開く。まず皮膚を切り、次にローレンスが持っていた自動車修理用の工具箱に入っていた用具を使って胸郭を切り開いていく。ふつうなら、そのまま横隔膜を切り開けばまるで魔法のように胸郭全体が大きく開いて、美しい一対の肺とその下にある心臓が現れるはずだ。わたしたちは、教科書どおりに横隔膜を切り開いていったが、胸郭はびくともしなかった。あらゆる角度から引っ張ってみてわかったことは、肺があらゆるものと——横隔膜とも、胸郭とも、心臓とも——癒着しているということだった。これは非常に思わしくない徴候だった。胸郭を強く引っ張り、その下の部分を少し切り、さらに引っぱると、突然胸郭が癒着した肺もろともはずれた。

わたしたちは後ろに飛び退いた。ああ、なんということ。体液があらゆる方向に流れだした。どろどろした、不透明で臭いのきつい繊維質の汚れた液体で、さまざまなものが浮いていた。もしも地獄で喉がかわき、血とサクランボ入りのアイスクリームソーダを注文したらこんなものが出てくるだろう、というしろものだった。やがてわたしたちは気づいた——この体液は肺からにじみ出たものではなかった。肺そのものが流れだしているのだ。ヒヒの下側の肺葉は溶けてなくなっていた。

それまでのから元気は一気に消し飛んだ。しばらくためらってから、勇気をふりしぼって残りの肺を調べることにした。あらゆるところに小結節が見つかった。肺壁、気管、気管支のリンパ腺にも。なんてひどい肺。小結節。さらにたくさんの斑点、大出血、あちこちから血液と膿汁が流れ出し、また流れ込む。そしてその間も、肺はずっと溶けて流れつづけた。ついに肺に触ってみた。それは痩せて骨張っていた。いや、おそらく骨張ってさえいなかった。肺には軟骨質の上部構造があり、他には岩のように固いいくつかの袋と、卵の殻ぐらいの固さの部分がある。そこが今回破れて肺の大部分が溶けだしてしまったのだ。これは突拍子もなく大変な事態で、ヨーグルトを食べている最中に口から吐き出したら骨になっていたというのと同じくらいありえない話だった。わたしたちは肺を解剖して切開し、触診し、組織を掻き取った。何もつなぎ合わせていない軟骨のような塊がいくつかあった。白い部分と黒い部分、それに出血による赤い部分とけばけばしい黄緑色をした部分があった。固い球体がいくつかあって、それが割れて濃い黄色の分泌物が流れだし、あとには凝固した血液でできた小さくて柔らかい核が残り、その核の中心には灰色の粉状のものが入っていた。これとはまったく逆の順番に層をなした球体もあった。残っている肺はあらゆるものに癒着していて、四つの肺葉もすでに区別がつかなくなっていた。気管には大きな穴があき、血液の塊や痰、その他の汚いものが下に詰まっていた。とてもひどい状態で、わたしたちは激しく動揺しながら記録を取り、絵を描いていたが、自分でも何をしているのかわからなかった。ようやく、もう解剖は終わりにすることにし、草原のはずれの片隅にヒヒを埋葬し、手術着を草原のはずれの木にかけ、解剖に使ったナイフもその木の又に隠した。そこは、キャンプから遠く離れた場所だった。

「結核」と最初につぶやいたのはローレンスだった。汚れを洗い落としてから、医学書を調べると末期の結核の症状とぴったり一致していた。捕獲された霊長類にかかわる仕事をしている人は誰でも、結核と聞くと怖気をふるう。ほとんどの霊長類研究所では、結核の検査で陰性と認められなければ中に足を踏み入れることさえ許されない。それほど結核の大発生は恐れられているのだ。いったん発生すると、結核は檻から檻へと、研究室から研究室へと感染を広げ、そこに住むすべての霊長類を全滅させてしまう。人間の場合とは違うのだ。ハンス・カストルプ（『魔の山』トーマス・マン著の主人公）は、仮病をつかって何年間も結核療養所に居座り、その冗長な哲学的思考を書きしたためたけれども。霊長類研究所では、結核はあっというまに感染を広げる。野生の霊長類の群れで、それほど急速に結核が広がるかどうかについては、わたしには見当もつかなかった。そしてその問いへの答えにつながる最初の手がかりとして、数日後、ある監視員がわたしの車を停めて、オレメレポロッジに病気のヒヒがいると告げたのだ。

二頭目のヒヒも最初のヒヒとよく似た症状を示していた。ただし今度は全盛期のオスで、やはりオレメレポの群れの一員だった。彼は吹き矢の麻酔にも耐えて、麻酔がほとんど効かなかったので睡眠薬を過剰投与して殺し、ふたたび草原で解剖をおこなった。このオスの場合は消化器や肝臓に小結節が多く、肺の崩壊の程度は少しましなようだった。

三番目の病気のヒヒが見つかったのはその数日後で、錯乱状態となって叫び声をあげ、咳をしているメスが、ロッジの水ポンプ小屋の裏手で見つかった。症状も一番ひどかった――背中が弓なりに反り、壊死を起こした両手が腐って悪臭を放っていたが、それでもひじをついて這いずるようにしてわたしから逃げようとした。背中が反っているのは、明らかに肺の容量を増やそうとする身体の反応だった。手が腐ってしまうのは、肺がうまく機能しなくなって酸素の供給量が急激に落ち、周辺部組織へと運ばれる酸素量が低下したせいだった。このメスは、吹き矢で麻酔をかけてから一分で死亡し、一時間後には、彼女の肺はわたしのキャンプの庭先の片隅で溶けて流れてしまった。その夜、わたしは生まれてはじめて息ができなくなった悪夢を見た。

三頭はすべて、オレメレポロッジの群れのヒヒだった。この群れはずっとわたしの群れと同じ森を寝床としてきた群れで、朝になるとそれぞれ別々の餌場へ向かい、こちらの群れは、ロッジのそばで餌をあさっていた。彼らは、わたしの群れの政権が不安定だった時代に、わたしのヒヒたちを森から追いだしたあの群れだった。オレメレポロッジが大きくなるにつれて、ロッジから出るゴミが大量に増え、その捨て方もずさんになっていき、やがてロッジの群れのヒヒたちは、ゴミの間で食事をとるようになった。そしてそのうち、眠る場所をゴミ捨て場を見下ろす木の上に移し、捨てられたゴミを食べて一日を過ごすようになった。ヒヒたちの行動は様変わりし、食糧探しをしなくなり、そんな彼らに嫌気がさしてわたしはこの群れから手を引いた。さらに最近では、ヒヒたちは問題を起こすようになっていた。写真を撮るためにベランダからヒヒに餌を投げる旅行者がいて、しかしもっと攻撃的なヒヒが突進してきて、自分に投げられたわけではない餌を横取りすると、旅行者たちが怖がって悲鳴を上げるようになったのだ。そして、その日の遅くに、監視員たちは二頭のヒヒを銃殺した。また、従業員宿舎に住む母親が、食べ残しのトウモロコシ料理をゴミ箱まで捨てに行くのが面倒になって、餌を待っているヒヒに投げてやることがあった。するとその翌日には、昨日と同じヒヒが、外でトウモロコシ料理を作っている彼女のところに突進してくるようになる。同じトウモロコシ料理でも、人間がもういらないと思う前のものと後のものの微妙な見極めがヒヒにはまだできないからだ。それでまた大騒ぎとなり、監視員たちはまたもや数頭のヒヒを銃で撃ちにいく。この前の年の夏には、スタッフの娯楽施設にいる売春婦が身体の具合の悪い子どもを産み、彼女はヒヒにレイプされたのだ、といううわさ話が広まった。これは冗談なんかじゃない。そして監視員たちは、さらに二頭を撃った。

オレメレポロッジの群れはこんな様子で、あちこちに結核の大流行の兆しがみえていた。前にも書いたとおり、野生の霊長類の群れどうしの間で、結核がどのように広がるかについてはまったくわからなかったし、前の週に文献をざっと読んだ感じでは、それを知っている人は誰もいないようだった。どうやら、わたし自身がこれからそれを知ることになりそうだ。すでにわたしは、結核が自分の群れに到達するまでにどのくらいかかるだろう、と考えて、毎晩眠れぬ夜を過ごすようになっていた。

ナイロビの霊長類研究所に無線電話をかけた。かつては植民地で暮らすご婦人たちの慈善的なお遊びの道具、捨てられた可愛いペット用サルの孤児院だったそこは、いままさに第一流の研究機関へと生まれ変わろうとしていた。研究所の所長はアメリカ人獣医師、ジム・エルスで、組織をまとめあげる能力がおどろくほど高かった。わたしは彼のことが好きで、尊敬もしていて、彼のほうもわたしに対して同じ気持ちでいてくれることを期待していた。無線電話の会話の方式に苛々しながら、わたしはジムに状況を説明した。なにしろ、しょっちゅう雑音が入ったり、音が聞こえなくなったりするうえに、文章をひとつ言い終わるたびに、ボタンを押して「どうぞ」と言わなくてはならないのだから。症状、解剖所見、あらたな症例を大声で伝えると、落ちついた、感情のこもらない一本調子のジムの声から、彼が興味をそそられていることが感じとれた。そうだな、とジムは言った。結核のようだが、大至急肺を培養してそれを確かめ、どんな種類の結核かを特定することが大切だ。これは緊急にやるべきだ、と。同じ科学者どうし、わたしはジムの言葉に彼の科学者としての強い熱意を感じとった――「これは急いでやらなくては。とても興味深い状況であり、重要な情報を得ることができそうだから」（つまり、すごい、これはおもしろくなりそうだということ）。わたしは医者ではないので、獣医であるジムの言葉に「これは緊急事態だ。疫病が広がりはじめている可能性がある」という含みがあったかどうかはわからない。それでもとにかく、ジムが何を求めているかははっきりわかった。ジムの研究所が求めていたのは、ヒヒの肺の組織を研究所で培養することだった。だから、生きている病気のヒヒをナイロビの彼らのもとに送り届ける必要があった。

病気ではあるが、まだ初期の段階で、輸送に耐えられるヒヒが必要だった。初期の患者を見分けられる程度の、症状についての知識は持っていたが、それでもそう簡単にはいかないだろうと考えていた。しかし、周囲の人間に邪魔されるとは夢にも思っていなかった。

オレメレポロッジの関係者はみな、ヒヒに問題が起きたことを知っていた。そして、ヒヒは危険ではないのか？　一頭残らず殺したほうがいいのではないか、と問いただしにくるようになった。悪い知らせを持ってきた者をとがめるのは人の常で、やがて人々は、ヒヒが病気になったのはわたしのせいだと考えるようになった——なにしろ彼らはわたしのヒヒで、わたしが何とかするのは当然で、つまりわたしが手を打たずにみんなを危険にさらそうと決めたからこうなったのだ。わたしは、あのヒヒたちはわたしの群れのメンバーではなく、すべてのヒヒが病気であるわけでもなく、彼らの病気が人にも害を及ぼすかどうかはまだ不明で、現在何とかしようとしているところであり、といったことを、毎日長い時間をかけて説明しなくてはならなかった。

そうこうするうちに、また別の病気のヒヒが見つかった。しかし症状がかなり進んでいるため、わたしのキャンプまでの移送にさえ耐えられそうになく、もちろんナイロビまでもつはずはなかった。その翌朝、ゴミ捨て場でナイロビに移送できそうなヒヒを物色しているときに、サウルとセム、そしてヨナタンが餌をあさっている姿を見つけた——彼らが群れを離れてひとっ走りこのゴミ捨て場まできたことは明らかで、体格のいい彼らは、ゴミ捨て場に棲みついた太りすぎのオスたちと競り合っても、自分用の残飯を確保することができるのだ。わたしは寒気をおぼえた——ついに結核菌をわたしの群れへと運ぶベクター（媒介者）が現れたのだ。その日の午後、オレメレポの数人のスタッフが、ヒヒたちに石を投げてロッジから追い払おうとしているのを目撃した。

その翌日には、悪い知らせを持ってきた者をとがめる習性はさらに度を超したものとなっていた。オレメレポロッジの支配人が、今後はわたしのロッジ敷地内への立ち入りを認めない、と言いだしたのだ。ロッジの入口を警備していた知り合いの警備員は、わたしを見ると、これからは中でヒヒを捕獲することはできない、と申し訳なさそうに告げた。

わたしは車を変え、明け方と夕暮れにだけ敷地の外側にこっそり近づいて、輸送可能なヒヒが見つかることを祈った。そして三日目に、一頭の候補者を見つけた。大人のメスで、明らかに背中が弓ぞりになり、咳をしていて、一か所毛が抜け落ちた部分はあったが、ほかにはそれほど悪いところはなかった。オレメレポロッジへと流れこむ川のほとりでそのメスヒヒを麻酔で眠らせた。メスは症状が安定していて、ナイロビへの旅にも耐えられそうだった。そしていよいよ、ヒヒをナイロビへ連れだす許可証を取る、という大変な戦いがはじまった。

問題の元凶は、世界じゅうの国立公園に存在する根源的な敵意で、つまり公園職員と研究者の対立に端を発していた。このふたつのグループはまったく別の世界を生きていた。公園職員のほうは政府の官僚で、草原にいるときはユニフォームを着用し、政府のオフィスにいるときはスーツとネクタイ姿だった。一方の研究者たちは、それとは正反対の破れたジーンズ姿が多かった。公園職員が考えているのは、公園を訪れる観光客をいかに増やすかだが、研究者の頭にあるのは、いまいましい観光客をいかに根絶やしにするかということで、そうすれば、ある種に属するアリについての研究を、のどかで牧歌的な風景のなかで進められるのに、と考える。公園職員は、実際的政治の世界で役に立つ実務的な現実主義者であることが多い。研究者はたいてい主義主張をもった感情的な人間で、社交性がまったくないことを誇りにしているようなタイプだ。公園職員はふつう、野生動物管理に関する学位をもっており、研究者のほうは、一流大学のより威信のある学位をもっていることが多く、それにもかかわらず、彼らがラッダイト運動に参加するやからのように、あえて雨漏りのするテントで暮らしていることを、公園職員らは自分たちへの露骨な挑戦だと感じている。そして何よりも、公園職員は規制的なルールを施行するためだけに存在しているように見え、一方研究者は公園のすべての規則をないがしろにし、破るためだけに存在しているように見える。

だから、両者はそもそもお互いのことをよく思っておらず、無理して互いに歩みよろうとすることもない。それを知っていたわたしは、次に起こることも予測できたはずなのだが。

わたしは二日続けて公園監督官の事務所に足を運び、病気のメスヒヒをナイロビに移送する許可をもらおうとしたが、二日とも、ライフルを抱えた不機嫌そうな顔の監視員に、監督官はパトロールに出かけて留守だから、明日出直すように、と告げられた。三日目に行ってみると、同じ監視員が現れて、じつは監督官は一週間の休暇で家に帰っていると言うのだった。その間、メスヒヒはわたしのキャンプに置いた檻のなかで症状を悪化させ、咳がひどくなってわたしもヒヒも眠りを妨げられ、熱も高くなりはじめていた。わたしは買ってあった少しばかりのキャベツを檻の外から手渡しで食べさせようとした。メスは明らかにわたしを恐れているようで、それほど腹も空いていないようだったが、その後徐々にわたしの手から餌を食べるようになっていった。

監督官の帰りを待っている暇はなかった。そこで反密猟団体の長に掛けあってみたところ、翌日に贈り物を持ってくるなら、メスヒヒを保護区から連れだす許可を出そうと約束してくれた。しかしわたしが了解すると同時に、そういえば自分にはヒヒを保護区から出す許可を与える権限がないんだ、いま気づいたよ、と愉快そうに告げた。その午後キャンプに戻ってみると、メスヒヒの檻を監視員の一団が取り囲み、柵の間から木の棒を差しこんでメスヒヒを突いては笑っていた。夕方ごろには、慣れたせいなのか、せん妄がひどくなったせいなのかはわからないが、メスヒヒはわたしを見てもあまり怯えなくなり、わたしの手からキャベツを食べ、わたしに毛繕いもさせるようになった。左手は、壊死が進んでほとんど使えない状態だった。

翌朝、ためしにもう一度監督官を訪ねてみたところ、じつは彼が二日も前に帰ってきていたことを知った。それを告げたのは、その週のはじめに、偽の情報をわたしに伝えたあの腹立たしい監視員だった。今回は、監督官がそこにいるのはわたしにもわかった。監督官はわたしを一時間も待たせたあげくに、忙しくて今日は会えないという伝言を届けさせたが、待っている間じゅうずっと、監督官の部屋の閉じたドアの向こうから、監督官と誰かが大声で笑う声や酒瓶のふたを開ける音が聞こえていたのだ。その日の夜にはメスヒヒの左手はすでに使い物にならなくなり、咳きこんだ拍子に血を吐くようになった。

翌日、わたしは監督官の前で愛想をふりまき、平身低頭してメスヒヒをナイロビに移送する許可をくださいと申し出た。すると監督官は大真面目な顔で、もちろんだめだ、ケニアの国立公園に生息する野生動物を減らすわけにはいかない、と言った。本気で言ってるんですか？　とわたしは詰め寄った。メスヒヒはあと数日で死んでしまうんですよ。だめだ、と監督官は答えた。メスヒヒを連れていくということは、密猟と同じで、そんなことをしたら君を逮捕せざるをえない。そう言ったこの男の監督官としての輝かしいキャリアには、密猟による二度の逮捕歴があり、サイの密猟により今後一年間の降格処分が決まっていた（しかしまた、この地区のマサイの政治的リーダーとの強力な姻戚関係のおかげで、最終的には昇進が決まっていた）。その夜、メスヒヒはせん妄状態に陥り、檻の柵にもたれかかっていた。

ついにジム・エリスが道を切り開いた。わたしは、ナイロビへの移送許可がおりなかったことを連日ジムに無線で連絡しつづけ、電話の向こうのジムは、権力と惰性の迷宮のなかで必死の努力を続けていた。おそらくジムは、彼の上司で当時ケニア国立博物館（霊長類研究所はその傘下にあった）の館長を務めていたリチャード・リーキーに掛けあって、狩猟庁のトップからヒヒの移送許可を取りつけたのだろう。無線による緊急指令が届き、監督官は正式な文書が届くまでそれに従うことをしぶっていたが、文書にはその日の午後着の飛行機で、ナイロビに病気のヒヒを三頭まで移送することを許可する、と書かれていた。

保護区外の道路は非常に危険なため、夜中の運転は避けなくてはならなかった。メスヒヒは夕方には昏睡状態となり、こんなことで明日生きたメスヒヒをナイロビに送り届けられるのだろうかと不安になった。翌朝は夜明けを待たずに大急ぎで出発したが、ここにきて、保護区の境界に設けられた野生動物検問所で監視員に停められる、というありえない事態が起こった。おい、ヒヒを乗せているのか、と監視員は大声を出した。そう、そうなんです。病気で死にかけていて、ほら、ここに許可証があります。監視員は許可証をじっくり読んでいたが、突然こう言った。おい、ここには三頭のヒヒとあるぞ。他の二頭はどうした？　いえいえ、三頭まで輸送していい、と書いてあるんです。いや、ヒヒは三頭乗っていなくてはならんはずだ。それなのに二頭の姿が見えない。いったいどうしたんだ？　だんな、売っちまったのか？　それは問題だな。なんということ。メスヒヒはどんどん弱っていき、わたしは男を殺してやりたい気分だった。愚かな意地の悪さのこもった横目で嬉しそうにわたしを見ているこの男を。男はようやく本当の目的を明かした。「だんな、この許可証には不備がある。ここには三頭のヒヒと書いてあるが、一頭の間違いだ。許可証が間違っていたんだから罰金を払ってもらわないと」。罰金か。この性根の腐った男が。賄賂が欲しいならさっさと言ってくれ。わたしは賄賂を支払うと全速力で走り去り、猛スピードで車を走らせたが、ナイロビの渋滞に巻きこまれた。その間にも、隣に座っているメスヒヒの不規則で辛そうな息づかいは何度も途絶えかけた。研究所の入口でも警備員と押し問答になった。その日の訪問客リストにわたしの名前がないという理由で、施設内に入ることを拒否されたが、ようやくなんとか病理学棟に入ることができた。

自分でもなぜかはわからないが、わたしは、メスヒヒがわたしの手から食べたキャベツの最後の切れ端がついた彼女の唇をきれいにし、長旅であびた埃のせいでにじみだした涙を、その目から拭い去った。ほんの一瞬、わたしは彼女のことを人間のように感じていた。メスヒヒはゴミ捨て場の群れの出で、わたしの群れのヒヒではなかったので、名前がつけられたことは一度もなかったのだが。それから、メスヒヒを腕に抱えて病理学棟に入っていき、数分後にはその胸郭を外す作業を手伝っていた。そしてまたもや、肺は溶けて流れた。

ジムからは、微生物学者が肺を培養してヒヒの病気が結核かどうかを診断するまでに数週間はかかる、と聞いていた。けれども、獣医たちは、メスヒヒの肺が流れだした瞬間に、また病変部分を調べた結果、あるいは組織構造のスライドの最初の一枚を顕微鏡で精査しただけで、全員一致で結核の診断を下した。微生物学者による培養の結果明らかになるのは、それがどのような種類の結核かということだけで、この時点では、それはさほど重要な問題ではないと思われた。

翌日、ジムとわたし、そして獣医グループが集まった。病気が結核であることは間違いなく、一般的に言って、周囲にいる人間にとって脅威となるものではないということも全員の一致した見解だった。人間は結核への抵抗力が比較的強く、オレメレポロッジ周辺で暮らす体調良好な人々——栄養状態がよく、着るものにも困らない人々——はみな問題ないと考えられた。一方、体調が良好でない人々は、おそらくすでに結核にかかったことがあるはずだ。結核はケニアの風土病ともいえる疾病だから。ジムはあらゆるつてを使って、動物保護区で暮らすすべての人々のもとに、この病が人間に被害を及ぼす心配はないという話が伝わるようにした。

けれども、ヒヒにとっては結核はとんでもない脅威だった。壊滅的な打撃となりかねなかった。わたしたちは何時間も話しあった。もしもこれが霊長類研究所内の出来事なら、やるべきことははっきりしていた。結核が見つかった研究室のヒヒはその日のうちにすべて殺処分される。施設内のすべてのヒヒについて検査がおこなわれ、陽性と判断されるヒヒが出るたびに、その研究室のすべてのヒヒが殺される。そうしなければ、病気は野火のように広がるからだ。ぞっとする言葉が何度も飛び交った。野火の蔓延を防ぐには、防火帯が必要だ、と。同じ研究室にいるすべてのヒヒを、少しでも感染の疑いのある者を、病気のヒヒと同じ空気を吸っていた者をすべて殺せ。隔離し、防火帯を作って、健康なヒヒへの感染を防ぐのだ。

しかし今回の結核は、檻のなかで近接して暮らす研究所のヒヒに発症したのではなかった。わたしの予想どおり、野生のヒヒの間で、結核がどのように感染するかについては、誰ひとりとして何も知らなかった。なんともはや、わたしたちがこれからそれを知ることになるのだ。もしかすると、野生のヒヒの場合は、病気はよりゆっくり広がるのかもしれない。研究所のヒヒのように、ひとつの部屋に高い人口密度で押しこまれてはいないからだ。いや、感染のスピードはむしろ速いかもしれない。野生の動物どうしのほうが、お互いの接点が多いからだ。いや、逆にゆっくりかもしれない。捕らわれているストレスで免疫機能が落ちている、ということがないから。いや、もっと速いはずだ。野生のヒヒはそれほど栄養状態がよくないから。

話しあいは堂々めぐりで、どうすればいいのかわからなかった。病気のヒヒを治療するという選択肢はなかった――結核を治療するには、十八か月間毎日投薬しなければならないからだ。唯一の手段が、疾病の封じこめだった。だから病気がどこからきたかを特定することに意味があった。近年、ここ、マサイマラ国立保護区で明らかなヒヒの大量死が起きたという事実はなく、わたしが出会ったヒヒが、蔓延する疫病の氷山の一角であるということはなかった。一番ありそうなのは、タンザニアから移住してきた何頭かのオスヒヒが、ゴミ捨て場の群れに加わったときに、結核菌も持ちこんだという筋書きだった。オレメレポの群れから国境までの間にはもうひとつ別の群れがあるだけで、タンザニアでは何もかもが混沌としているので、タンザニア側の草原でヒヒの大量死が起きていても、誰も気づきそうにないのだ。

もしも、移住してきたオスがわたしたちの動物保護区に結核を持ちこんだのであれば、すでにオレメレポのゴミ捨て場の群れからわたしの群れへと病原菌を持ちこむベクターを目撃しているいま、結核がこの保護区じゅうに蔓延する可能性は否めない。その一方で、もうひとつの可能性があった。結核菌は、マサイマラのヒヒの群れのなかの保有宿主の体内に何年も前から存在していたもので、それが今回突発的に発症したが、ほとんどのヒヒには自然抵抗性がある、という可能性だ。つまり、これはなんらかの新奇な疾病の突然の大流行ではなく、昔からある、おなじみの病気の突然の再発だった、という場合のことだ。これが研究所内の群れであれば、結核菌が保有宿主のところに留まることはなく、自然抵抗性などというものも存在しない。しかしいま問題にしているのは、研究所の群れではないのだ。

話は堂々めぐりを繰り返すばかりだった。解決の糸口がつかめなかった。研究所の動物医学の訓練を受けてきた獣医師たちは、結核と聞いた瞬間に心のなかでそれにふさわしい警報が鳴り響きはじめ、攻撃的な手法を押し進めようとした。「防火帯」という言葉がさらに頻繁に飛び交うようになった。ゴミ捨て場のヒヒの群れを殺処分に。近隣のすべてのヒヒの群れを殺処分にするべきだ。ヒヒを一掃して感染拡大を食い止めよう。保護区じゅうに蔓延して手がつけられなくなる前に。けれども、彼らが防火帯づくりのために消そうとしているのは、わたしのヒヒたちなのだ。それに、わたしは獣医ではなく、医者でもなく、結核のことなど何も知らないが、それでも科学者ではあって、彼らが主張する方法がまるで科学的でないことはわかった。研究所にいる動物を対象とする生物学は野生動物には当てはまらない――それが、わたしが野生のヒヒを研究対象とするようになったそもそもの科学的根拠なのだ――そして野生動物の間で結核がどのように広がるかを知る者はひとりもいないのだ。

わたしは一時的な勝利を勝ち取った。防火帯づくりはしないと決まった。この問題に医学的に介入するのに加えて、一種の科学的な調査をおこなうことになった。わたしはキャンプに戻り、保護区内で捕まえることのできるすべてのヒヒを吹き矢で眠らせ、結核検査をおこない、結果が出るまでの四日間、檻のなかでなんとか保護しつづけることになった。もしも、ゴミ捨て場の群れの五十パーセント近くが陽性だった場合、それは結核の大流行のはじまりを意味し、そのときは防火帯をつくる意味がある。けれどもわたしは、より楽天的な解釈を可能にする別の調査結果が出ることを期待していた。もしも、ここ数年間保護区のなかで見守ってきた、少し離れた場所の群れのどれかに、たった一頭だけ病気のヒヒが見つかり、その群れが破滅的な頭数減少の危機にさらされていなければ、野生動物の間では、結核は必ずしも野火のように急激に広がるわけではない、と証明することができる。つまり、結核は、人間の場合と同じようにもっとゆっくり広がり、群れ全体を壊滅させることはなく、脆弱な者だけに感染を広げるということだ。そして野火のように蔓延するのでなければ、防火帯は必要ないということになる。

獣医たちはあまり満足していない様子だった。まあ科学も結構だが、と獣医たちは心のなかで言っているように見えた。しかし信じてほしい、われわれは結核をよく知っている。ひとたび感染が拡大すれば、マサイマラのすべてのヒヒを失うことになる、そしてあなたは後悔するだろう、と。獣医たちとジムは、わたしから当然必要な約束を取りつけた。結核が陽性とわかったら、たとえわたしの群れのヒヒであってもすべて殺す、という約束だ。

もはや研究はそっちのけで、わたしは吹き矢ばかり吹いていた。自分の群れのヒヒについてもツベルクリン検査をはじめると約束していたが、手はじめにゴミ捨て場の群れを集中的に捕獲したのは、単に何頭が感染しているかを知りたかったからだ。また、保護区のはずれを縄張りとする群れのヒヒを調べたのは、一頭だけ陽性を示すヒヒがいるにもかかわらず、疫病が広がっている徴候のない群れを見つけたい、という必死の思いからだった。

見知らぬヒヒを吹き矢で捕獲しようとすると、自分が他のヒヒをいかによく知っていたかということに気づかされる。はじめての群れの場合、捕獲しようとする相手の性格がまるでわからない――矢を射られた後、誰が跳び上がり、誰なら周囲を見回してからもう一度腰を落ち着けてしまうかがわからない。誰が木に登り、誰が一キロも疾走し、誰がこちらの息の根を止めようと反撃してくるかわからないのだ。群れのメンバー間にどのような確執があるか知らないため、意識を失ったヒヒを誰から守ればいいのかがわからない。吹き矢に何㎖の麻酔薬を入れるかを決めようにも、そのために必要な体重も、基礎代謝の変転もわからないのだ。付近の様子もよく知らないため、バッファローやヘビがどのあたりに潜んでいるか見当もつかない。しかもヒヒたちはわたしのことを知らないので、あまり近くに寄ることもできない。

それでも、わたしは少しずつ吹き矢による捕獲をはじめていた。霊長類研究所から大量の檻と検査用のツベルクリン注射液を持ち帰った。ツベルクリン注射液は冷蔵保存が必要で、これには困った。というのも冷蔵庫を持っていなかったからだ――ドライアイスでは冷たすぎたし、スタイロフォームの箱を地中に埋める方法では温度が高くなりすぎた。しかし幸いなことに、ジムがヒヒの病気が人の健康を脅かすことはないと安心させてくれたおかげで、オレメレポロッジはふたたびわたしを受け入れてくれるようになり、支配人補佐が自分の冷蔵庫にツベルクリン液を入れてよいと言ってくれた。そういうわけで、わたしは誰かを吹き矢で仕留めると、ロッジまで走って帰って少量のツベルクリン液を取り出し、ヒヒのまぶたに注射した。人間の場合、ツベルクリン注射痕の腫れをすぐ近くで観察できるので、腕に皮下注射する。しかし相手がヒヒでは、近づくと八つ裂きにされかねない。だからまぶたに注射して、遠くからでも腫れの有無がわかるようにしておくのだ。四日後、ヒヒがすでに結核に感染していて抗体ができていれば、炎症性の反応が現れる。二十メートル離れた場所からでも、まぶたが腫れて目が塞がっているのがわかる。目が腫れれば命はないと思え、というわけだ。

悪夢だった。まず、近親者や友人と毛繕いをしている最中の、健康で幸福に暮らしているヒヒを吹き矢の麻酔で捕まえる。その後、捕まったヒヒは四日間、吠え、あちこちに糞を垂れ、信じられないほどの悪臭を漂わせる五、六頭のヒヒたちとともに、狭い檻に閉じこめられて過ごすことになる。腐ったキャベツが散乱し、尿の水たまりができた檻のなかで、ヒヒたちは毎晩、悲しみ、怯えてうめいた。そして朝がくるたびに、二頭のヒヒが審判の日を迎える。目に何の変化もなければ、すぐに解放され、彼らはあの日自分を毛繕いしてくれていた誰かのところへ全速力で走って帰り、この四日間の信じられない体験を報告する。もしも、まぶたが腫れて目が塞がっていれば、檻のなかで暴れ回る彼らに麻酔薬を投与しなければならない。その後は草原のはずれに連れていきナイフを取り出すことになる。

あらゆるものが底をつきはじめていた。解剖をするときに使うマスクや手袋が足りなくなった。人には結核に対するかなりの免疫があるとはいえ、結核の末期症状を示す患者の肺のすぐそばで、マスクもしないで何日も過ごすのは決して賢明なことではなく、わたしは自分の健康についても心配しはじめていた。*また、麻酔薬が不足してヒヒに過剰投与して殺す余裕がなくなると、ひどいことに、麻酔薬で昏睡状態となった状態で、ヒヒの喉を掻き切らねばならなくなった。わたしは毎晩、喉を掻き切られたヒヒたちが必死に息をしようとするときの、湿った、苦しげな、何かを吸いこむような音の記憶に悩まされるようになった。そんなとき、ナイフがどこかに消えてしまった。

＊数年後、あのときわたしが結核に感染しなかった理由だと思われることが明らかになった――わたしはティーサックス病の遺伝的保因者であることがわかり、保因者であることによる数々の不都合のひとつに、結核への免疫があったのだ。

ナイフはいつも、草原のはずれのヒヒの埋葬場所に木陰をつくっている木の又に隠すようにしていた。消毒薬が不足しはじめ、ヒヒを解剖するたびにナイフをきれいにすることができなくなったので、せめてキャンプから遠いこの場所に隔離しておこうと考えたのだ。ところがある日の午後、ナイフが消えてしまった。

ナイフは他にも持っていたので、その点は問題なかった。大きな問題は、ナイフを持っていったのがマサイのヤギ飼いの少年たちだったということで、彼らは前の日にわたしのキャンプを通り抜けていったのだ。わたしが何をやっているかに気づいた少年たちは、遠くから解剖の様子をながめ、人気がなくなったらナイフを盗もうと決めたに違いなかった。彼らにとってナイフはよいめっけ物だった。マサイはしょっちゅうナイフを使う――切れ味のいい鋭利な刃物は、血を絞り取るために牛の静脈を切るのにぴったりなのだ。そう、ぴったりだった。そのナイフに結核菌に冒された肺の組織がこびりついていている点を除けば。ナイフを使えば、牛が結核に感染する可能性はきわめて高く、少年たちは疫病を万引きして自分の村に持ちこんだも同然だった。

　そういうわけで、いまやわたしは、囚われの身となったヒヒたちに餌をやり、毎日何頭かを殺し、動物保護区の異なるふたつのはずれでヒヒを捕獲することに加えて、マサイとの折衝まではじめることになった。ローダとソイロワは、彼らの村の子どものなかにナイフを盗んだ者はいない、とすぐに断言した。しかし、近隣の村の住民たちとの話しあいは続いていて、しかも彼らは特に面識のない人々なのだ。ナイフが惜しいわけではなかった。盗まれて怒っているのでもなかった。ただ、あのナイフは危険だということ、あれを使えば、牛が全滅してしまうかもしれないということをわかってもらう必要があった。ナイフなど返してくれなくてもよかったが、あのナイフは捨てなくてはいけないのだ。しかし、村人たちは奮然として否定するばかりだった――盗んだって？　まさか。わたしたちマサイはそんなこと考えたこともないよ。堂々めぐり、わたしは毎日のように、ナイフを捨てるよう村人たちに頼みつづけた。ナイフの問題が加わって、さらなる課題と気苦労を抱えることになった。

　一週間が過ぎても、草原のはずれの群れのヒヒに陽性反応を示すものは出てこなかったが、ゴミ捨て場の群れについては五十パーセント近くに陽性反応が表れた。防火帯がどんどん不可欠なものとなってきた。わたしは来る日も来る日もヒヒを殺しつづけた。なかには小結節が見られるだけの者もいた。小結節だけでなく、肺機能の低下が起きている者もいた。しかし、最初に見つかったヒヒたちほど深刻な症状の者はいなかった。なにしろ、見た目はみな健康そうだったのだ。奇妙だったのは、どのヒヒも消化器官に小結節ができていたことで、なかには肺にはまだ何の異変もない者もいた。そして、そのとき読んでいた文献によると、それは異例のことだった。

　そんなある日、ゴミ捨て場の群れのヒヒを捕獲していたわたしは大失敗をしでかした。一頭の大柄なオスに麻酔の矢を放ったところ、オスは小川を渡ってから意識を失ったが、そのオスのことをよく知らないので、敵がどれだけたくさんいるかもわからなかった。なんとか小川を歩いて渡り、倒れているオスに近づいてみると、その身体にはヒヒの犬歯で切り裂かれた痕が十か所以上見つかった。ヒヒをキャンプまで引きずっていき、そのむごたらしい姿に落ちこみながら、底をつきかけている麻酔薬を過剰投与して死なせた。そのあと、オスヒヒを解剖しながら、どうか病変が見つかりますように、と必死に祈っていた。ありがたいことに、左胸に小さな病変が見つかり、腸にも小結節があるのがわかった――檻のなかで四日間過ごしたあとに訪れる審判の日を、オスヒヒはどのみち生き延びられない運命だったのだ。

その夜、よく知らないヒヒを麻酔で眠らせることがいかに危険かを痛感したわたしは、とうとう自分の群れの検査を開始する決心をした。その翌日、ゴミ捨て場の群れの二頭とともにヨシュアとデボラを吹き矢で捕獲した。ゴミ捨て場の群れのヒヒの場合は、それが誰で、どこへ行けばもう一度会えるかがわからないため、ヒヒたちは檻のなかで四日間じっと待っていなくてはならなかった。しかしわたしの群れのヒヒであれば、個々のヒヒをふたたび見つけだすのは簡単なことで、だから四日も檻に閉じこめておく必要はなかった。

その代わり、わたしは待った。翌日はエッサイとアダムを捕獲した。その次の日にはダニエル、そしてそのあとアフガンとブープシーも。その夜はほとんど眠れなかった。ヨシュアとデボラの審判の日を翌日に控えて、彼らの喉を掻き切らねばならないとしたらどうだろう、あばら骨の奥を調べ、その身体を土に埋めるのはどんな気分だろう、と想像していたのだ。

けれども、彼らに感染はなかった。わたしの群れのすべてのヒヒもそうだった。わたしは嬉しくてたまらず、その数週間ではじめて笑顔になった。その後、ゴミ捨て場のヒヒたちすべてが、ツベルクリン検査で突然陰性を示しはじめたことに気づくまでに数日かかった。檻のなかで過ごす四日の間に悪化して、明らかに結核とわかる症状を示すようになった一頭のメスさえも陰性だった。どこかおかしい。

理由は翌日明らかになった。オレメレポロッジの支配人補佐の部屋にツベルクリン液を取りに駆けこむと、ちょうど客室係が掃除をしている最中で、そのなかにはもちろん冷蔵庫の掃除も含まれていた。窓枠に並べられ、赤道直下の太陽に灼かれていたのは、牛乳、チーズ、ビール瓶、そしてもちろんツベルクリン液だ。客室係はその週に入ったばかりの新人で、毎日その部屋を掃除することになっていた。ツベルクリン液も検査結果ももはや使い物にならない。わたしは空輸で届く追加のツベルクリン液を待ちながら、肺が溶岩流のように溶けて流れる夢を見た。

わたしはヒヒの捕獲を再開し、するとゴミ捨て場の群れの陽性率は七十パーセント近くまで跳ね上がった。解剖にも嫌気がさしてきた。折しも、霊長類研究所のふたりの獣医、ロス・タララとムバラク・スルマンが助っ人として、そしておそらくは、防火帯作戦を決行するようわたしを説得するためにやってくることになった。わたしは、彼らの到着を受け入れる気持ちになっていた――彼らの支援、話し相手になってくれること、同情の言葉、そして結核についての専門的洞察力、すべてがひどく不足していたからだ。その後、獣医らが到着する前日にセムに陽性反応が出た。わたしの群れのヒヒでははじめてのことだった。

あのときの光景を、一生忘れることはないと思う。わたしは、ようやく自分の群れのヒヒの捕獲を再開する勇気を奮い起こし、イサク、レイチェルにつづいてセムに矢を放っていた。イサク、レイチェルの二頭は陰性で、同じ日にゴミ捨て場のヒヒには陽性反応が出たことから、この検査結果は信頼できると思われた。そしてその朝、森に入っていくとすぐに出くわしたセムは、片方のまぶたが腫れてすっかり目が塞がった姿で座っていた。腫れの程度が基準に達していないのではないか、検査結果に疑問の余地はないか、と考えたがそんなことはなかった。セムの結核検査は陽性だった。

わたしはその日の捕獲を取りやめにして、一日ヒヒたちと過ごすことにした。ずいぶん久しぶりの穏やかな観察の一日だった。ヒヒたちの後を追い、ありふれた行動データを落ち着かない心で記録し、ヒヒたちと声を合わせて歌い、セムが誰かとかかわる姿を見るたびに――オスに挨拶したり、メスの毛繕いをしたり、周囲で起きていることを見ようと振り返ったりするたびに――いまにも泣きそうな気分になった。何もかもこれが最後なのだ。そして、セムを麻酔で眠らせて喉を掻き切るチャンスが訪れるたびにわたしはそれを見逃しつづけた。

その夜、助言と慰めを求めてローレンスのもとに逃れた。わたしの人生に訪れた尋常ならざるこの時期、ローレンスはずっと、正気と兄らしい安心感をわたしに与えつづけてくれた。本当に感謝してもしきれない。ローレンスはただ黙って話を聞き、やるべきことをしてくれた――わたしの話を別の言葉で繰り返し、命令形にして返してくれたのだ。

「そうとも、野生のヒヒの結核について、獣医たちは何もわかっていないということは、俺だけじゃない、君もよく知っていることだ。もしも彼らの考えが正しければ、君の群れのヒヒたちはいずれにせよ全滅するだろう。だからいまそのオスヒヒを殺してもなんの得にもならない。そして、もしも彼らが間違っていたなら、君は陽性と診断されたヒヒの何頭かを救うことになる。ある程度の抵抗力を持つ者がいるはずだからね。そのオスヒヒを殺すんじゃないぞ」

翌日、ロスとスルマンを迎えにオレメレポの小さな空港へと車を走らせていたときに、エッサイにも陽性反応が出ているのを目撃した。しかし、獣医たちにはエッサイのこともセムのことも一切話さなかった。

ふたりの助っ人とともに仕事に取りかかってみると、彼らはすばらしい戦力であることがわかった。ロスもスルマンも感じのいい愉快な男で、わたしはすぐに彼らのことが好きになった。そして彼らはすぐに、科学者が伸び伸びした良好な時間を過ごしているときに見られる、「ヒェー、見ろよ。この肺のひどいこと」モードに突入していった。自分はそのことに腹を立てるだろう、と予測していた――なにしろわたしの悲劇が彼らの臨床的な喜びなのだ――が、驚くほど腹は立たなかった。彼らにとっては吹き矢のほうが難しいため、わたしが吹き矢を中心に担当し、彼らは専門である解剖のほうを担当するようになると、仕事が効率よく進むようになった。わたしたちはこつこつと仕事を片付け、自分の群れについては質問されないように気をつけていたが、草原のはずれの群れは相変わらず陽性率がゼロで、ゴミ捨て場の群れの陽性率は七十パーセントだった。わたしは日中にひとりで抜けだして、自分の群れのヒヒをこっそり捕獲しては検査していたが、ここでも陽性患者がぽつり、ぽつりと出現しはじめた――ダビデとヨナタンだ。ある日ベニヤミンを捕獲してみたものの、ツベルクリン検査をおこなう決心さえついていないことに気がついた。

やがて感覚が麻痺しはじめ、機械的に仕事を繰り返すようになっていったが、それがかえってありがたかった。やるべき仕事のあまりの多さ、果てしなく繰り返される作業、睡眠不足には、鎮痛剤のような効果があった。吹き矢で捕獲し、檻のなかのヒヒたちに餌をやり、検査結果を読み取り、麻酔をかけ、マサイの村人におべっかを使い、ヒヒを殺し、解剖し、記録をつけ、防火帯をどうするかについて毎晩のように議論を戦わせる。しかし少なくともゴミ捨て場の群れのヒヒに関しては、ある意味、それは空疎な議論だと言えた。計画的な集団虐殺ではなく、ばらばらにではあったが、わたしたちはすでに群れのヒヒの大半を殺していたのだから。ヒヒたちはひどい苦しみの果てに死に、そんな毎日の終わりに繰り広げられた光景を、わたしはいまも、やがて終わりを告げることになる遠い昔の悪夢への無用な郷愁とともに思い出す――自分たちで掘った巨大な穴の中にヒヒの遺体を投げこみ、ガソリンをかけて焼くのだ。

わたしの死の収容所と火葬場に繰り返し訪れた心の平安は、ヒヒが火葬される臭いを嗅いでいるときの静かな悲しみは、ジム・エルスからの無線連絡によって突然中断された。微生物学者による培養結果が出たという知らせだったが、それはぞっとするようなものだった。ヒヒが罹っていたのは牛の結核で、人間の結核ではなかったのだ。

じつは結核にはさまざまな種類がある。どれも原因は身体のなかで荒れ狂うバクテリアだ。バクテリアは、最初に肺に寄生する場合が圧倒的に多い。それは呼吸によって吸入されるせいで、その後血液やリンパの流れに乗って身体じゅうに運ばれる。派生的な結核は、基本的に身体のあらゆる部分に生じうる——中枢神経系、尿生殖器系、そして骨。けれどもたいていは肺だ。そしてほとんどの場合、人型結核菌、つまり人間の結核菌を原因とする。けれども、ほかにも珍しい種類の結核菌があるのだ。カンサシ菌、暗発色菌、フォーチュイタム菌、牛型結核菌。これらは例えば、「鳥」や「牛」、あるいは「土中の」結核菌だ。菌の名称は、その動物だけに感染するという意味ではなく、その菌が最初にどの種において発見されたか、あるいはどんな場所に発見されやすいかを示している。マリナム菌というものもあって、これは汚染されたスイミングプールなどで見つかる。けれどもたいていは人型結核菌を原因とし、ほとんどの場合は肺に病変を引き起こす。ところが、今回見つかったのは牛型結核菌で、主として消化管に問題が起きていた。ヒヒたちは、他の誰かが保有していた結核菌を呼吸とともに吸いこんだわけではなかった。彼らは菌を食べてしまったのだ。

作業はいったん中断となり、わたしたちは途方に暮れて座りこんだ。わたしはあれこれ詮索し、質問して回り、しだいにもっともらしく思えてきた乱暴な憶測をするようになった。そんなある日の午後、オレメレポロッジで働く友人が、わたしの車で保護区をちょっとドライブしないかと誘ってきた。車がロッジから離れた場所まで行くと、友人は厳重に用心しながら、わたしの疑念を確かなものにする情報を教えてくれた。

友人は密告がばれることを恐れていたので、名前も、その友人が誰かを知る手がかりとなる仕事も伏せておくことにする。彼はマサイと敵対する部族出身で、マサイの悪事を密告することに喜びを感じていた。そして、ずっと以前には獣医の助手を務めたことがあるほどの教育を受けた男で、自分が何を言っているのかはよくわかっていた。

それは明白な事実だった。牛の間で牛型結核が流行っていた。そして、牛が結核に罹ったときには、マサイはすぐに見分けることができた。その昔、マサイはけっして牛を殺さなかった。牛は、血液と乳をしぼって飲むために飼われ、崇められ、牛のために歌が歌われ、なでられ、大切に扱われた。だから、牛が病気にかかったときには最後まで看病し、そのあとは牛を食べたが、それはとても不本意なことだった。けれども、現実的で順応力の高い民族であるマサイは、たとえ愛する牛のことでも、新しいやり方を取り入れた。そして、保護区をとりまくすべてのマサイの村では、牛が結核の初期症状を示したら、必ずその日のうちにピックアップトラックに乗せてオレメレポロッジまで運び、従業員宿舎にいる肉屋のティンパイに売るようになった。マサイの食肉検査官には、事前に適切な額の賄賂が渡された。

友人は、結核にかかった牛がどのような姿になるかを知っていた。そしてティンパイが病気の牛たちを遠くの草原へ連れていき、肺やその他の結核に汚染された内臓を切り取ってゴミ捨て場の群れに投げてやり、するとヒヒたちが争ってそれに群がるのを目撃していたのだ。残りの肉は、ロッジのスタッフに売られた。その後、とうとうわたしも草原のはずれでおこなわれるその儀式を見ることができ、望遠レンズを使ってこっそり映りの悪い写真を撮った。いかにも肉屋らしいたくましい前腕をもち、筋骨隆々の心優しげなティンパイは、牛の屠体をたたき切り、牛の血と血のりのなかに（そしてもちろん結核小結節と病変のなかにも）腕を肘まで差し入れ、未開の地のマサイたちにも手伝わせていかにも楽しそうにかき回し、やがて何やら気味の悪いものを取り出して、周囲で待ち受けているヒヒたちに投げてやるのだった。身体の大きなオスたちが、大きな塊を競って奪いあい、メスはその隙をついておこぼれにあずかる。喧嘩好きの子どもたちは、ほんの一切れか二切れに突進して奪いあった。死を確実なものにするために。そしてもちろん、ときおり、セムやサウル、あるいはエッサイが、ゴミ捨て場のヒヒたちの争いに加わって、フリーランスの身で食糧を確保しようとする姿が見受けられた。

わたしは、マサイへの残忍な怒りに身を焦がした。彼らが盗んだ肺結核菌まみれのナイフについて、わざわざ出向いて警告してやろうという気もなくなった。余計なことをする必要はない。マサイは地獄へ落ちればいいのだ。わたしのヒヒたちの身体を蝕む牛型結核菌を彼らのもとに返しただけのことなのだから。しかし全体としては、わたしは妙な安堵感を感じていた。牛型という妙な結核菌が原因だったことにも、奇妙な症状にもこれで説明がついた。何よりも、どう対処すべきかという答えが見えてきた。食肉検査官をクビにして食肉処理の方法を改善すれば、おそらく結核の流行は収まり、助かるヒヒも出てくるはずだ。わたしは嬉しくなってきた――答えが出て、取るべき道が決まり、希望がわいてきた。

ロスとスルマンは通常の職務に戻るため、ナイロビに帰ることになった。わたしはふたりにジム宛ての手紙を託した。手紙には、肉屋のこの一件へのかかわりを詳しく書き、蛇足ながらやるべきことのあらましを書き添えた。おそらくわたしたちは、たぶんリーキーも一緒に、オレメレポロッジを運営するホテルチェーン、サファリ・ホテルズの社長にすぐに会いにいき、これまでのやり方を正させ、そうしない場合はちょっとした悪い評判が立つことになると脅し、問題を解決するべきだ、と。

手紙はナイロビへ運ばれ、夕方、ジムからの無線電話に胸が高鳴った。すぐにナイロビに来いという。翌朝、キャンプを後にしたわたしは、ジムとともに行動を起こす気満々で、問題はすっかり解決されるものだと考えていた。しかしその翌日、閉じられたドアの向こうでジムが告げたのは、わたしが期待しているようなことは何も起こらない、という答えだった。

ケニアでは観光産業は外貨獲得の最大の源だ。国の外貨流入額全体に対する割合でくらべると、アメリカ合衆国における鉄鋼、自動車、ガソリン産業による外貨流入額の合計よりも、大きな割合を占めている。そして、イギリスの著名な植民地領主一族が所有するサファリ・ホテルズはケニアの大手ホテルチェーンのひとつで、オレメレポロッジは、このホテルチェーンの看板ホテルのひとつだった。そしてここケニアは、権力を有する者が何でも思いどおりにできる世界有数の地域だった。政府の役人の未亡人がゾウの密猟をしていることが周知の事実である土地であり、銃を持った監視員が給料日ごとにホテルのスタッフをゆすりにくる場所で、国の大臣が、農作物の不作予測を悪用して自分の金で農作物をすべて買いだめし、わざと飢饉を起こして利益を上げたという出来事がかつてあった国だった。そしてジムは、わたしも、彼自身も、そして世界的に有名な人物でケニアじゅうに名を知られるリチャード・リーキーさえも、サファリ・ホテルズの社長に会いにいって、食肉処理の方法を改善するよう要請したりはしない、と告げた。また、オレメレポで使われている結核菌に汚染された牛肉について、悪い評判を立てたりもしない、とも言った。わたしはジムに切々と訴え、話は堂々めぐりとなったが、結局ジムは、保護区へ戻って結核についての科学的な検査を続けるようわたしに命じ、彼は彼で、自分にできそうなことを考えてみると言った。

これまでの人生で、あそこまで怒りにとりつかれたことはない。あれほど悪意に満ち、裏切られたという恨みがましい思いにあれほどふけったことはなかった。わたしは言われたとおり保護区に戻り、怒りのなかに引きこもり、ローレンス以外の誰も信用しなくなった。毎日、すべての人にどんなふうに復讐するかを空想して暮らした。そして、その空想のいくつかの下準備まではじめた。わたしの群れのヒヒを守り、その命を助け、自分自身を守り、復讐するつもりだった。吹き矢による捕獲を再開し、さらに感染が広がっていることを、おそらくジムのデスクに置かれたままになるだろうデータブックに入念に記録した。その一方で、わたしは別のこともはじめていた。肉屋のまわりに群がって、ゴミ捨て場のゴミを奪いあうヒヒたちの写真を撮影した。朝のうちにこっそりフィルム一本分撮影したのは、結核に感染した終末期のあるヒヒが、オレメレポロッジに水を供給している小川のほとりをよろよろと歩く姿だった。やがてそのヒヒが死亡すると、ロッジを背景にして倒れている姿を撮影した。お金を払ってロッジの昼食を頼んだが、それはわたしがありとあらゆる手を使って観光客におごらせようとしてきたものだった。食堂の椅子に座り、料理にはほとんど手をつけず、めったにこない瞬間を狙って肉の一番赤い部分をちぎり取り、箱に入れて持参したフォルマリン入りの小さな皿に浸した。同様の目的でティンパイから肉を買い、怯えている内報者にもフォルマリン液の皿を預けて、結核に感染していると思われる牛が肉屋に運びこまれたときには、同じようにしてほしいと頼んだ。何としても不正を証明するつもりで、それが成功したときのアメリカの新聞の見出しまで空想していた。『ケニア屈指のツーリストロッジが、アクロンからきた歯科矯正医に、結核菌で汚染された食事を提供』というように。たとえどのような権力がかかわっていようと、わたしの群れのヒヒたちを救うための情報を手に入れるつもりだった。あるいは、もしもヒヒたちを失うことになるなら、すべてをヒヒたちの道連れにするつもりだった――オレメレポロッジ、サファリホテルズ・

チェーンとそのオーナー、ティンパイ、ケニアの観光産業、このとんでもない国全体とその経済まで。ヒヒたちの仇をとるのだ。

わたしはやるべきことを二、三試してみた。手はじめに、ティンパイと話をしにいった。アフリカ人の強烈で矛盾だらけの性格特性の典型例をひとり挙げるならそれがティンパイだった。ティンパイは感じのいい、ふくよかで魅力的な男で、オレメレポロッジに住むマサイ社会のテヴィエ（『屋根の上のバイオリン弾き』の主人公）だった。とても力が強く、太っているという言葉は似合わなかった。しまりなく揺れる腹をもち、いたずらっぽい丸顔で、しかし胸や両腕は銑鉄の板でできているように固い、というちぐはぐな身体つきだった。その姿は、トマス・ハート・ベントンの絵に出てくる、かなとこか鉄道の引きこみ線、あるいは牛を背中に背負った、資本主義リアリストを思わせた。マサイには珍しく、手入れの行き届いたあご髭をふさふさと伸ばし、しかしすでにところどころに白いものが混じっていた。

ティンパイはにこやかで親切な感じのいい男で、マサイ社会の長老のひとりであり、田舎の村から出てきたが、帰りの車が見つからないためにオレメレポロッジで足止めを食っているさまざまなマサイに寝泊まりする場所を世話し、必ずみなにお茶を振る舞った。さらに不似合いなことに、挨拶をするときは相手を抱き寄せたが、この地域にそんな真似をする者は誰もいなかった。まさに村の親切で温かい人物で、人々に尊敬され必要とされている肉屋であり、賢人、お茶の配給人だった。それでいて、結局非常にアフリカ人らしいことに、無邪気な道徳観念のなさを装う堕落しきった人間でもあった。オレメレポでの彼の正式な仕事は気象観測で、毎日雨量計の目盛りを読んで結果を記録することになっていた。しかし何年も前から気象の仕事はこれっぽっちもしておらず、国の機関に涙ながらに手紙で訴えて獲得した助手にその仕事を丸投げした。こうして浮かせた勤務時間を、不法な食肉処理に充てている。ティンパイは調子よく他人を騙し、あとで罪を白状するときも、やっぱり調子がよかった。一番ひどかったのは、ロッジのスタッフの半数近くに毒を盛った一件だ。あるとき、どこからかやってきたマサイが、老衰で昏睡状態になりかけの牛をティンパイに売ろうとした。ティンパイらが借りたトラックの荷台に牛を乗せて車を走らせ、目的地に着いてみると、牛は二時間前に死亡し、すでに硬直がはじまっていた。なに、問題ない。マサイは牛の値段を下げ、ティンパイと食肉検査官にわずかばかりの現金を返し、死んだ牛はその草原で「屠られた」。切り分けられた肉は恭しくロッジに売られ、食べた者はみな腹をこわした。警官が取り調べにやってきて、ティンパイと食肉検査官がそれ相応の賄賂を手渡して、すべてが丸く収まった。

わたしは、ティンパイが入れてくれたお茶を飲みながら単刀直入に聞いてみた。屠った牛が、じつは重病にかかっていた可能性はありませんか、と。いやないですよ。なぜわかるんです？　食肉検査官がいい肉だと言ったからです。食肉検査官はなぜいい肉だとわかるんです？　ああ、彼にはわかるんですよ。と答えるとティンパイは、ちらりと見えた半分裸のマサイの検査官のほうを身振りで示したが、検査官は酒に酔ってうつろな表情のまま座りこんでいた。ティンパイは、陰険なユーモアに満ちたこの頃のわたしの心をさらに刺激する忘れられない台詞を吐いた。牛がここに連れてこられると、検査官は心臓、胃、肝臓、肺、そして脳や腸を調べ、どこか悪いところがあれば、牛を殺す許可を出しません。ティンパイは満足げに目を輝かせた。「この検査官はとてもいい人で、わたしたちにたくさんの仕事をくれます。神様が、検査官と牛たちを祝福してくれているからです」

つまり、ヒヒの命を救うために仕事を諦める気など、ティンパイにはさらさらなかった。もっと論理的にやるなら、オレメレポロッジで大騒ぎし、みんなの力を借りて肉屋を閉店に追いこむ方法もあったかもしれない。演説台の上に立ち、みなさん、ここ、リバーシティに問題が起きています。皆さんの隣人であるティンパイと食肉検査官が、みなさんを結核に感染させようとしているのをご存知ですか？　と訴える。興奮し、復讐心に燃える群衆の数は膨れあがり、この地域の人々に汚染された牛肉が押しつけられることは今後一切なくなるだろう。しかし、なのだ。この方法は効果がない。なぜなら誰も何とも思っていないからだ。ティンパイが死んだ牛を屠ってみんなを病気にさせたとき、人々は苛立った。しかしそれ以上のことはなかった。憤りに似た感情はどこにも生まれなかった。わたしは人々に尋ねてみた。あのときはどうでしたか？　慌てたでしょう？　すると人々はこう答えた。「うーん、ティンパイもあの検査官もあれで懲りたでしょう。わたしたちにあんなことをしたら、警官に大金を払わねばならないとわかったはずです。だからもうあんなことはやらないでしょう」。でも彼はみなさんに毒を盛ったんですよ。あなたやお子さんたちの命が奪われたかもしれないんですよ。「ええ、確かにいいことではないわ」と言ったあと、人々はマサイの人々が先祖から受け継いできた忍従を意味するスワヒリ語、「ドゥニア」を口にした。「世の中なんてそんなもの。これが現実」、という意味だ。この頃、悪そのもののティンパイと、顔なじみの親切なティンパイのふたつのティンパイ像と格闘していたわたしは、この「ドゥニア」という言葉に象徴されるマサイの考え方に救われた。隣人に毒を盛ったとしても、毒を盛られた本人がちょっとした迷惑程度にしか考えていないのであれば、それほど悪いことではないのだ。たとえティンパイと検査官のせいで結核に感染したとわかっても、人々は騒いだりしないだろう。まるで、それぐらいのことは、彼らのような職業の人間にはつきものだと覚悟しているかのように。

ひどい気分を味わっていたこの時期に、わたしは重大な発見をしていた。ロッジの群れの一見健康そうなメスヒヒに陽性反応が出たのだ。わたしはそのメスの喉を切り裂き、解剖をおこなったが、何も見つからなかった。腸にも胃にも結核結節は見当たらない。肺にも病変は認められなかった。はやる気持ちを抑え、慎重に肺葉の隅々まで調べた結果、右上の肺葉に干涸びた結核結節がひとつ見つかった。乾酪化も液化も、固着もなかった。それは小さな腐敗部分で、一種の軟骨質の組織に覆われて、肺の他の部分から隔離されていた。そしてそれ以外には、どこも悪くなかった。おそらく結核菌に感染して初期症状を発症し、その後治ったのだ——野生のヒヒは自然抵抗性を持ちうるということだ。

しかしわたしは、その解剖結果を他の結果と一緒にファイルしてしまった。いまでは世間に揉まれてすっかり用心深くなり、どんなに特別な事実がわかっても希望を持てなくなってしまったのだ。それに、そろそろアフリカを発つときがきていた。この年の観察シーズンが終わり、これから九か月は研究室で過ごすことになっており、すべてはわたしのいないところでなるようにならせるほかなかった。

わたしは自分の荷物をまとめ、これまでにわかったこともまとめた。

◆ゴミ捨て場の群れのヒヒのおよそ六十五パーセントが結核に感染しており、ハエが落ちるようにばたばたと死んでいった。草原のはずれの群れのヒヒのなかに感染している者はいなかった。わたしの群れについては、オスの三分の二がツベルクリン検査で陽性を示したか、肉屋のランチを求めてロッジの群れの縄張りに侵入し、肉の切れ端を奪い合う姿が目撃されたかのいずれかであった。

◆原則として、ヒヒは全滅したわけではない。結核は、研究所内とは異なる感染の広がりを見せた。自然治癒や（少なくとも一件はあった）、回復、あるいは少なくとも緩解は起こりうることで、人間の結核とは違って、咳によってヒヒからヒヒへと感染を広げることはなかった。ゴミ捨て場のヒヒについては、肺の疾患だけで腸に病変が見られないヒヒは皆無だった。さらに、わたしの群れに関しては、肉屋のところまで出向いて肉片を奪いあったヒヒだけに陽性反応が表れた――メスのヒヒ、サブアダルトのヒヒ、そして年老いたオスヒヒのすべてに感染は見られなかった。つまりヒヒは、相互に結核菌を感染させあってはいなかった。少なくとも、研究所内のヒヒの場合のような急速な感染拡大は見られない。そしてすべての感染例について、ベクターは牛の肉だった。結核の感染源をなくすことができれば、おそらく新たな感染例は出てこないだろう。また、すでに感染しているヒヒのなかにも、生き延びる者がいるはずだ。重要なのは、食肉検査官を辞めさせ、やみ取り引きを一掃することだ。

◆防火帯を作ることに意味はない。野生の群れにおいて、ヒヒからヒヒへの二次感染がまったく、あるいは少ししか起きていないのであれば、この地域のヒヒに結核が大流行する懸念はない。そして二次感染が実際に起きて、ゴミ捨て場のヒヒを殺処分し、わたしの群れを含めて近接する群れのヒヒも一掃したところで、結核に冒された肉を捨てるのをやめなければ、近隣の群れのヒヒたちがロッジにやってきて、肉屋のティンパイが捨てる魅力的な残り物の処理を手伝うようになるのは時間の問題だ。やはり食肉検査官を解雇する必要がある。

◆しかし、食肉検査官をどこかに異動させるという指示はなかった。ジムはできるだけのことをやると言っただけで、はっきり何かを約束したわけではない。おそらく、どうにかならないか、とリーキーにもう一度打診してみるつもりだろうが、期待はしてくれるな、とわたしに言っていた。一方で、ジムは結核の流行に関する報告書をまとめることについてはゴーサインを出した。報告書についてはリーキーが検閲をして、軽卒な表現を削除することになっていた。そしてジムは、この件については事を荒立てないように、とわたしに言った。

わたしは、ヒヒたちとそのシーズン最後の朝を過ごすと、いつものように、驚くほどの速さで自分の世界に戻ってきた。そして毎年のことながら、ずっと浴びたかった熱いシャワーを存分に楽しみ、米と豆とサバ缶以外のものなら、どんな料理もガツガツ食べ、友人たちに会い、その年に体験したさまざまな冒険物語を披露したが、結核のことは話さなかった。ゆっくりと、暮らしは日常に戻っていった。ヒヒから採血した血液標本の分析に取りかかり、研究費の援助機関に、今シーズンの研究成果の少なさを結核騒動には触れずに説明するための愉快な言い訳も思いつき、ケニアに行く前に研究室で取り組んでいた実験の数々についてもなんとか思い出して、再開することができた。そしてリサといっしょに、その後の感染の広がりについて気を揉んでいた。

何の進展もなかった。わたしからの大量の手紙と遠く海を隔てた無線電話に対してジムからときおり届く返事は、リーキーがこの件について動いているが、いまのところ何も変化はない、というものだった。あの情報提供者からもときおり手紙がきたが、情報提供者という役回りにもかかわらず、何の情報の提供もなかった。ヒヒのことや肉屋のことはほとんど書かれておらず、ケニアに戻る際に彼のために持ち帰ってほしいラジオのことが、熱烈な調子で書き連ねられていた。

わたしは結核について勉強し、霊長類の結核に関する論文を読んだ。病理学的論文には、どんな種類の病変が、どの部位に最初に現れるかが詳しく解説されており、わたしが見た組織の腐敗部分をさす専門用語も知ることができた。疫学的論文には、『一九四七年の植民地における獣医による調査の一環として、ザンベジ川上流地域で無数のサルを標本とする（つまり射殺したということ）調査により、そのXパーセントに結核への感染が認められた』といったことが書かれていた。しかしこれらの論文によって確認できるのは、野生動物の間での結核感染の広がり方について、誰ひとりとして知るものはいないという事実だけだった。実験室のサルの間で、結核菌がどのように感染するかについての実験に基づく論文もあった。サルを連れてきて、病気のサルが触れた食べ物や水筒、あるいは空気に曝す。果たしてサルは病気になるか？　という実験だ。これらの実験から導きだされるのは、論破しようのない対立する予測の数々だ。自然界では、実験室にくらべて結核の流行は抑えられるはずだ。なぜなら、自然界のサルの人口密度は、実験室にくらべてずっと低いから。自然界では、実験室にくらべて結核はより急速に蔓延するだろう。自然界のサルのほうが、より親密な社会的相互作用をおこなっているから。一体誰に本当のことがわかるだろう。

ジムと彼の配下の獣医たち、そしてわたしは、独自に結核に関する論文を作成しはじめた。病理学的、疫学的に詳述したもので、下書きをリーキーに送って許可をもらうことになっていた。執筆にあたっては、具体的にケニアのどの地域のことなのか、ツーリストロッジが関係しているのか、といったことがわからないように、細心の注意を払った。論文は最終的に『野生動物の病気ジャーナル』と『医療的霊長類学ジャーナル』に掲載され、どちらの雑誌も間違いなくアメリカのすべての家庭のコーヒーテーブルを飾るはずのものだ。論文を丹念に読んだ読者なら、行間から本当にあったことを読み取れるはずで、その人たちがきっかけとなって、科学界に憤りと行動が呼び覚まされるはずだと空想していた。ところがどうやら、論文のタイトルを見て人目を引かないこの論文の要旨をわざわざ読んでくれた読者はおそらく五、六人だったようで、論文には何の反響もなく、わたしのひねくれた怒りと孤独感がさらに強まっただけだった。

わたしは、さらに長い時間を復讐を夢想して過ごすようになった。空想のなかで食肉検査官を殺害し、サファリホテルズ・チェーンをゆすって、こちらの要望を承諾させた。あのロッジは、イギリスの王室がケニアを公式訪問した際に宿泊した施設だったので（楽しい植民地時代には、ロッジ周辺は皇族たちの狩猟場でもあった）、エリザベス女王に支援を要請することも考えた。女王への手紙の書きだしまで考えたほどだ。「殿下には、先だってのイギリス領東アフリカへのご訪問の際に、結核菌に冒された牛肉をお食事として供せられた可能性があると申し上げましたら、ご興味をお持ちになることと存じます」。女王陛下の昼食を肉屋のティンパイが作るはずはないことは知っていたが、そう書いたほうが女王の心をつかめると思ったのだ。この手紙が、女王に仕えるたくさんの秘書官たちの検閲をすり抜けられるように、わたしは着々と信用を高めていくつもりだった。手紙を読んだ女王は、恐ろしさに身を震わせ、哀れみを感じて心を動かされ（この時期、わたしは王制主義者となっていた）、サファリホテルズのイギリス人オーナーと食肉検査官をロンドン塔に投獄せよと命じるはずだ。わたしは本当に、手紙の下書きまでしていた。

他にもいくつか案があった。当時、ハイエナのローレンスの仕事ぶりが、あるサイエンスライターによってニューヨークタイムズに紹介されたばかりだった。そこでわたしも彼女に会いに行って、自分の体験を話そうと思ったのだ。タイトルまで考えた。けれども、実際にはそのライターに会いにいくことはなかったし、女王に手紙を書いたりもしなかった。何もせずにただ気ばかり急いて、ジムに電話をかけては、新しい動きは何もないというニュースを受け取った。次第にあきらめの気持ちが強くなり、わたしのヒヒたちを襲った悲劇など、ほんの些細な変化にすぎないのだとわかってきた。ヒヒは絶滅の危機にさらされてもいないし、ヒヒがお気に入りの動物だという人などいない。ヒヒの結核が人間に感染する恐れはほとんどなく、アフリカ人の間にはすでに結核が蔓延しているのに、西洋社会はそのことに何の関心も払っていない。そもそもこの出来事は、ものすごく汚染された場所で起きた、ちょっとした汚染にすぎないのだ。それなのに、わたしは変化が起きることを待ち望み、気を揉みつづけ、やがてヒヒたちのもとに戻れる翌年の夏のシーズンがやってきた。

ケニアに戻るときはいつも、もどかしさにじりじりする。大急ぎで空港まで行き、見送りの人々へのさよならも早々にすませる。飛行機の座席に座っている永遠とも思える長い時間、わたしははやる気持ちをなんとか抑えつづけている。ナイロビに着くと、やらねばならないいくつかの仕事を猛然と片付け、車に飛び乗り、ナイロビ郊外からリフトバレーを抜けて保護区へと続く埃っぽい道路を、超がつくほどの猛スピードで疾走する。検問所やあちこちのロッジを通るたびに、しなければならない挨拶と、果てしなく続く握手、繰り返しおこなわれる会話を大急ぎで終わらせる。そしてようやく、自分のテントに駆けこんでその懐かしい匂いを嗅ぎ、周囲の山々が去年のままそこにあることに感激し、ヒヒに会うことができるのだ。

運がよければ、ヒヒたちは到着初日を祝して見晴らしのいい草原に姿を現し、わたしは一度にみなの姿を見られた喜びを満喫することになる。なにしろその直前まで自分でも半信半疑なのだ——そもそも本当にここにヒヒがいたのだろうか？　わたしの想像の産物ではないか？　もしかすると、この場所も空想の世界なのだろうか？　わたしは、この地を離れている間に、基本的だが重要な事実を忘れてしまったに違いないと考える——ヒヒにしっぽはあったっけ？　じつは角もあるのに、それを忘れているのではないだろうか？　ヒヒに出会ったとき、誰が誰かわかるだろうか、彼らはわたしのことを覚えているだろうか？

それが突然周囲をヒヒに囲まれて、わたしは胸がいっぱいになり、泳ぐようにして群れのなかへ入っていく——まるで変わっていない者、老けてしまったヒヒ、新たな傷跡が目立つ者、思春期に入って筋肉のついたオスを眺めながら。見慣れない子どものヒヒを見つけたら、誰が母親か当ててみようと考える——見た目だけで判断するのだ——母親と離れてひとりで遊んでいるときがいい。あらたな最優位のオスはすぐにわかって、自分でも驚く。どの連合がまだ健在で、誰と誰の友情がさらに深まっているか、誰と誰が反目しあっているかもすぐに見抜くことができる。去年は子どもだったメスが、今年は思春期の悩みを抱え、オスの前で馬鹿なまねをしている姿や、弱虫だったあの子が卑劣で攻撃的な若者に成長しているのを目の当たりにする。よその群れから転入してきた新参者のオスたちを覚える努力をし、個別化し、よく知らないよそ者だからといって嫌なやつとは限らない、と自分に言い聞かせる。その後数週間をかけて近隣の群れを見にいき、昨年青年期を迎えたオスヒヒたちが、成人後の住処としてどの群れを選んだのか確かめる。そしてもちろん、今年は誰がいなくなったかにも目を配る。

そしてこの年も、いつもの年と同じだった。ロッジのスタッフたちと握手をし、アメリカじゅうのあらゆる人からのよろしくの言葉を伝え、故郷の天候と農作物の出来について話しあい、その後は、苛々させられるが懐かしい、おなじみで心を癒される、必要だがやたらと時間を喰う会話が——監視員、監督官、給仕係、機械工、支配人補佐、無線技師、サファリ・ツアー用の小型トラックの運転手たちと——続く。そしてティンパイにも、食肉検査官にも挨拶する。わたしたちはキャンプを設営し、前の年には倒れてしまった貯蔵用テントをしっかりと固定し、トイレ用の穴を掘り、排水溝を掘り、遠心分離機が作動することを確かめ、吹き矢をきれいにし、サバ缶を整然と並べ、もう我慢の限界、というところまで、思いつく限りの仕事を片付けた。

ヒヒたちは、この年もまたわたしにお帰りのプレゼントをくれるつもりなのか、明け方、一番見通しのいい草原に続々と姿を現した。しかしこの日、またその後の数週間に、わたしは彼らにとってこの一年がどういうものだったのかを思い知ることになった。実験室のヒヒに見られるような、ヒヒからヒヒへの結核の二次感染がほとんど起こっていないことは間違いなかった。結核が野火のように広がるということも、実際には起きていなかった。また、前年に見つかった一例のように、野生動物の世界では稀に自然抵抗性が生まれる場合もある、ということ裏づける証拠もさらに集まった。けれどももうひとつわかったのは、おもな感染の媒介物である結核に汚染された牛肉が、アヌビスヒヒ（学名 パピオアヌビス）に対して比較的有害であるという事実だった。

こうして疫病はサウルを蝕み、サウルはわたしの腕のなかで息絶えた。これはずいぶん前にどこかで話したとおりだ。

そして疫病はダビデを襲った。

さらにダニエルを。

そしてギデオンを。

アブサロムを。

疫病はマナセを冒し、マナセはロッジのスタッフらが笑いながら見物する前で、もだえ苦しみながら死んだ。

疫病はさらにエッサイの命を奪った。

そしてヨナタンを。

セムを。

アダムを。
スクラッチを。
そして疫病はわたしのベニヤミンを奪い去った。

あれから何年も過ぎて、こうして彼らの名前を書き連ねているいまも、ヒヒたちに捧げる死者への祈りが見つからない。子どもの頃、自分の一族が信じる正統派ユダヤ教を信じていたわたしは、カディッシュ（ユダヤ教の礼拝で唱えられるアラム語の祈り。特に、親や近親者の死後十一か月間、毎日唱えられる）を覚えた。そしてある時、父親が葬られた開いた墓穴の前で、わたしは呆然とした頭で、ユダヤの伝統に従ってその言葉を唱えたが、その祈りが讃える気まぐれな神をわたしは信じられなかったので、ヒヒたちにもふさわしいとは思えない。日本の霊長類研究所では、殺されたサルに神道の祈りが捧げられており、勝者である猟師が殺したサルのために捧げるこの祈りは、戦争で勝利した兵士が、戦死した敵のために捧げる祈りでもあると聞いた。けれども、ヒヒたちに忍び寄り、吹き矢で仕留めるときには胸が高鳴るとはいえ、誓って言うがわたしはヒヒを獲物と思ったことも敵と思ったことも一度もない。だから神道の祈りもヒヒたちにはふさわしくない。この世には哀悼の言葉がこれほどたくさんあるというのに、ヒヒたちにぴったりだと思える言葉が見つからない。そしてヒヒたちは、ただ悲しみの象徴としてわたしの頭のなかにいつまでも留まりつづけている。父親の認知症と、わたしが選んだ科学の進歩が間に合わずに父を助けられなかったことへの悔恨とともに。死の収容所で息絶えたわたしの祖先を思うときの悲しみとともに。わたしのひどいおこないにリサが流した涙の記憶とともに。研究室で死んだラットを悼む思いとともに。たびたびわたしを襲う抑うつと年々ひどくなる腰痛の切なさとともに。原稿を打っているわたしの横で、今日はここで食べ物をもらえるだろうかと考えている腹をすかせたマサイの子どもたちの哀しさとともに。

＊

みなが言ったとおり、年月を経てわたしもある程度、あの出来事を客観的に見られるようになった。あの頃を思い出して夜中に激怒することもなくなった。いつか責任を追及してやりたい人間のリストが、つねに頭のなかに浮かんでいるということもない。あの一件のことをこうして書いているのは、ケニアの経済を破綻させてやろうとか、観光産業にダメージを与えてやろういった思惑からではなく、オレメレポロッジの関係者に決まりの悪い思いをさせるためでさえない。オレメレポロッジの支配人はいまもわたしを昼食に招待してくれるし、ロッジの物資輸送トラックはいまもキャンプに待ち望んだ手紙を届けてくれ、わたしはいまもロッジのトイレットペーパーを定期的に盗んでいる。悪意がない証拠に、オレメレポロッジもサファリ・ホテルズも仮名のままだ。食肉検査官とティンパイはどちらもすでに引退し、あれ以来結核の大流行はない。アフリカ大陸に猛烈な勢いで広がっているエイズや砂漠化、内戦、飢饉の問題にくらべれば、わたしが体験した特殊でささいなメロドラマは、自己憐憫的な取るに足らない問題にすぎず、遠く離れた地球の果てに棲むヒヒたちのことでオセンチになっていられるほど、恵まれた安穏な暮らしをしている白人が体験した、ちょっとした悲劇なのかもしれない。それでもやはり、わたしはあのヒヒたちを忘れることができない。

わたしは別の群れであらたに調査をはじめた。保護区のはずれの、人の住まない地域で。リチャードは群れを慣らそうと懸命の努力を続け、しばらくするとハドソンもふたたび調査に加わるようになった。そして予想どおり、いまではこの地区でも新しいロッジと、ツーリストキャンプ、そしてマサイによる侵略がはじまっている。すでに一頭のオスが最初の結核菌の犠牲者となり、数頭が、旅行客が帰国したあと、暇を持て余した警備員たちの手でおもしろ半分に殺された。マサイはさらに新しい楽しみを考えだしたが、わたしはすでにうまく逃れる方法を見つけている。つい今週も、ひとりのマサイがやってきて、凶暴になった離れヒヒがやぶから飛びだしてきて、どんなふうに自分のヤギを殺したかを滔々と訴えた。わたしたちはそのマサイにあれこれ詳しく質問してたくさんの矛盾点を見つけだし、ヤギを殺したのがうちの群れのヒヒであるはずがなく、おそらくそもそもそんな出来事はなかったのだろうと結論づけた。けれども昼を過ぎた頃には大勢の長老たちが押し掛けてきて、この問題の重大さを訴え、あの男が復讐のための槍を振るうのをしばらくの間思いとどまらせるにはどうすればいいかをほのめかした。結局、ヒヒの命を救うために殺してもいないヤギの代金を支払わざるをえなくなったが、支払ったあとも、わたしがアメリカに帰っている間に、槍の使い方を覚えたばかりの子どもたちが、ヒヒやイボイノシシを練習台に使うことが続くだろう。マサイとはヤギの値段のことで押し問答となったが、あの疫病の大流行以来繰り返しわきあがるようになった憤りを、わたしはうまく抑えこみ、午後には自分の仕事に戻った。こんなふうに現実的に考えられるようになり、冷静に振る舞えるようになったが、それでもやはりヒヒたちは恋しい。

この新しい群れを対象に、わたしはある興味深い科学的研究をおこなっている。群れのヒヒたちのことは好きだが、それ以上の思いはなく、年々行動観察を減らして生理学的な調査を中心におこなうようになってきたのは、ひとつには、彼らのことを知りすぎて愛着を感じてしまわないようにするためだ。いまのわたしは、はじめてここに来たときのわたしではなく、人生においても、あのときとは異なる年代にさしかかっている。かつてわたしは二十歳で、バッファロー以外に怖いものはなく、冒険を求め、喜び勇んで、そしてたびたびわたしを襲う抑うつ症状を克服する目的もあってこの地にやってきた。そして無限の愛をヒヒの群れに注ぎこんだ。しかしあれから二十年以上過ぎたいま、わたしが何より恐れているのは研究費の帳尻が合わないことで、この地に来るのは、何にも邪魔されずに研究室での研究について考えるためであり、睡眠不足を取り戻し、大学関係のさまざまな委員会からの果てしない要求から逃れるためなのだ。そして、いまもあのヒヒたちのことは忘れられないが、いまやわたしの無償の愛はリサと、可愛い二人の子どもたち、わがベニヤミンとレイチェルに注がれている。

最初の群れもまだ存在しているが、小さな群れで、身を寄せあって食糧をあさり、群れ内の争いは驚くほど少ない。研究対象とするにはあまりにも数が少なすぎるし、いまでは群れの半数については、誰が誰やらわからない状態だ。当時のヒヒたちはみな——ルツも、イサクも、レイチェルも、ニックも——死んでしまい、あの頃のヒヒで残っているのは一頭だけとなった。なぜかヨシュアだけが、結核菌に冒された肉の誘惑をしりぞけ、おかげで疫病を免れた。さらに、群れの政情が不安定だったあの時代に、短期間ながら彼らしからぬ活発さを示して最優位のオスとなり、その後はベニヤミンが最優位となるのを支援した時期は別にして、ヨシュアはずっと戦いや牙で傷つけあうこと、古傷を増やしていくことなど、オスヒヒの寿命を縮めることにつながる行為を避けてきた。そのおかげでいまや果てしなく年老いたヒヒとなり、一番年長の子であるオバデヤも、遠く離れたどこかの群れで老いぼれた日々を送っているはずだ。ヨシュアは、幼いヒヒたちがまわりで遊んでいても気にせずにじっと座りつづけ、メスがやってくるたびに上の空で会釈し、意地の悪い攻撃的な若者にのけ者にされ、群れが移動するときにはいつも、一番後ろにきちんと並んでゆっくりとした足取りでついていき、見ているわたしたちは、捕食者の目にあまりにもつきやすいのではないかとハラハラしている。老齢に達してからのヨシュアは驚くほど頻繁におならをするようになった。しかし老いぼれたところはまったくなく、若い頃からの沈着冷静さに年々磨きがかかっている。

今年の夏は、罪の意識を感じてびくびくしながらヨシュアに麻酔の吹き矢を放った。データを取ることが、ヨシュアに致命的な影響を与えかねないからだ。麻酔から醒める際に、ヨシュアがいびきをかき、少しよだれも垂らして、驚くほど何度もおならをする様子を見守りながら、わたしたちは気が気ではなかった。そして、いよいよ檻から出そうというときに、ヨシュアは驚くような行動をとった。ふつうなら、檻の扉を引き上げるために檻の天井部分に手を伸ばすと、なかのヒヒたちはうなり、あちこちを叩き、ダルウィーシュ（激しく踊る祈とうで知られるイスラム教の熱狂派修業僧）のようにくるくる回りはじめる。そしていざ扉が開くと、猛スピードで檻から飛びだしていき、ごく稀に、わたしに向かって狂ったように突進してくることもある。

檻は木の後ろに斜めに置かれていて、わたしが近づいていくと、ヨシュアは静かに木の片側からこちらをのぞき、次に反対側からも顔をのぞかせて、その様子は、ずっと昔にベニヤミンとの間でおこなわれた偏執狂的なのぞきゲームを思い出させた。わたしが檻の上に手を伸ばしてバンジーコードをほどきはじめても、ヨシュアは動かなかった。その代わりに、檻の横側から無理矢理手を出し、そのまま上に上げて、わたしの足に触れようとした。そして扉が開くと、ヨシュアはゆっくり歩いて檻を出て、すぐそばに腰を下ろしてしまったのだ。

そのあとリサとわたしがしたことは、プロの研究者らしからぬ行為だったかもしれないが、そんなことは構わなかった。わたしとリサはヨシュアと並んで座り、ヨシュアにクッキーを分けてやった。イギリス製のダイジェスティブクッキーだ。そして一緒に食べた。ヨシュアは、老いて弱った指でクッキーの両端を持ち、歯のない口で気難しげに少しずつ噛みながらゆっくりと食べはじめたが、その間もずっと、ときどきおならをしていた。わたしたちは太陽の光を浴びてひなたぼっこをし、クッキーを食べ、キリンの群れと空に浮かぶ雲を眺めていた。

訳者あとがき

本書は、二十一歳のときから二十三年間にわたってヒヒの群れの社会行動の観察を続けた著者が、その当時を思い出して書いたものである。

子どもの頃から霊長類に憧れ、「大きくなったらマウンテンゴリラになる」と決めていた著者は、大学での研究のために、アフリカのセレンゲティ平原に生息するヒヒの群れの調査に出かけることになる。群れのヒヒの一頭一頭に旧約聖書に出てくる名前をつけ、ヒヒとともに暮らし、彼らの行動観察を続けるうちに、著者はヒヒたちへの愛着を強めていったのだが……。

という話を中心に、アフリカ到着初日にまんまとひっかかった詐欺やマサイとの異文化交流、サバ缶と豆ばかり食べつづけた奥地の食糧事情、そしてケニア政府の観光促進政策への厳しい批判などが、ときにおもしろおかしく、ときに激しい怒りをこめて語られる。また、それぞれのヒヒの性格特性が、愛情をこめてユーモラスに描かれているので、読み進めるうちにどんどん愛着がわいてくる。著者のお気に入りの、まぬけでお人好しのベニヤミン、一匹オオカミのサウル、今でいう草食系男子のイサク、身体は大きいが心優しいナサニエル。訳者にとっては、今ではどのヒヒも、その姿をありありと思い描けるほど愛しい存在だ。

著者がフィールドワークの合間に出かけた東アフリカの国々への旅の記録もまた興味深い。学生の頃に敬愛していたダイアン・フォッシーがゴリラの観察を行ったルワンダの熱帯多雨林へ、ナイルの源泉を見にウガンダへ、内戦の最中、市街戦が繰り広げられるケニアのナイロビへ、ソマリ族が運転する石油タンカーに便乗し、砂漠の道なき道をスーダン南部からケニアへ。途中、さまざまな人々とふれあって異文化交流を果たし、あるときは危険な目に遭って死ぬほど怖い思いをし、あるときは軍隊アリと巨大ゴキブリに遭遇する。よくぞまあ、無事に帰ってこられたものだと感心するが、東アフリカの地図を片手に著者の足跡を辿っていくと、当時の東アフリカの国々を著者と一緒に訪れているような気がしてくる。訳者も、行ったことのない遥か彼方のアフリカの地が、とてもよく知っている場所のように思えてきた。

ただし、本書が書かれたのは二〇〇一年で、著者が旅してまわったのはおそらく一九八〇年代の東アフリカなので、現在のアフリカとは少し事情が違っている。今現在の各国の様子はといえば、たとえばルワンダでは、著者が訪れてから数年後の一九九四年に、民族対立に起因したフツ族によるツチ族の大虐殺が起こり、八十万人以上が犠牲となった。ツチ族主体のルワンダ愛国戦線が全土を制圧して政権を握ったことにより虐殺は終結。その後「アフリカの奇跡」と呼ばれるほどの経済成長を遂げたが、今なお人々の心の傷は深い。内戦が続いていたスーダンは、二〇〇五年に包括和平合意がなされ、二〇一一年には南スーダンが独立したが、二〇一三年の十二月にジューバ市内で銃撃戦が勃発。政府軍と反政府勢力による戦闘が現在も拡大しており、二〇一四年三月末現在、日本の外務省からは邦人に向けて退避勧告が発令されている（外務省海外安全ホームページより）。ケニアのナイロビで、二〇一三年の九月にソマリアの武装組織「アル・ジャバーブ」によるショッピングモール襲撃事件があったのも記憶に新しい。ケニア軍がソマリアでアル・ジャバーブに対する軍事作戦を実施した結果、アル・ジャバーブによる報復テロの脅威が高まっているという。こんなふうに、東アフリカの政情は必ずしも安定しておらず、著者も気をもんでいることだろう。

本書の著者であるロバート・サポルスキー博士がヒヒの行動観察に出かけたそもそもの研究テーマは、ヒヒの群れ内の順位や性格特性とストレスの関係を解明することであったが、本書はそれだけにテーマを絞った科学読み物とはまったく違って、サル学、文化人類学、神経科学等のさまざまな興味を満たしてくれる一冊であり、冒険を求めてアフリカに出かけた一人の青年の成長物語でもある。著者とほぼ同年代の訳者にとっては、アメリカと日本の違いはあっても、どこか懐かしい時代の空気が感じられる、青春への郷愁を誘う作品でもあった。

これまで書いてきたように、本書の魅力の一つは、著者のユーモアあふれる軽妙な語り口なのだが、そのつもりで読んでいると、ときおり胸を打たれ、泣きたいような気分にさせられることがあって、それもまた大きな魅力である。そんな、ときに笑いを誘い、ときに胸を突くエピソードの数々については、この場で説明するよりも、本文のなかで著者の口から直接聞いていただいたほうがよさそうだ。ともあれ、本書の根底にあるのは、アフリカ大陸とそこに住むすべての人と生きものに対する著者の深い愛情である。著者に導かれてアフリカを知るうちに、読者の心のなかにもアフリカへの親近感がわいてくることだろう。

最後に、本書を翻訳するチャンスを与えてくださり、原稿を丁寧に読んで的確なご意見をくださったみすず書房編集部の市原加奈子さんに、この場をお借りしてお礼を申し上げます。そして、本書を読者のみなさんにお届けできる日がきたことを、心から嬉しく思っています。

二〇一四年　四月

大沢章子

リンプ（高齢の♂）　4, 230, 231, 304, 310, 313
ルツ（若い♀）　11-13, 20, 26, 63, 103, 119, 121, 126, 129, 232, 304, 305, 308, 312, 400
ルベン（♂）　230, 232, 257, 304, 305, 314-316
レイチェル（♀，ナオミの子）　63, 103, 117, 119-122, 130, 171, 227, 228, 307, 308, 335, 378, 400
レーニン長官（マウマウ団のリーダー）　95-97
レビ（♂）　46, 131, 132, 224, 230
レベッカ（♀，バテシバの子）　119, 126, 151, 152, 232, 307, 313, 314
ローダ（キクユ族とマサイ族の混血の女性）　62-69, 152, 170-175, 237, 238, 240, 319, 331, 333, 343, 344, 346, 353, 376
ローレンス，ハイエナの（アメリカ人のハイエナ研究者）　43, 44, 253, 267, 283, 353, 356, 358, 360, 379, 385, 393

ニエレレ，ジュリウス（タンザニアの大統領） 105
ニック（♂） 302-306, 308, 311, 313-317, 343, 349, 400
ネブカドネザル（♂） 4, 10, 28, 123-127, 129, 131, 170, 224, 228, 303, 305, 306
バートン，リチャード（イギリスの探検家） 111
バテシバ（♀） 10, 19, 123, 126, 127
ハドソン（村の西部の農耕民族，著者の研究助手） 135, 136, 169, 170, 254, 255, 353, 399
パルマー（ケニアに住むイギリス人猟区監督官） 88-94, 96-100
ハルン（タンザニア国境付近の農耕民族の男性） 78-81
ブープシー（♀，アフガンと姉妹） 18, 71, 117, 118, 128, 232, 308
フォッシー，ダイアン（アメリカの霊長類研究者） 284-290, 294, 295, 298-300
ベイカー（スーダンで逢ったトラクター運転手） 218-220
ベニヤミン（♂） 14, 15, 20, 63, 71, 117, 122, 123, 126, 1129, 132, 170, 224, 225-228, 233, 234, 270, 305, 307, 310, 312, 313, 380, 397, 400, 401
マナセ（♂） 131, 132, 170, 224-230, 240, 312, 396
ミセスR（ナイロビの下宿屋の女主人） 33, 164, 165
ミリアム（♀） 18, 20, 71, 118, 125, 307, 308, 311, 312
ムケミ（ナイロビの獣医） 260-263, 266, 276, 277
メンギストゥ・ハイレ・マリアム（エチオピアの政治家，独裁者） 187
ヨシュア（♂） 12-15, 28, 48, 50, 63, 103, 117-119, 121, 123, 126, 129, 131, 132, 170, 224, 226-228, 233, 234, 240, 305, 312, 349, 400, 401
ヨセフ（マサイ族，ツーリストキャンプの警備員） 328-332
ヨナタン（♂） 151, 119, 232, 305, 307, 313, 364, 380, 396
ヨブ（♂，ナオミの子らしい） 16, 17, 20, 103, 117, 126, 170, 230
ラケル（♂，ナオミの子） 3, 17, 20
リア（群れの最高齢，最高位の♀） 3, 10, 16, 57, 118, 226
リーキー，リチャード（ケニア国立博物館長，アメリカ人の古人類学者） 367, 383, 384, 390-392
リーキー，ルイス（アメリカの古人類学者） 285
リサ（著者の妻） 317-322, 326-328, 332, 334, 335, 337, 339, 343, 349, 350, 353, 391, 397, 400, 402
リチャード（村の北部の農耕民族，著者の研究助手） 135, 136, 138, 140, 141, 145, 148, 151, 247, 248, 254, 256-258, 260, 273, 274, 276-278, 320, 322, 328-330, 335-337, 339, 347, 353, 398
リップマン，フリッツ（生化学者） 46

ギデオン（♂，ナサニエルの弟） 305, 306, 396
キプコイ（ケニアの動物保護区の密漁摘発部隊の長） 83-100
キマニ（ナイロビのキオスク店主） 101-103
ケニヤッタ，ジョモ（ケニアの作家） 100
サイモン（一番近隣の学校の教師） 330, 343, 344
サウル（ウリヤを倒し最高位についた♂） 43, 127-132, 134, 158, 178, 224, 270, 305, 308, 364, 383, 396
サムウェリー（リチャードの弟，著者のキャンプを手伝っている） 140-150, 151, 240-243, 320, 329, 347, 353
サムエル（♂） 4, 305
サラ（♀，ラケルの子） 17, 117, 119
ジョー・ブロウ（マサイ族の戦士） 323
ジョゼフ（スーダンで逢った学校教師） 195, 197
スクラッチ（♂） 313, 397
スピーク，ジョン・ハニング（イギリスの探検家） 111
スマッツ，バーバラ（アメリカの霊長類学者） 120
スルマン，ムバラク（ナイロビの霊長類研究所の獣医） 378, 379, 383
セム（♂） 305, 364, 378, 379, 383, 396
セリエ，ハンス（ストレス学説を唱えた科学者） 5
セレレ（ローダの小舅） 64-67, 69, 344
ソイロワ（ローダの夫の親戚の男性，マサイ族） 152, 154-156, 237, 238, 240-243, 254, 319-321, 325, 326, 329-331, 346, 353, 376
ソロモン（長く最高位にいた♂） 3, 7, 8, 10-12, 18-21, 50, 57, 58, 70, 103, 116-118, 127, 129, 131
ダニエル（♂） 15, 16, 20, 57-60, 119, 123, 129, 132, 224, 227, 245, 305, 307, 396
ダビデ（♂） 15, 16, 20, 119, 224, 305, 380, 396
タララ，ロス（ナイロビの霊長類研究所の獣医） 378
チャールズ（村の北部の農耕民族，ツーリストキャンプの洗濯係） 329, 330
ティンパイ（オレメレポロッジで肉屋を営む男性） 382, 383, 385-388, 390, 393, 395, 398
デボラ（♀，リアの子） 3, 8, 10, 11, 13, 16, 20, 21, 57, 117, 118, 125, 126, 225, 232, 308, 310, 312
ナオミ（高齢の♀） 3, 4, 17, 18, 20, 117, 119, 226, 308, 335
ナサニエル（サウル失脚による混乱期の後に最優位についた♂） 4, 227, 232, 245, 256, 260, 284, 303, 305, 306

人名・ヒヒ名索引

ゴチック体はヒヒの名前．（　）内の年齢，肩書きなどは本文中で言及されている当時のものとする．

203（ソロモン以前の最優位の♂）　18, 131
アダム（♂）　4, 233, 305, 307, 313, 315, 397
アフガン（♀，ブープシーと姉妹）　18, 117, 308, 311, 312
アブサロム（♂）　307, 308, 313, 314, 396
アブダラ，少年の（スーダンで逢ったソマリ族）　208–210, 212, 214–218
アブダル，年下の（スーダンで逢ったソマリ族）　208–210, 213–217
アブダル，年長の（スーダンで逢ったソマリ族）　208–215, 217–219
アフメット（スーダンで逢ったソマリ族）　208, 209, 211–213, 215, 217
アミン，イディ（ウガンダの元大統領）　23, 38, 104–111, 160, 187, 251
アリ（スーダンで逢ったソマリ族）　208, 209, 212, 215–218
アロン（高位の♂）　3, 12, 18, 28, 71, 117, 129, 131, 230, 308
イサク（♂）　3, 18, 117, 120–122, 127, 129, 130, 170, 227, 228, 303, 305, 335, 378, 400
イシア（高齢の♂）　121
ウィルソン（ソイロワの遠縁の親戚）　320, 321, 326–327
ウィルソン＝キプコイ（キプコイの息子）　82–84, 86–88, 90, 91, 93, 94, 98–100
ウリヤ（ソロモンを倒し最優位についた♂）　18–20, 50–53, 70, 71, 103, 116, 118, 127, 129, 131
エステル（若い♀）　121
エッサイ（♂）　305, 313, 377, 379, 383, 396
エフメット（スーダンで逢ったソマリ族）　208, 209, 213–218
ジム（ナイロビの霊長類研究所の長ジム・エルス，アメリカ人獣医）　362, 363, 367, 369, 372, 373, 381, 383–385, 390–393
オバデヤ（♂，ルツとヨシュアの子）　4, 13, 14, 20, 103, 121, 126, 170, 312, 313, 401
カシアノ（スーダンで逢った男性）　202, 205
ガムス（高齢の♂）　4, 230, 231, 304, 310

著者略歴

(Robert M. Sapolsky)

1957年生まれ．アメリカの神経内分泌学者，行動生物学者．ストレスと神経変性の関連を研究し，その一環としてヒヒの集団の長期にわたる観察とコルチゾール・レベルの調査を続けている．本書にも語られている若い時期から有望な研究者として注目を浴び，1987年のMacArthur Fellowship, NSFのPresidential Young Investigator Awardなどを受けている．現在，スタンフォード大学教授（生物学／神経科学／神経外科），ケニア国立博物館リサーチ・アソシエート．2007年にはアメリカ科学振興協会（AAAS）のJohn P. McGovern Awardを受賞．作家としても定評がある．ほかの著書に，*Stress, the Aging Brain, and the Mechanisms of Neuron Death*（MIT Press, 1992），*Why Zebras Don't Get Ulcers*（邦訳『なぜシマウマは胃潰瘍にならないか』シュプリンガー・フェアラーク東京），*The Trouble with Testosterone: And Other Essays on the Biology of the Human Predicament*（邦訳『ヒトはなぜのぞきたがるのか――行動生物学者が見た人間世界』白揚社），*Monkeyluv: And Other Essays on Our Lives as Animals*（Scribner, 2005）ほか．ユダヤ人ながら無神論者を自認し，宗教に対するその忌憚のない物言いでFreedom From Religion財団から顕彰されたこともある．サンフランシスコ在住．

訳者略歴

大沢章子〈おおさわ・あきこ〉翻訳家．1960年生まれ．訳書に，R・ジョージ『トイレの話をしよう――世界65億人が抱える大問題』（NHK出版），D・コープランドほか『モテる技術　入門編』『モテる技術　実践編』（ソフトバンククリエイティブ），J・ロズモンド『家族力――「いい親」が子どもをダメにする』，J・D・スプーナー『ジョン・D・スプーナーの株で勝つ黄金律』（以上主婦の友社）ほか多数．

ロバート・M・サポルスキー
サルなりに思い出す事など
神経科学者がヒヒと暮らした奇天烈な日々
大沢章子訳

2014年 5月22日 第1刷発行
2014年 8月 1日 第2刷発行

発行所 株式会社 みすず書房
〒113-0033 東京都文京区本郷5丁目32-21
電話 03-3814-0131(営業) 03-3815-9181(編集)
http://www.msz.co.jp

本文印刷所 精文堂印刷
扉・表紙・カバー印刷所 リヒトプランニング
製本所 誠製本

ISBN 978-4-622-07832-6
[さるなりにおもいだすことなど]